中国土地估价师与土地登记代理人协会
不动产登记教育培训系列丛书

地籍调查

姜栋 黄亮 主编

地质出版社
·北 京·

图书在版编目（CIP）数据

地籍调查／姜栋，黄亮主编．— 北京：地质出版社，2022.4
（不动产登记教育培训系列丛书）
ISBN 978-7-116-13104-0

Ⅰ．①地… Ⅱ．①姜… ②黄… Ⅲ．①地籍调查 Ⅳ．①P272

中国版本图书馆 CIP 数据核字（2022）第 063336 号

DIJI DIAOCHA

策划编辑：李　颖
责任编辑：蔡　莹　何　蔓
责任校对：张　冬
出版发行：地质出版社
社址邮编：北京市海淀区学院路 31 号，100083
电　　话：（010）66554649（邮购部）；（010）66554604（编辑室）
网　　址：http：//www. gph. com. cn
印　　刷：北京地大彩印有限公司
开　　本：700 mm×1000 mm　1/16
印　　张：21. 75
字　　数：430 千字
版　　次：2022 年 4 月北京第 1 版
印　　次：2022 年 4 月北京第 1 次印刷
书　　号：ISBN 978-7-116-13104-0
定　　价：76. 00 元

《不动产登记教育培训系列丛书》

编 委 会

本书编委会

主　　编： 姜　栋　黄　亮

副 主 编： 何欢乐　詹长根　黄志凌

编写人员（以姓氏笔画排序）：

曲　歌　刘聚海　苏　磊　杨建宇

何欢乐　陈川南　陈红兵　林瑞瑞

胡小华　姜　栋　黄　亮　黄志凌

詹长根

前　言

2013年，党中央、国务院作出重大决策，整合不动产登记职责、建立不动产统一登记制度。自建立和实施不动产统一登记制度以来，在完成登记机构、登记簿册、登记依据和信息平台“四统一”等改革任务方面已取得显著成效，更好地保障了不动产交易安全，保护了不动产权利人的合法财产权，维护了正常的市场交易秩序。

不动产登记代理人和不动产登记代理服务机构，是不动产统一登记事业有力的技术和服务支撑，在进一步促进不动产登记提质增效，推动服务企业、群众便利化，促进营商环境优化，完善不动产登记法律制度体系，优化流程，深入推进“互联网+不动产登记”等方面起到了积极作用。

不动产登记专业性强，技能要求高。为加强不动产登记代理专业人员教育培训工作，不断提升不动产登记代理专业人员业务素质和能力水平，同时便于不动产登记机构和相关人员准确、全面掌握不动产登记专业知识，在自然资源部自然资源确权登记局的指导下，中国土地估价师与土地登记代理人协会组织有关专家编写了《不动产登记教育培训系列丛书》。丛书共分四册。第一册《不动产登记法律原理》，从民事法律制度和行政法律制度两个角度，主要介绍了民事主体、民事权利、民事义务和民事责任等，以及我国行政法律制度的基本内容；第二册《不动产确权理论与方法》，主要介绍了不动产权利制度、不动产确权制度及不动产权属争议调处；第三册《地籍调查》，主要介绍了地籍调查技术与方法和自然资源地籍调查；第四册《不动产登记理论与实务》，主要介绍了不动产登记基本理论和不动产登记操作实务。

由于成书时间仓促，书中难免存在疏漏之处，敬请读者批评指正。

《不动产登记教育培训系列丛书》编委会

2022 年 3 月

目　录

第一章 概　　述

第一节 地籍调查的内涵与意义

一、地籍的内涵

地籍最初的含义就是征收土地税赋的簿册，从“籍”的含义来看，地籍可以认为是记载土地归属的簿册。英、法、德、俄等国将地籍定义为土地编目册、不动产登记簿册、按地亩征税科目而设的簿册。美国对地籍的定义，是指一宗地的公开记录（位置、四至、类型、所有权、估价、法律状况等）。日本对地籍的定义是，将土地的位置、地号、地类、面积、所有者的调查与确认的结果加以记载的簿册。国际测量师联合会（FIG）和“地籍2014”研究报告[1]指出，地籍的含义充满了信息化的色彩。地籍被认为是一个以宗地为基础，描述关于土地的权利、利用、位置、数量和价值等信息的土地数据库。我国《辞海》对地籍的解释是：“中国历代政府登记土地作为征收田赋根据的册籍”，其主要内容是应纳税的土地面积、土壤质量及土地税额的登记。

我国地籍源远流长，历史悠久。从黄帝的经土之亩，到夏禹任土作贡；从殷商有册有典，到西周天子经略；从春秋户籍田结，到战国土地经界；从秦朝统一田制，到汉代田法地籍；从隋唐申牒造籍，到宋元凭籍照勘；从明朝履亩清丈，到清代查田造册。与农田伴生的我国地籍，是华夏文明发展的结晶，是神州大地文化科技的奇葩，是炎黄子孙传承的硕果。地籍有史以来就备受上至天子，下至百姓的重视。如明朝廷为了进一步严密掌握全国土地田亩的占有和利用状况，洪武二十年（公元1387年），朱元璋命国子监生等人分行天下州县，丈量天下田亩方圆，根据税粮多少分为若干区，每收税粮万石之地为一区，然后命各州县“沿坵履亩逐一经量”，按照田地坵，分区编绘图册四份，都按地权所有分号详列田主姓名、田亩面积、四至、形状、土质等级等详细记载，分存各级政权机关，作为征税的依据。因图上所绘田亩挨次排列如鱼鳞状，故名具有历史意义的“鱼鳞图册”。鱼鳞图册实际上就是全国土地登记的清册，也

---

[1] Jurg Kaufann，Daniel Steudler. 2014年的地籍——今后地籍制度展望［J］. 国土资源情报 . 2002（3）：35.

是地籍图册。万历八年（公元1580年），明朝廷正式颁布《清丈条例》，下令进行继洪武清丈之后的第二次全国性清丈。内阁首辅张居正经济改革的一个主要内容就是清丈田粮，均平赋役，推行一条鞭法。万历十一年（公元1583年），历时两年多的全国范围的万历清丈始告结束，国家掌握了基本准确的土地数字。在清丈基础上重新编制或修订了鱼鳞图册。这些图册为彻底推行一条鞭法创造了条件，有的一直沿用到清代。历史上著名的清官海瑞为了消除土地丈量中的弊端，曾极力主张严肃法纪，确保丈量效果。公元1570年至1584年，海瑞罢官回到海南岛乡居时，还曾为琼山县拟过《丈田则例》，提出在一年内将全县土地丈量登记。

1911年辛亥革命，宣告了封建帝制在中国历史上的终结。孙中山先生提出的“三民主义”政纲和《建国方略》，在明确提出“平均地权”的同时，都力求通过查明田亩、核定地价、按价收税、增价收归国有的办法，解决土地国有问题，达到国强民富的目的。孙中山先生亲拟的《建国方略》中特别强调测量农地，指出“中国土地向未经科学测量制图，土地管理、征税皆混乱不清，贫家之乡人及农夫皆受其害。故无论如何，农地测量为政府应尽之第一种义务”，规定一县开始训政之初，必先完成土地清丈。民国政府成立了“经界局”，颁布了《土地法》和《不动产登记条例》，进行了全国耕地和农业的调查，实现了中国土地数字性质由纳税单位改成耕地面积的改革。

中国共产党从成立起，一直重视农民和土地问题。毛泽东同志亲自起草颁布了《井冈山土地法》和《兴国土地法》。中华苏维埃共和国在瑞金成立后，设立了“土地部”，颁布了《土地登记法》，颁发了土地证，以确定和保证农民的土地权利。1937年7月成立，1951年1月结束的陕甘宁边区政府，也曾先后颁布《陕甘宁边区土地所有权条例》《陕甘宁边区地权条例》《陕甘宁边区土地登记试行办法》等，实行土地统一登记，极大地促进了边区的经济建设。

1949年10月1日，中华人民共和国正式成立，在全国范围内开展土地改革，相继颁布了土地登记的规则和办法，土地改革的胜利极大地解放了农村生产力，农业生产迅速得到恢复和发展。1986年6月25日，新中国第一部《中华人民共和国土地管理法》对土地调查、土地登记等作出明确规定。2021年修订的《中华人民共和国土地管理法实施条例》（以下简称《土地管理法实施条例》）明确规定：“县级以上人民政府自然资源主管部门应当加强地籍管理，建立健全地籍数据库。”

随着经济社会的发展和我国不动产统一登记制度的建立，地籍从最初的税收地籍发展到产权地籍，进而发展到现代多用途地籍，使得地籍的内涵更加完善。现代地籍是记载土地、海域（含无居民海岛）及其房屋、林木等定着物的权属、位置、界址、数量、质量、利用等基本状况的图簿册及数据。由此可以看出，现代地籍不仅仅是狭义的“土地”的“户籍”，还包括了土地、海域

（含无居民海岛）及房屋、林木等地上（地下）定着物等不动产乃至自然资源的“户籍”。

地籍是包罗法律、测绘与信息化等百科的科学，是关联社会的工具，是社会经济制度的载体，是不动产权的凭证，是强国、富民、安天下的基础。现代地籍具有空间性、法律性、精确性和连续性等特点，它既是确认和保障不动产和自然资源权利人的依据，具有保护产权、定纷止争、保障交易安全的重要作用，更是做好土地管理乃至自然资源管理的基石，可为用地用海项目审批、国土空间规划、用途管制、房地产调控、税收征管等行政管理、宏观决策及经济社会的可持续发展提供重要的基础数据支撑，对于维护土地制度，实现安定团结具有不可或缺的作用和意义。可以说，地籍是土地管理的基础，是土地管理活动的出发点和归宿，纵观国际国内先进的土地管理模式，各项土地管理活动均以地籍信息为基础，使得地籍信息发生变化时又及时反馈、更新地籍信息，从而实现土地管理“始于地籍、归于地籍”。如瑞典国家地籍信息系统数据，包括基础地理、遥感影像、地籍和土地权利登记、地址、建筑物、不动产税等丰富信息，在空间上覆盖全国，是整个土地管理乃至经济社会活动的基础数据。各政府部门可随时从中获取相关数据，并根据合同或协议实时交换更新数据，按照全国统一数据标准上传数据，也可从端口直接在国家地籍信息系统上进行数据更新，完善的数据更新机制保证了地籍数据的现势性。再如，德国萨克森州已建成地理空间基础数据库和地籍登记数据库，在地理空间数据基础上叠加地籍图信息和各种专业数据，作为各部门规划和决策的依据。

二、地籍调查的内涵

我国现行地籍调查包括不动产地籍调查和自然资源地籍调查。

不动产地籍调查是指由政府统一组织或不动产权利人委托，以土地（海域）权属为核心、宗地（宗海）及其定着物为对象，通过权属调查和不动产测绘，全面查清土地、海域（含无居民海岛）及其上定着物的权属、位置、界址、面积、用途等权属状况和自然状况，形成数据、图件、表册等调查资料，为不动产登记和自然资源管理等提供依据和支撑的基础性工作。地籍调查是不动产程序的法定环节，是不动产登记的基础工作，其资料成果经不动产登记后，具有法律效力。

自然资源地籍调查是以自然资源登记单元为基本单位，充分利用已有权属资料、专项调查、管理管制等成果资料，采用以内业为主、外业补充调查的方式，全面查清自然资源权属状况、自然状况以及公共管制情况等，划清全民所有和集体所有之间的边界，划清全民所有、不同层级政府行使所有权的边界，划清不同集体所有者的边界，划清不同类型自然资源之间的边界，为自然资源审核登簿和自然资源管理等提供依据和支撑的基础性工作。

不动产统一登记前，地籍调查是针对每宗地的权属、界址、位置、面积、用途等进行的土地调查，单纯为土地登记提供支撑。施行不动产统一登记之初，为了全面支撑不动产统一登记，并区分不动产统一登记前的地籍调查，提出了“权籍调查”的概念。现在，结合当前实际工作需要，为保持土地、地籍和地籍调查内涵的法理逻辑一致性，回归地籍的本质概念，并与国际接轨，将原来的“土地勘测定界”和不动产统一登记后提出的“权籍调查”统称为“地籍调查”，将对土地、海域及房屋林木等地上（地下）定着物的不动产测绘以及对自然资源地籍要素的测绘统称为“地籍测绘”。

三、地籍调查的作用和意义

（一）有效保障自然资源和不动产统一确权登记制度落地实施

《中华人民共和国民法典》（以下简称《民法典》）第二百一十一条规定：“当事人申请登记，应当根据不同登记事项提供权属证明和不动产界址、面积等必要材料。”《不动产登记暂行条例》规定，申请人应当提交的材料包括不动产界址、空间界限、面积等，并对申请材料的真实性负责，而不动产登记簿也应当记载不动产的坐落、界址、空间界限、面积、用途等自然状况，不动产权利的主体、类型、内容、来源、期限、权利变化等权属状况，以及涉及不动产权利限制、提示的事项等。《不动产登记暂行条例实施细则》规定，不动产登记机构受理不动产登记申请后，应当查验的内容包括不动产界址、空间界限、面积等地籍调查成果是否完备，权属是否清楚、界址是否清晰、面积是否准确等。《自然资源统一确权登记暂行办法》规定，自然资源首次登记程序为通告、地籍调查、审核、公告、登簿；登记机构会同水利、林草、生态环境等部门应充分利用全国国土调查、自然资源专项调查等自然资源调查成果，以及集体土地所有权确权登记发证、国有土地使用权确权登记发证等不动产登记成果，开展自然资源地籍调查，绘制自然资源地籍图和自然资源登记簿附图，划清全民所有和集体所有的边界以及不同集体所有者的边界，依据分级行使国家所有权体制改革成果，划清全民所有、不同层级政府行使所有权的边界。通过地籍调查，形成“权属清楚、界址清晰、面积准确”的调查成果，为不动产和自然资源确权登记提供权属、界址、面积等必要材料。

（二）为土地管理乃至自然资源管理提供基础数据支撑

地籍调查成果可为征地拆迁、用地审批、土地供应、建设工程规划许可、建设项目竣工验收等土地管理提供基础数据服务，对摸清自然资源产权家底、维护所有者权益、服务“两统一”职责、夯实监管责任等都具有重要作用和意义。如用地审批前，通过地籍调查获取拟用地范围（或报批范围）界址和权属、利用状况等材料，作为用地审批要件。在土地供应（用地规划许可）前，通过地籍调查明确土地供应范围，形成宗地图、界址坐标等成果，作为土地供应（用地规划许可）的要件。

（三）为调处纠纷、界址鉴定、界址恢复提供依据

地籍调查成果在“定纷止争”方面具有重要作用。如若相邻权利人出现界标移位、损坏等情况而引起权属纠纷时，可利用已有地籍调查成果作为界址鉴定、界址恢复的证据。一是可以利用解析法地籍测绘获取的界址坐标，放样确定实地界址点的精确位置；二是可以利用权属调查阶段获取的地籍调查表和宗地草图（界址边长和关系距离等），在实地准确恢复界址点位置。

（四）为经济社会活动提供基础数据服务

不动产登记实行依申请登记原则，一般难以实现区域全覆盖；而地籍调查的对象包括所有土地及房屋等定着物，可以实现区域全覆盖。全覆盖地籍“一张图”可为城镇村庄空间规划布局、人口普查、城市更新等提供更全面的数据支撑，还可为税收、供电、供水、供气、公安、消防等提供信息服务。

第二节　地籍调查的内容与总体要求

一、地籍调查的内容

（一）不动产地籍调查的内容

不动产地籍调查的主要内容包括权属调查、不动产测绘和地籍数据库建设等（详见第二章和第八章）。不动产地籍调查是以“权属清楚、界址清晰、面积准确”为目标，充分利用已有地籍调查、国土调查、土地征收、用地、规划许可、不动产交易、不动产登记、建设或整治项目（含填海项目）竣工验收、用海、用岛审批等成果资料，选择已有地籍图、地形图、正射影像图等图件为基础图件制作工作底图，开展权属调查。在此基础上，依据权属调查确定的权属界址等成果，开展不动产测绘和地籍数据库建设。

1. 权属调查

权属调查是通过收集资料（包括已有地籍调查成果、登记成果、权利人身份证明、审批文件、土地出让或转让合同等权属来源证明材料等）和实地调查，

核实权属状况，实地明确并标定权属界址点和界址线，绘制宗地草图，调查用途，填写地籍调查表，确保权属清楚、界址（界线）清晰、空间相对位置关系明确，为不动产测绘提供依据。根据调查对象的不同，权属调查可分为土地权属调查、海域（含无居民海岛）权属调查、房屋权属调查、构（建）筑物权属调查，以及森林、林木权属调查等。实践中，根据权属来源是否明确、实地界址是否清晰的不同情形，权属调查的内容和深度也不尽相同。一是权属来源明确、实地界址清晰的，根据需要实地核实即可。这需要当初权利设定时相关基础工作规范、扎实、到位。二是权属来源明确，但实地界址不清晰的，需要组织相邻宗地权利人，依据权属来源证明材料，在实地指定界址点和界址线，签字盖章进行确认，并丈量界址边长和关系距离，绘制宗地草图，作为确定权属界址的证明和不动产测绘的依据。三是对农村宅基地、城镇老宅等历史形成、合法使用但缺少权属来源证明材料的，实地指界并经公示无异议后，可作为确定权利归属的依据。四是权属、界址等存在纠纷的，可根据需要开展专项调查。

2. 不动产测绘

不动产测绘是依据权属调查明确的界址点和界址线，利用测绘技术，对界址点、界址线和房屋等构（建）筑物等进行测绘，获取坐标信息、绘制地籍图，并计算面积，确保面积准确，为不动产登记等工作提供依据。根据工作内容不同，不动产测绘主要包括控制测量、界址测量、房屋和构（建）筑物测量、地籍图绘制、面积计算等。

按照地籍调查规程和《国土资源部关于做好不动产权籍调查工作的通知》（国土资发〔2015〕41 号）等相关规定，应先开展权属调查，再进行不动产测绘，权属调查和不动产测绘是相互独立、前后相沿、互为支撑的工作环节。《中华人民共和国测绘法》（以下简称《测绘法》）第二十二条第二款规定：“测量土地、建筑物、构筑物和地面其他附着物的权属界址线，应当按照县级以上人民政府确定的权属界线的界址点、界址线或者提供的有关登记资料和附图进行。权属界址线发生变化的，有关当事人应当及时进行变更测绘。”现实中虽经权利设定但权属界址不够清晰的情况普遍存在，需要通过开展权属调查，在实地指定权属界址并签字盖章，作为确认权属界线的依据。经调查核准的权属界址具有法律效力，既是不动产测绘的基本依据和作业对象，同时又依赖不动产测绘予以精确表达，获取精确的不动产界址坐标和面积。

（二）自然资源地籍调查的内容

自然资源地籍调查是通过利用已有相关成果资料，查清自然资源登记单元权属状况、界址，登记单元内所有权、相关不动产权利及许可等信息，自然资源坐落、空间范围、面积、类型及数量、质量等自然状况，以及自然资源登记单元内相关公共管制要求，内容主要包括权属调查、自然状况调查、公共管制调查、调查成果核实、调查成果编制、成果检查验收、建立地籍数据库等。

（三）地籍数据库建设

《土地管理法实施条例》第七条规定：“县级以上人民政府自然资源主管部门应当加强地籍管理，建立健全地籍数据库。”地籍数据库是按照一定的标准和数据库结构来组织、存储和管理地籍调查和确权登记数据的仓库，包括不动产和自然资源两部分内容。第一，地籍数据库是一个长期存储的、有组织的、可共享的、统一管理的大量数据的集合，强调空间属性和产权属性。第二，地籍数据库的内容包括地籍调查成果和确权登记结果信息。第三，地籍数据库应按国家统一的标准和数据库结构进行组织、设计、建设等，国家统一的标准应包括地籍调查规程、确权登记办法等规程规章，数据库结构应由地籍数据库标准来定义和约束。第四，地籍数据库还应该能够通过国家统一的要求和规则实现更新。

二、地籍调查分类

按照组织方式不同，地籍调查可分为地籍总调查和日常地籍调查。地籍总调查是在一定时间内，对县级行政辖区内或者特定区域内的全部土地、海域（含无居民海岛）及其定着物或某类型不动产开展的全面地籍调查（详见第四章）。日常地籍调查是因不动产单元的设立、灭失、界址调整及其他地籍信息变更等开展的地籍调查（详见第五章）。

按照区域范围不同，地籍调查可分为城镇地籍调查和农村地籍调查。城镇地籍调查是指对城市、建制镇以及城镇以外的工矿、企事业单位用地所进行的权属调查和地籍测量；农村地籍调查既包括集体土地所有权调查，又包括房地一体的宅基地、集地建设用地地籍调查，还包括耕地、林地、草地承包经营权地籍调查（详见第七章）。

按照服务目的不同，地籍调查可分为不动产地籍调查和自然资源地籍调查。不动产地籍调查是以服务不动产登记和不动产管理为主要目标的地籍调查；自然资源地籍调查则是以服务自然资源确权登记和自然资源管理为主要目标的地籍调查。

三、地籍调查的对象

地籍调查的基本单位是不动产单元。地籍调查工作开展前，应根据调查的不动产权利类型和地籍管理的需求，合理确定不动产单元的空间对象和需要调查的要素内容，如土地、海域（含无居民海岛）、房屋、构（建）筑物、森林和林木等。

不动产单元设定和代码编制的方法按照《不动产单元设定和代码编制规则》（GB/T 37346—2019）的规定执行（详见第三章）。

四、地籍调查的总体要求

为了保证城镇（包括村庄）地籍调查工作规范、有序，符合土地登记的要求，1993 年国家土地管理局制定了《城镇地籍调查规程》（TD/T 1001—1993）。随着《中华人民共和国物权法》（以下简称《物权法》）、《土地登记办法》的实施，调查、测量、计算机、信息等技术的发展和土地管理职能的转变，规程中的不少内容已经很难满足地籍管理的要求，2012 年国土资源部组织修订形成了《地籍调查规程》（TD/T 1001—2012），为全国城镇和农村地籍调查工作提供了技术依据。自 2015 年 3 月 1 日《不动产登记暂行条例》实施后，原国土资源部组织制定了《不动产权籍调查技术方案（试行）》，明确了不动产地籍调查中的相关技术标准，并随《国土资源部关于做好不动产权籍调查工作的通知》（国土资发〔2015〕41 号）一并印发，以保证已完成不动产登记职责和机构整合的地区能够顺利开展不动产登记工作，确保现有各类不动产权籍调查工作的平稳过渡，实现日常不动产权籍调查的有序运行。

2017 年 8 月，针对个别地方对地籍调查工作要求把握不准，出现重复测绘、额外收费（落宗费、配图费、测量费等）、地籍调查程序错误、指定调查单位等问题，国土资源部办公厅印发了《关于规范不动产权籍调查有关工作的通知》（国土资厅函〔2017〕1272 号），规范不动产地籍调查工作，切实保障不动产登记平稳高效运行。2019 年 2 月，国务院办公厅印发了《关于压缩不动产登记办理时间的通知》（国办发〔2019〕8 号），明确要求优化测绘成果获取方式。2020 年 2 月，自然资源部办公厅印发《自然资源确权登记操作指南（试行）》，对自然资源地籍调查相关内容进行了规范。2021 年 11 月，自然资源部办公厅转发了《南宁市人民政府关于印发〈南宁市建设项目“多测合一”管理暂行办法〉的通知》，积极探索推进建设项目“多测合一”改革，要求不动产登记机构加强对不动产测绘成果的审核，落实“只测一次”，不得重复测绘，并将审核通过的不动产测绘成果纳入地籍数据库，实现成果共享。综合相关管理制度及地方实践，地籍调查应遵循以下几个方面的要求。

（一）明确地籍调查实施主体，规范调查作业

根据《民法典》《不动产登记暂行条例》等规定，总的原则是由权利人或当事人负责开展地籍调查，权利人或当事人未明确的由政府及其职能部门负责

开展地籍调查。

1. 政府部门作为实施主体的情形

（1）政府组织集中开展总调查的，包括全民所有自然资源所有权统一确权登记、集体土地所有权确权登记、房地一体宅基地和集体建设用地使用权确权登记、农村土地承包经营权确权登记、全覆盖地籍调查等，由各级人民政府自然资源主管部门统一组织开展地籍调查工作。

（2）当事人取得土地使用权前，用地审批、土地供应（用地规划许可）等土地管理工作需要地籍调查成果的，由县级以上人民政府自然资源主管部门负责开展地籍调查工作，但已经明确用地意向单位或建设单位的除外。

（3）为满足不动产统一登记要求，需要开展补充调查以完成存量房屋落幢落宗等相关工作的，应当由政府落实经费，统一组织实施。

2. 企业或个人作为实施主体的情形

（1）申请工程规划许可和竣工验收前，由土地使用权人自行或委托社会中介机构开展地籍调查、提交相关成果。在用地审批和土地供应（用地规划许可）阶段，已经明确用地意向单位或建设单位的，虽尚未正式获得土地使用权，通常也由当事人负责开展地籍调查。

（2）申请不动产首次登记或涉及界址界限变化的不动产变更、转移登记前，已有调查资料无法满足登记需要的，权利人应依法开展地籍调查。

（3）农村集体经济组织成员不配合政府集中组织开展的地籍调查工作，后续自行申请登记的，由申请人负责开展地籍调查。企业或个人在农村开展集中连片经营（如承包林地等），申请土地经营权前，已有调查资料无法满足登记需要的，由申请人自行开展地籍调查。但法律或相关政策文件另有规定的除外。

（二）坚持标准先行，严格调查过程监管

自然资源主管部门应加快推进全国统一的地籍调查标准规范制定，为地籍调查顺利开展提供标准依据。在统一的地籍调查标准出台前，宜继续执行原有的《地籍调查规程》、《海籍调查规范》（HY/T 124—2009）、《无居民海岛开发利用测量规范》（国海规范〔2017〕3号）、《房产测量规范》（GB/T 17986.1—2000）、《森林资源规划设计调查技术规程》（GB/T 26424—2010）等标准，满足各方实际需求。为避免各类原有调查标准间的技术差异，须严格按照《不动产权籍调查技术方案（试行）》的要求，规范调查程序（主要包括准备工作—权属调查—不动产测绘—成果审查入库—整理归档）和调查成果（包括图、表、报告等），并确保不动产单元代码唯一性（设立唯一的不动产单元号）。

（三）充分利用已有调查成果，避免重复调查和测绘

对于前期行业管理中已经产生的调查成果，经不动产登记机构审核，符合

不动产登记要求的，应当继续沿用，避免重复调查测绘。申请不动产变更、转移等登记时，不动产界址界限未发生变化的，原则上应当继续沿用已有的地籍调查成果，不得要求申请人重复提交。实施不动产统一登记前，已经依法办理了土地登记和房屋登记，以及依法办理了房屋登记但未办理分户土地登记的城镇住宅、成套的商业办公用房等不动产申请办理转移、变更、抵押等登记时，经确认土地权属合法且不涉及界址界限变化的，不得要求权利人开展地籍调查，不得要求权利人缴纳落宗费、测绘费、配图费等额外费用。

（四）严格调查程序，确保地籍调查成果规范准确

按照相关规定，应先开展权属调查，再进行地籍测绘，权属调查和地籍测绘是相互独立、前后相沿、互为支撑的工作环节。现实中虽经权利设定但权属界址不够清晰的情况普遍存在，需要通过开展权属调查，在实地指定权属界址并签字盖章，作为确认权属界线的依据。经调查核准的权属界址具有法律效力，既是地籍测绘的基本依据和作业对象，同时又依赖不动产测绘予以精确表达，获取精确的界址坐标和面积。

（五）加强调查成果审核，及时入库上图

不动产登记机构或其授权机构应建立健全地籍调查成果审核管理制度，加强对调查成果审核把关，确保调查成果符合规定要求，切实满足不动产登记需要。同时，各地也要加快建设以不动产单元代码为纽带、以不动产单元表为载体、图—数—属—档一体化的地籍数据库，及时将审核通过的调查成果纳入地籍数据库，进行统一管理和更新维护，并逐步形成覆盖全域的地籍一张图，为自然资源管理和社会公众提供优质服务。建立健全调查成果质量评价机制，定期将地籍调查成果质量评价、委托人满意度调查结果等进行公示，方便申请人自行选择技术实力强、服务好、信誉度高的地籍调查单位，切实做到规范有序，便民利民。

第二章　地籍调查技术与方法

第一节　权 属 调 查

一、概述

权属调查是指对不动产权属、界址、坐落、四至、用途等状况的调查，以确保不动产单元权属清楚、界址清晰、空间相对位置关系明确。权属调查可分为土地权属调查、海域（含无居民海岛）权属调查、房屋权属调查、构（建）筑物权属调查和森林、林木权属调查等。

（一）权属调查的主要情形

权属调查的主要情形包括：

（1）权属来源明确、实地界址清晰的，根据需要实地核实即可。

（2）权属来源明确但实地界址不清晰的，需要组织相邻宗地权利人，依据权属来源证明材料，在实地指定界址点和界址线，签字盖章进行确认，并丈量界址边长和关系距离，绘制宗地草图，作为确定权属界址的证明和地籍测绘的依据。

（3）对农村宅基地、城镇老宅等历史形成合法使用但缺少权属来源证明材料的，实地指界、成果公示无异议后，可作为确定权利归属的依据。

（4）权属、界址等存在纠纷，根据工作需要开展的专项调查。

（二）权属调查的方法

权属调查应采用内业核实和外业调查相结合的方法开展。

（1）内业核实。是指在室内对收集到的地籍材料的齐全性、一致性、规范性进行查验，核实不动产的权属、界址（界限）、用途等状况，并判定不动产的权属是否清楚、界址是否清晰、面积是否准确。如果内业核实判定符合地籍调查成果相关要求的，则不需要开展外业调查。

（2）外业调查。是指到实地核实查清不动产的权属、界址、用途等状况。对于新设不动产单元，或经内业核实，地籍材料现势性差或不齐全、不完整、不一致，不动产单元界址不清楚或发生变化，无权属来源材料，以及利害关系人对地籍材料中的内容提出异议并提供证明材料等情形，需要开展外业调查。

二、土地权属调查

土地权属调查是指以宗地为单位，对土地权属状况和界址状况的调查和确认的工作。依土地权利类型的不同，土地权属调查可分为集体土地所有权调查、宅基地使用权调查、国有或集体建设用地使用权调查、国有或集体土地承包经营权调查及国有或集体农用地使用权调查。依调查的内容可分为土地权属状况调查和土地权属界址调查。土地权属调查包括土地权属状况调查、土地权属界址调查、宗地草图绘制和宗地调查表填写等工作。

（一）土地权属状况调查

土地权属状况调查的内容包括土地权利人或实际使用人、权属性质及来源、位置、用途等，针对土地承包经营权和农用地的使用权，还需调查发包方、承包方、地力等级、水域滩涂类型、养殖方式、草原质量等。

1. 土地权利人、权属性质及来源调查

1）核查土地权利人或实际使用人

核实查清土地权利人的姓名或名称、单位性质、行业代码、社会信用代码、法定代表人（或负责人）姓名及其身份证明、代理人姓名及其身份证明等。当实际使用人与权源材料中的权利人不一致或无地籍材料的，应收集实际使用人、法定代表人、代理人的身份证明复印件，查清实际占有或占用土地的历史沿革，并在调查表的说明栏依时间节点进行详细说明，在《地籍调查表》中填写实际使用人。

土地权利人或实际使用人的名称或姓名应与身份证明上的记载一致；针对共有宗或共用宗，要调查清楚全部权利人或实际使用人的名称和份额。

2）调查土地权属性质及来源

核实查清土地权属来源、权属性质、权利类型、起止时间、年期等。如无地籍材料，则利用地籍图，查清占有或占用土地的权属性质和占有或占用时间，并在调查表的说明栏依时间节点进行详细说明。其中，应注意以下几点：

（1）在调查土地权属来源时，应注意权源证明中单位名称的一致性。发现不一致时，需要对权属单位的历史沿革、使用土地的变化及其法律依据进行细致调查，并在地籍调查表的相应栏目中填写清楚。

（2）通过出让方式取得国有土地使用权的宗地，要调查其批准的使用期限与使用权的终止日期。土地使用年期是指获得国有土地使用权的年限。《中华人民共和国城镇国有土地使用权出让和转让暂行条例》规定，土地使用权出让最高年限为：居住用地 70 年；工业用地 50 年；教育、科技、文化、卫生、体育用地 50 年；商业、旅游、娱乐用地 40 年；综合或者其他用地 50 年。

3）位置核查

核实查清用地范围的四至、所在图幅和坐落。用地四至采用相邻权利人或实际使用人名称、地理名称、地类等方式表达；所在图幅采用选定的调查比例尺所对应的图幅号表达；对宗地坐落，统筹考虑土地权利类型的不同和宗地所处的地理区位，按照下列方式表达：

（1）对集体土地所有权、土地（承包）经营权、集体建设用地使用权和农村区域独立的国有建设用地使用权等宗地，核实查清所处的乡（镇、街道）、村（社区）、村民小组等信息。

（2）对城镇区域的国有建设用地使用权宗地，核实查清所处的街道办、路（街、巷、弄）、门牌号码。缺门牌号时，可查清毗连宗地门牌号及其所处方位（东、南、西、北）；对新建的住宅小区，还未编制门牌号时应查清楼盘名称或小区名称。

（3）对宅基地使用权宗地，核实查清所处的乡（镇、街道办）、村（居委会、社区）、村民小组和门牌号码等信息。

（4）无论哪种权利类型的宗地，还应核实查清其所处位置当地习俗称谓的地理名称、道路名称、水系名称、小区名称等，作为宗地坐落的附加信息。

4）用途调查

从土地权属来源材料中提取批准用途，并调查实际用途。对集体土地所有权宗地，不调查批准用途；宗地内各种土地利用现状类型直接引用最新土地利用现状调查成果中确定的地类，并填写到集体土地所有权宗地分类面积调查表中，同时在调查记事栏注明最新土地利用现状调查成果的年份。

5）共有/共用情况调查

调查核实土地的共有/共用情况及其全部共有/共用权利人，确认是按份共有/共用还是共同共有/共用；根据管理工作需求确认是否需要共有/共用份额，如果属于按份共有的，则查清共有/共用的份额。

6）其他

调查核实权利限制、土地级别等情况。

2. 土地承包经营权和农用地使用权调查

土地承包经营权和农用地使用权调查时，除核实调查上述有关土地权属状况外，还需核实调查发包方、承包方、土地用途、地力等级、是否为基本农田、水域滩涂与养殖方式、草原质量及其适宜载畜量等内容。

1）发包方

核实调查发包方的名称、负责人及其证件等内容。

（1）发包方名称。是指以家庭承包或其他方式取得承包经营权的承包合同中的发包方全称。

（2）发包方负责人。主要核实发包方负责人的姓名、联系电话、通信地址及对应的邮政编码、证件种类及其编号等。

2）承包方

核实调查承包方的姓名、承包合同编号、经营权证、取得（承包）方式、家庭成员情况等。其中家庭成员情况包括家庭成员总数及其各成员的姓名、与户主关系、身份证号码等。

3）草原质量及其适宜载畜量

核实调查草层高度、草地覆盖度、建群种、优势种等草原质量要素及其适宜载畜量。

4）其他

根据权属来源材料，核实调查土地用途、地力等级、是否为基本农田、水域滩涂与养殖方式等。

（二）土地权属界址调查

1. 土地权属界址

界址是社会稳定的基础。在以“权属清楚、界址清晰、面积准确”为目标的地籍调查工作中，“界址清晰”是土地权属调查的核心关注点。

土地权属界址（简称界址）包括界址线、界址点和界标。

界址线是指相邻宗地之间的分界线，或称宗地的边界线。人们通常称之为界线或边界[1]，这是由土地的自然特性和人类对土地占有或使用的结果所产生的，其法律地位由现行的法律法规决定，但在一些国家和地区，也可由当地的习俗或土地利用的观念决定。界线主要是指两个地块（宗地、图斑）的分界线。边界主要是指占有或利用的土地范围线。

界址点是指土地权属界址线的转折点。这里的“转折点”既指空间转折点（也称空间的拐点），也指属性转折点，图2-1-1和图2-1-2表达了空间转折与属性转折的情形。

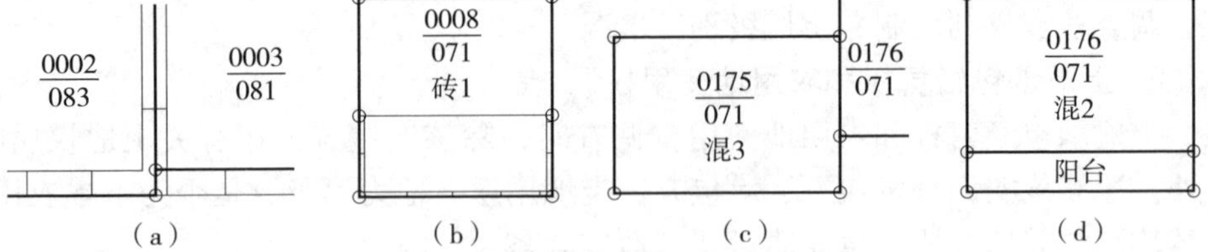

图2-1-1　城镇区域界址点设定示意图

界标是指人们在界址点上设置的标志。界标不仅能确定土地权属界址或地

---

[1] 在同一场合下，界线、边界所指向的标的物及其位置是一样的。

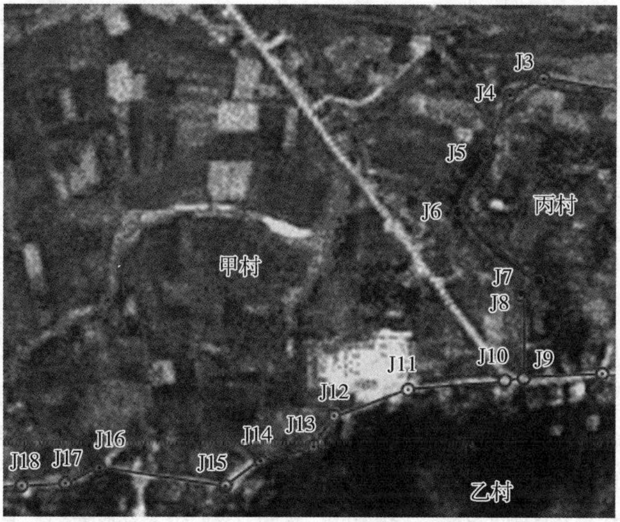

图 2-1-2 农村区域界址点设定示意图

块界线在实地的地理位置，为今后可能产生的土地权属纠纷提供直接依据，还是测定界址点坐标值的位置依据。

界标有两种类型，即人工埋设的标志和固定、明显的人工建造物或自然地物标志。在《地籍调查规程》中提供了五种人工埋设的标志，固定、明显的人工建造物标志有土堆、独立树、墙角、田埂拐角、硬化沟路渠的拐点、不同人工线性地物的交叉点等，固定、明显的自然地物标志有山顶点、坡度变换点、鞍部、谷底点、河流的拐弯点、不同自然线性地物的交叉点等。

按照测量的观念，又可将界标分为可见标志和隐蔽标志。可见标志在地面上，人们能够直接识别界线，或者通过确定与界线之间的空间关系，间接识别界线。隐蔽标志是指人工埋藏在地表以下的标志，一般只有测量员可以精确定位，权利人也可概略定位。可见标志常常因人为移动、破坏而丢失，也经常因火灾、洪水、泥石流等自然力的破坏而丢失。

2. 土地权属界线的分类

界址线也称为界线。站在不同的视角，界线有不同的分类，既可按照界线的管理性质分类，也可按照界线的法律效力分类，还可按照界线的标的物性质进行分类。

1）按界线的管理性质分类

按照界线的管理性质可分为三种界线，即行政界线、土地管理区域界线和地块界线。这种分类主要为了满足土地行政管理的需要。

（1）行政界线。包括省界、县界、市界、区界、乡（镇）界、街道办事处界等。这些界线一般由各级政府部门（如民政部门等）划定。它们大都由路、沟渠、河流、田埂、山脊或山谷、人造界线要素等构成，界线多半有一定的宽度，并由行政辖区双方共有。在农村，许多情况下，这些界线与土地所有权界线重合。

（2）土地管理区域界线。主要是为了方便土地管理工作，需要设定土地管理区域，如登记区、统计区、调查区等，在《不动产单元设定和代码编制规则》中，设定了地籍区和地籍子区作为土地管理的区域，这种区域主要用于宗地代码编制和定着物代码编制，从而实现全国所有不动产单元的空间定位，方便地籍信息的管理和统计。土地管理区域界线一般由国家土地资源行政管理部门划定。

（3）地块界线。在土地管理工作中，其地块的主要表现形式为宗地和图斑，因此地块界线主要是指宗地界线和图斑界线，包括土地所有权宗地界线、土地使用权宗地界线、地类图斑界线等。其中，通常情况下，根据土地利用分类标准和相应的技术标准，确定地类的图斑界线；而对于宗地界线，可能来源于规划或用地审批的法律文件，也可能来源于权利人的指界，其指界所形成的范围，应该符合国家或地区的相关法律法规规定，或习俗观念形成的时效取得或继受取得土地（不动产）的条件。

2）按界线的法律性质分类

按照界线的法律性质可分为法律界线、普通界线和近似界线。这种分类主要反映人们或政府管理机构通常以某种（法律、习俗）方式所承认的界线存在形式。不同国家，甚至同一国家内部不同省份或州，对界线的界定都有很大不同。

（1）法律界线是指精确测量其方位、距离和坐标等空间参数，通过国家制定的法律程序给予承认的界线。这种界线的定界费用很高。法律界线是发达国家最常见的界线形式，在世界上大多数地区都能够看到。我国的建设用地使用权界线基本属于此类界线。

（2）普通界线是指没有精确测量其方位、距离和坐标等空间参数（在图上有标示），或者有精确的空间参数，但没有通过国家制定的法律程序，仅依靠地方（甚至社区）的普通规则（法律法规以外的地方习俗）确定的界线。这种界线的定界费用比法律界线低。这种界线在英国的土地登记系统中有较为详细的描述，大多数不发达国家普遍存在这种界线。我国部分行政界线、部分集体土地所有权界线、部分土地承包经营权界线以及图斑界线属于此类界线。其共同特点为：一是依附于江河的中心线、山脊线、山谷线等线性地物；二是在图上有标示；三是其边长或坐标是图解的，点位精度与地籍图、地形图或影像图的比例尺有关，点位中误差大约是图上 0.3~0.5mm；四是对界址的走向和地物特征有较详细的文字描述。另有一种最常见的普通边界是建筑物区分所有权的独用部分的界线。

（3）近似界线是指没有精确测量其方位、距离和坐标等空间参数，依靠地方（甚至社区）的普通规则（法律法规以外的地方习俗），仅采用四至关系描述方式表达界线（或地块）的概略地理位置，或在不精确的地图上大致标示界线的位置。虽然如此，如果采用国家规定的法律程序进行确权登记，国家或政府仍然对地块的完整法定权利予以保护或担保。采用这种界线，其确权定界的速度较快，且成本低廉。比较广泛采用这种界线的国家是马来西亚以及一些不发达国家❶。例如，在马来西亚，经常只核实房屋等构（建）筑物占用的土地范围，其界线仅认定房屋墙，或砖墙，或混凝土墙的地面结构线，与地块代码对应的产权用地范围多采用建设区划地址或其街道地址进行表述。然而，随着土地管理制度的成熟，这种界线的局限性非常明显。

土地权属的争议界线及我国部分地处山区或丘陵的林地承包经营权（简称林地使用权）、自留山等界线大致属于近似界线的范畴，其中最显著的就是河流的中心线或水面上的界线。

表 2-1-1 所表述的是一条界线的特征。一个地块由若干条界线封闭，这些界线可全部属于某一种界线，也可几条界线是法律界线，而另外几条是普通界线或近似界线。

表 2-1-1 界线类型比较

界线特征	界线类型		
	法律界线	普通界线	近似界线
调查	需要现场调查并填写调查表	可以现场调查并填写调查表	可以现场调查并填写调查表
法律文件与指界	有法律文件，按照法律或习俗现场指界	有法律文件，按照法律或习俗现场指界	有法律文件，界线位置不具体
界址标示与标的物	自然的或人工的标的物；标示清楚，在调查表或相关文件有详细的记录	自然的或人工的标的物；标示存在缺陷，或以图示为准	无界线标的物
界址说明	针对曲线、落水部分等情形，给予必要说明	针对曲线、落水部分，给予必要说明 对于农村地区，由于曲线复杂，其说明的语言不规范或有缺失	无
实量边长	对于建设用地丈量界址边长及其相关距离；对于曲线或落水，或有严重障碍，或超长等情形，不实量边长	一般不丈量边长	无边长可量

❶ 伊恩·威廉森，等. 土地管理与可持续发展［M］. 詹长根，张雅杰，译. 北京：测绘出版社，2018.

续表

界线特征	界线类型		
	法律界线	普通界线	近似界线
界址签章	有签字、盖章或手印	有签字、盖章或手印	无签字、盖章或手印
草图或填图	手工绘制草图，或在地图上标记范围，或在影像图上标记范围	手工绘制草图，或在地图上标记范围，或在影像图上标记范围	手工绘制草图，或在地图上标记范围，或在影像图上标记范围
测量坐标	对于土地价值高的区域采用解析法测量坐标，对于土地价值低的区域，可在图上图解坐标	主要是图解坐标，或无坐标	无界址点，不能够测量
界线的空间矛盾	无	有	有
界线的不确定性程度	精度很高，不确定性很小	精度低，存在较高的不确定性	不确定性很高
法律确认	经过法定程序予以确认	可能经过法定程序确认	无
定界费用	很高	一般	很少
法律效力	绝对公信力	公信力不足，可能存在一些错误	公信力很弱，当地的习俗和人们的道德准则，是保证界线双方和睦与不发生争议的重要标准

每种界线都有其优缺点。选择使用法律界线还是普通界线，或是近似界线，需要权衡利弊，对于一个地区或国家是如此，对于一个地块也是如此。对于普通界线，如果需要，通常可以精确定位，如栅栏、沟渠和篱笆的中线，或者围墙的一面，从而转换为法律界线。近似边界与普通边界有类似之处，但没有普通边界精确。对于近似边界，由于不知道近似边界由什么构成，或其不知道其确切的地理位置，精确测定也就无从谈起。有很多界线，如果要精确测定，会存在很多困难或费用昂贵，比如河流的中心线、大山的山脊线或山谷线，这也是普通边界或近似边界存在的理由。

在我国的地籍管理工作中，上述三种界线都存在。普通界线或近似界线，由于界线数据和文字描述不完整，具有较高的不确定性，可能引起争议，安全性不足。如果全部采用法律界线，需要强大的经济支撑能力，此时就必须详细地分析普通界线、近似边界向法律界线转换的经济与利益的关系和必要性。在这个问题上，地域性、界线的地理标的物、权利人的观念等要素十分重要，除非因土地所有者、使用者要求，或者土地开发要求将其提升为法律界线。随着我国不动产登记制度的统一，及其社会经济的发展以及科学技术的进步，近似界线将会逐步消失，但普通界线可能仍然会在较长时期内存在。

3）按界线标的物的性质分类

按照界线标的物的性质可分为自然界线和人工界线。这种分类主要反映确权定界时，界线标示的技术和方法。

自然界线主要指自然形成的固定、明显的线状地物或地形结构线，如山脊线、山谷线、河流的边线或中心线等。人工界线主要指人工建造的固定、明显的线性地物和地物点，如树、栅栏、围墙、道路中心线、房角等。自古以来就有“立土为峰、植树为界”的说法和实践。结合人工界线和自然界线的含义，界线的实体存在有四种形式：一是人工建造界址点、线，如围墙、田埂、行树等；二是人工埋设界址点，界线依附于自然的线性地物；三是界址点、线都依附于自然的线性地物及其转折点；四是虚构的界线，河流中心线、水面上的一条界线等，或不依附于任何地物地形的界址点之间的连线。

《土地管理与可持续发展》一书认为，对于多个权利人拥有的一块地，权利人之间通过协商，以契约形式或法律文件形式确认的合法土地数量或权益份额，也是界线存在的一种形式。

很多普通界线是自然界线，其具有明显的自然地物特征，而不是人工地物，如山脊、河流中线，或边线、各种形式的海岸线，如平均水位线。围绕这些形式的普通边界的法律界定很复杂。这种情况下，界线可以随时间发生变化（称为流动界线，如河岸线、中心线等）。

3. 调查程序

按照如图 2-1-3 所示流程开展土地权属界址调查工作。

经内业核实，根据地籍材料中的界址进行判定，如果符合现行法规政策的规定，界址标示、说明、签章清楚，红线图、宗地图、宗地草图或其他大比例尺的图件上的界线及其地籍要素清晰、可读，或有界址点坐标及其坐标系统说明，将坐标或图件转换到地籍图上，与相邻的宗地、地物、地形没有空间矛盾，则土地权属界址是清晰的，不需要开展土地权属界址外业调查；否则，需要外业核实或外业调查。

外业调查可分为两个步骤：一是核实。当在室内判定“界址清晰”有困难时，则需在实地仔细辨认出界址的位置，并量取界址的边长或测量界址的坐标。如果核实结果与地籍材料或申请的材料一致，则外业核实工作结束，将核实结果做好记录；否则需要开展外业调查，实地核实调查界址的状况。二是调查。如果无地籍材料，或有地籍材料但需要新设界址，或经过室内核实、外业核实仍然无法确定界址空间状态的情形下，则需要外业调查。土地权属界址调查的主要工作内容为现场指界（界址位置的认定）、设置界址点线、认定和埋设界址标志、丈量界址边长、记录调查结果、签字盖章等。

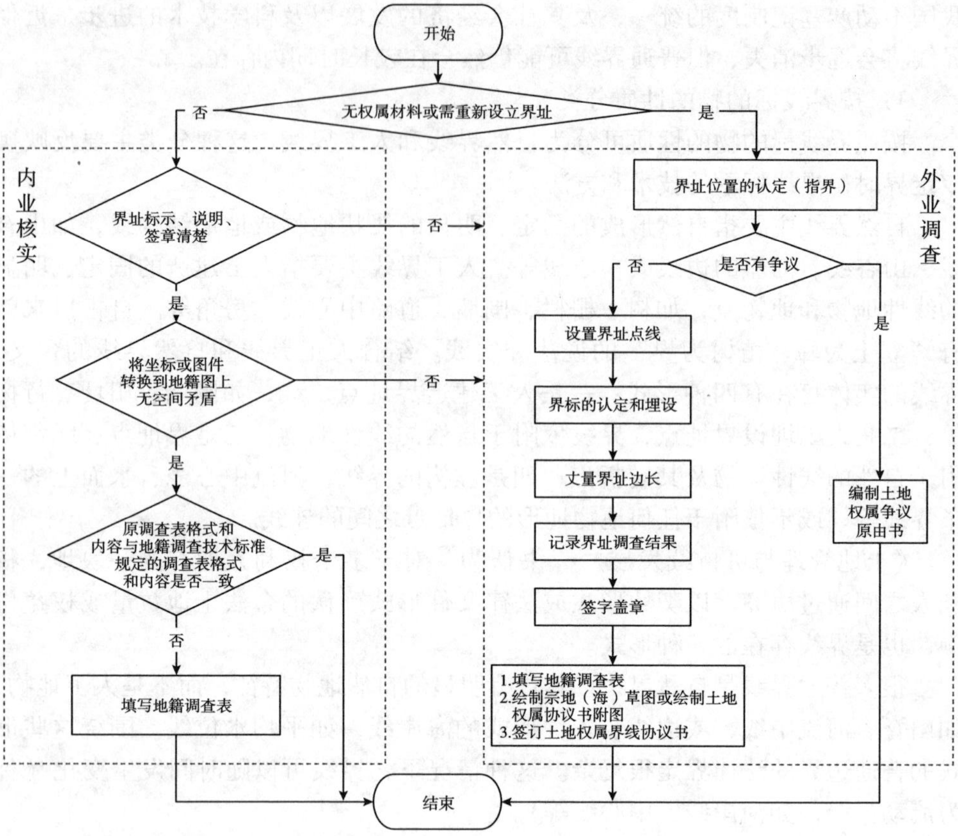

图 2-1-3　界址调查流程图

4. 指界

1）不需要现场指界的情形

（1）对土地权属来源材料合法、界址明确、经核实界址无变化的宗地，不需要现场指界，可直接利用已有资料填写宗地调查表，原土地权属来源资料复印件作为宗地调查表的附件。

（2）外业调查时，如发现实际用地范围超出权属来源材料规定的界址范围（有界址点坐标），则超出部分不需要现场指界，在实地调查确认权属来源材料所描述的用地范围，对超出部分采用文字叙述和图形表达相结合的形式，在宗地调查表中做出说明。

（3）对无土地权属来源材料的单位或个人用地，根据政策法规，不能够确定为合法的，不需要现场指界，根据实际用地状况确定用地范围，并采用文字叙述和图形表达相结合的形式，在宗地调查表中做出说明。

2）可根据实际情况现场指界的情形

（1）对无土地权属来源材料的单位或个人用地，根据政策法规，经核实为合法拥有或使用的土地，可根据双方协商、实际利用状况及地方习惯现场指界。

(2) 土地权属来源资料中的界址不明确的宗地（含无界址点坐标的），以及界址与实地不一致的宗地（如界标物发生变化、界址点发生位移等），需要现场指界，并在宗地调查表的权属调查记事栏中予以说明。

(3) 相邻宗地未确权的，可根据土地权属来源材料单方指界。

(4) 可对指界人及其指认的界址拍摄照片，作为宗地调查表的附件保存。

针对需要现场指界的情形，界址位置的认定有两种方法：一是调查技术人员按照土地权属来源材料或申请材料放样界址位置，并由权利人或实际使用人或代理人现场确认；现场确认界址时可借助影像图的帮助，以提高界址认定的准确程度；二是在调查技术人员的引导下，权利人或实际使用人或代理人按照土地权属来源材料或申请材料，权利人或实际使用人或代理人现场指界。

3）通知指界

调查人员应制作指界通知书，送达被调查宗地和相邻宗地的权利人或实际使用人并留存回执；权利人或实际使用人无法联系的，或相邻权利人或实际使用人数过多，短期内无法统一召集的，可采取公告方式，告知其在指定的时间到指定地点出席指界。

权利人或实际使用人是单位的，指界人可以是法定代表人（或负责人），也可以是代理人。权利人或实际使用人是个人的，指界人可以是权利人或实际使用人，也可以是代理人。权利人或实际使用人无法出席现场指界的，权利人或实际使用人可委托代理人并签发指界委托书；针对集体土地所有权界线，可由农民集体经济组织依法推举产生代理人，公告推举结果并签发指界委托书。针对共有或共用宗地，由共有人或共用人共同指界，或共同委托代理人出席指界并签发指界委托书。

4）现场指界

(1) 查验指界人身份证明。现场指界时，调查人员应查验指界人身份证明。单位法定代表人（或负责人）出席指界的，应出具法定代表人（或负责人）身份证明书和本人身份证明。权利人或实际使用人本人出席指界的，应出具本人身份证明。代理人出席指界的，应出具代理人身份证明及指界委托书。

(2) 指界。调查人员、本宗地指界人和相邻宗地指界人应依托自然界标物或人工建造界标物，根据土地权属来源材料中的界线描述及相关地物地貌，共同在实地指认界址线的位置、类型，并将指认的界址点、界址线标注在工作底图上。

5）违约缺席指界的处理

(1) 如一方缺席，则根据权属来源材料和另一方指定的结果确定界线。

(2) 如双方缺席，则由调查人员根据权属来源材料、实际使用现状及地方习惯确定界线。

（3）将现场调查结果及违约缺席定界通知书送达违约缺席者。违约缺席者对调查结果如有异议，须在收到调查结果之日起 15 日内，重新提出划界申请，并负责重新划界的全部费用。如逾期不申请，经公告 15 日后，则依前述确定的界线自动生效。

5. 设置界址点

界址点的设置，是指以“界址清晰”为目标，按照土地权属来源材料中的界线或现场指界的结果，依托自然界址标的物或人工建造界址标的物，由调查人员或测量人员、权利人或代理人，共同在实地确认界址线类型和位置，按照界址点设置要求设置界址点的具体位置，并标注在工作底图上。界址点设置应做到清晰易懂、可操作，同时符合人们的观念和法律的要求。

（1）以确权的绝对公信力为出发点，以法律为依据，结合实践经验和习俗观念，界址点设置的原则为：①符合界址点的含义；②设置的界址点应能准确表达界址线的形状和走向；③由相邻两个界址点构成的界线，其依附的界标物属性宜具有唯一性；④便于用肯定的语言描述两个界址点之间界线的空间位置和属性；⑤在图件（地籍图、地形图、影像图等）上可以很方便地标识界址点；⑥得到土地权利人或实际使用人和相邻土地权利人或实际使用人的认可。

（2）根据上述原则，界址点设置的方法如下：①与相邻宗地界址线交叉处应设置界址点；②对于多边形宗地，其界线的空间转折处应设置界址点；③在一条界址线上，同时存在沟、渠、路、田坎等线型地物时，当其长度超过图上 1.2mm 时，其不同类别界址线的变换处宜设置界址点；④对于较长的界址线，如果界线两边的沟、渠、路、地类界与其交叉，当相邻交叉点之间的长度超过图上 1.2mm 时，其交叉处可设置界址点；⑤界址线的曲线部分，宜根据界址线的形状和长度合理设置若干界址点。在宗地草图和宗地图上，应使用曲线表达界址线。

6. 埋设界标

界址点设置后，是否需要设置界标、设置什么样的界标、界标如何埋设等，应采取协商的方式确定。协商的主体是界线双方（或单方）的权利人或实际使用人或代理人，调查人员可以按照相关技术标准或政策法规给予必要的建议和协助。

界址标志包括界址点标志和界址线标的物。在界址位置认定时，权利人或代理人应现场确认界址标志及其埋设方法，即界址线所依附的线性地物和界址点标志的标的物及其埋设方法，如界址线是在道路（沟渠、围墙）的中心线上，还是在内边线或外边线（左边线或右边线）；界址点上是埋设混凝土桩、打钢钉、石灰桩、植树，或是界址线的自然空间转折点等；对于混凝土、标石等界桩，是采用埋设在地表以下，还是部分露出地表；等等。

通常选择如图 2-1-4 至图 2-1-8 所示的五种界标之一，作为埋设的标志；

也可选择其他自然界标物或人工界标物做界址标志，并在界址标示表中增加界标类型。在条件许可的情况下，宜对界标拍摄数码照片作为地籍调查表的附件。

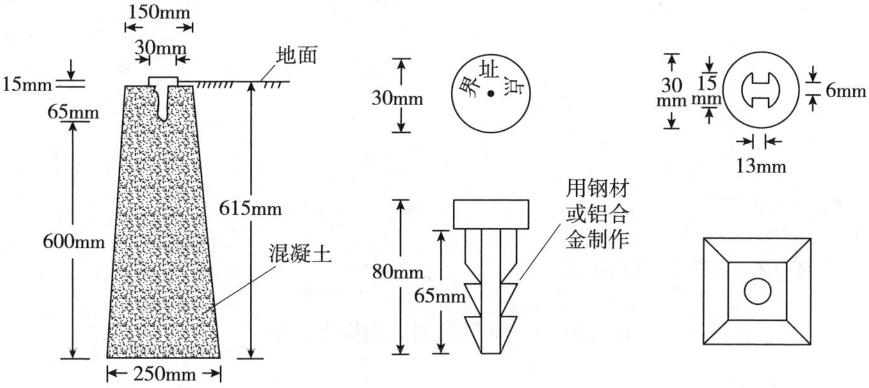

图 2-1-4 混凝土界址标桩

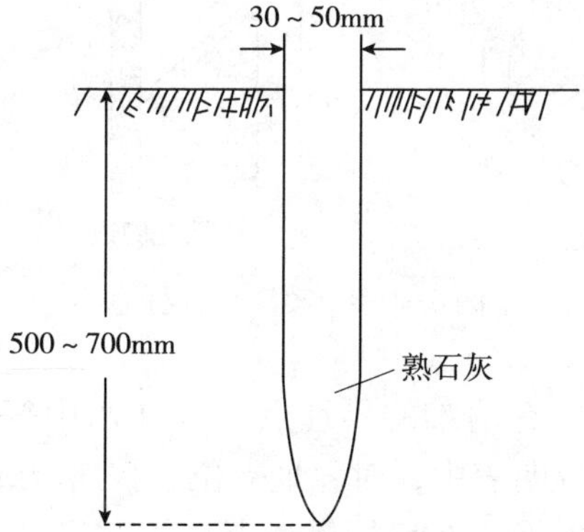

图 2-1-5 石灰界址标桩

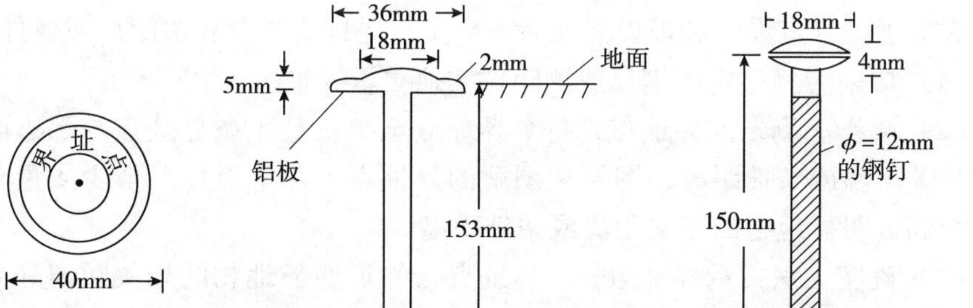

图 2-1-6 带铝帽的钢钉界址标桩

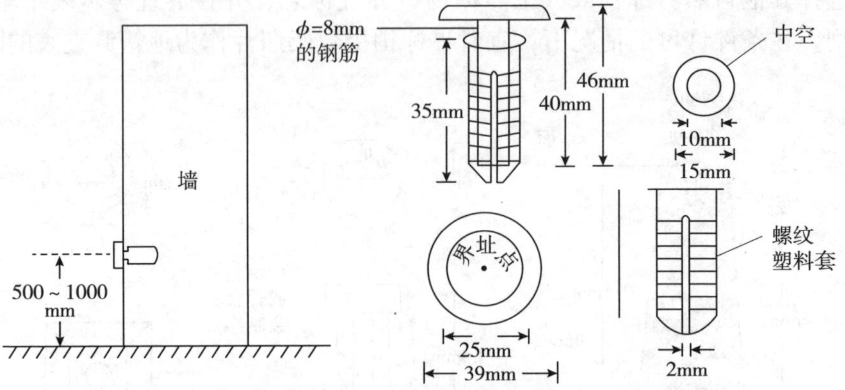

图 2-1-7　带塑料套的钢棍界址标桩

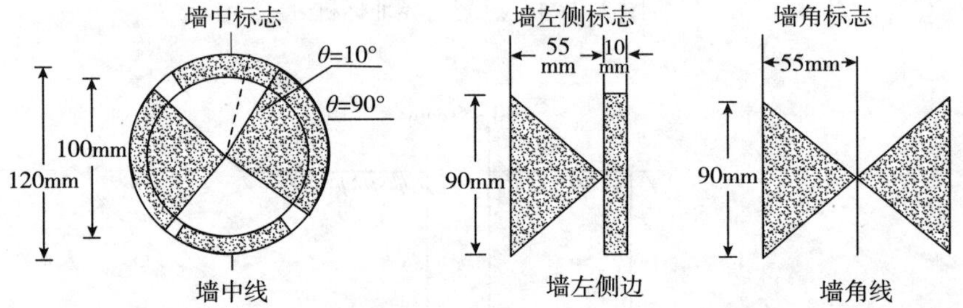

图 2-1-8　喷漆界址标志

对于设置或埋设界标有困难的界址点（如在水中等情形），应在土地权属界线协议书上或在界址说明表中，对界址点位、权属界线走向进行说明。

对损坏的界标，可根据已有解析界址点坐标和界址点间距、宗地草图、土地权属界线协议书等材料，采用现场放样的方法恢复界址点，并重置界标。

7. 丈量界址边长

完成了界址点设置和埋设界标后，应丈量界址边长、相关距离或条件距离。

（1）应采用经检定的钢尺或测距仪实地丈量界址边长。

（2）解析法测量的界址点，每个界址点至少丈量 1 条界址点与邻近明显地物的相关距离或条件距离；图解法图解的界址点，每个界址点至少丈量 2 条界址点与邻近明显地物的相关距离或条件距离。

（3）确实无法丈量界址边长、界址点与邻近明显地物的相关距离和条件距离时（如界址点在水中、界址线为曲线等特殊情况），应在宗地调查表的权属调查记事栏目中说明原因。

（4）采用钢尺（尺段规格为 30m 或 50m）丈量界址边长时，应控制在 2 个尺段以内。超过 2 个尺段时，解析法测量的界址点，可采用坐标反算界址边长，并在界址标示表的说明栏中进行说明。

（5）对曲线类界址线（如集体土地所有权宗地的界址线或耕地、林地、水域、滩涂、草地等土地承包经营权宗地的界址线），可不丈量界址边长。

（6）已有地籍材料中的界址边长，经实地检验符合相关精度要求的，可将地籍材料中的界址边长填写到界址标示表中。

8. 记录界址调查结果

调查人员应依据土地权属来源材料、申请材料，将现场界址调查的结果，填写到地籍调查表的界址标示表、界址说明表、界址签章表或土地权属界线协议书中，并绘制宗地草图或土地权属界线协议书附图。其中，对面积较大、界线复杂的集体土地所有权宗地、国有土地使用权宗地，宜签订土地权属界线协议书并签字盖章。有争议的土地或界址线，应编制不动产权属争议缘由书。

在世界上的任何国家或地区，无论采用何种土地确权制度或土地登记制度，界址调查的结果都会记录在专门的调查表或权属界线协议书上。这些文字和图形记录，一旦经过法定程序登记在专门的簿册上，就是将来解决土地权属争议、防止侵权或强占的有效的关键法律文件之一。现场的界址点线及其周围的环境可能因人为或自然的因素发生变化，但簿册上的界址记录不会变。

界址现场认定是否准确，与确权文件、申请材料、权利人或代理人密切相关，而界址描述是否准确则与调查测量的技术人员密切相关。经验丰富的高水平专业技术人员，能够采用准确的语言和图形描述界址的状况，使其不确定性降到最低的程度。

描述记载界址调查结果的方法由两部分构成：一是语言描述规则；二是图形描述规则，主要是指绘制宗地草图和土地权属界线协议书附图的规则。

语言描述方法是指采用官方文字，按照土地权属来源文件上的界线和权利人（或代理人）现场确认的结果，对界址点、线进行正确地阐述。

（1）描述界址点、线所依附地物的语言要规范。应采用大家都能够理解的地理语言阐述界址点线，如山脊线、山谷线、大车路、田埂或田坎、围墙、排水沟、渠道等，尽量不要使用不规范的文字或地方方言，如河沟、分水线、土路等，但这些方言可以用括号进行注释。

（2）宜利用地理方位词说明界址点、线的位置和宗地的四至。常用的地理方位词组包括：一是内、中、外；二是左、中、右；三是前、后；四是顶、底；五是上、下；六是东、南、西、北；等等。

（3）应清楚地表达两个界址点之间的线型，如直线、曲线、圆弧等。

（4）对于难以设置的界址线、点，可以采用线平行、线相交、线垂直等方式描述。

（5）界址点、线的描述语句应是肯定句。从语句中可解读出界址点的唯一位置和界址线的唯一方向。

在《地籍调查表》中，描述界址的表格有三种：一是界址标示表。这是一种规范化的表格，采用表格给定的属性标记（如打“√”）方式表示界标的种类、界址边长界址点、界址线依附的地物类型、界址线的位置（内、中、外）等，但不能够表达界址线的线形；此表基本能够满足以直线为主的建设用地使用权宗地和宅基地使用权宗地的界线的描述。二是界址说明表。这是一种非规划范化表格，是界址标示表的补充，完全依靠技术人员的理解填写。主要解决曲线、圆弧类界址线和需要特别说明的界址点。如在界址点位说明栏中，可说明水中的界址点的点位及与之相关的界址线的走向，或埋设界标的种类及埋设方法；曲线可采用“×××号界址点到×××号界址点是曲线”的方式描述，圆弧可采用“×××号、×××号、×××号三个界址点构成圆弧”的方式描述。三是界址签章表。适用于权利人或代理人签字盖章，要求手签并按手印或加盖印章。

在土地权属界线协议书中，描述界址的表格为界址说明表，包括界址点位说明栏和界址线走向说明栏。这是一种非规范化的表格，其作用相当于地籍调查表中的界址标示表和界址说明表。对每个界址点和每条界线都采用规范的语言进行描述（表 2-1-2）。

表 2-1-2　界址点位说明和界址线走向说明示例

	点号	说明
界址点位说明	J3	位于两沟渠中心线的交点上，未埋设实体界桩
	J6	位于××山顶最高处，未埋设实体界桩
	J8	位于××工厂围墙西北角处外侧，设置了油漆标志
	J11	位于大车路中心线与××公路东侧路边线的交叉处，未埋设实体界桩
	J13	位于××承包田西南角，是香樟树干的中心点
界址线走向说明	界线段	说明
	J1—J2	是直线，由 J1 点沿××公路中心线到 J2 点
	J4—J5	是曲线，由 J4 点沿山脊线的中心线到 J5 点
	J9—J10	是直线，由 J9 点沿××学校东侧围墙的外墙面到 J10 点
	J11—J12	是曲线，由 J11 点沿××公路东侧路边线到 J12 点 （是曲线，由 J11 点沿××公路右侧路边线到 J12 点）
	J12—J13	是曲线，由 J12 点沿田坎顶部的中心线到 J13 点

调查人员应明示权利人或实际使用人或代理人，认真阅读界址标示表、界址说明表、界址签章表和宗地草图的内容，确认界址的描述是否与实地认定的一致，如果有异议，应及时修正，然后在界址签章表的签字栏签字盖章。指界人不识字又无私章的，可代签，形式为“×××代”，由权利人、实际使用人或代

理人在代签处按手印，并在记事栏中作出代签和手印说明。可根据需要要求指界人在调查工作底图上签字确认指认的界线（含争议界线），并将签字后的调查底图归入宗地调查档案。指界人指界后，不在界址签章表上或土地权属界线协议书上签字盖章的，参照违约缺席指界规定处理。

对于集体土地所有权调查，调查人员应将调查结果送达指界人；指界人应在村民会议或村民代表会议上说明指界结果，同时以张贴公告形式公示指界结果。

（三）宗地草图和土地权属界线协议书附图的绘制

宗地草图是地籍资料中的原始记录，在地籍调查中发挥着重要的作用。如果没有图形辅助表达，无论语言描述如何细致，还是难以确切定位界址点和界址线。早在4000多年前的古埃及尼罗河两岸的人们，就采用简单的测量工具，手工绘制表示田块分布的地籍图，并附有文字说明。我国明朝手工绘制的鱼鳞图，开创了我国地籍草图和宗地草图绘制的先河。在1808年法国颁布土地法令前，主要利用各种方式绘制宗地草图或土地权属界线图，是当时土地确权定界的重要技术手段。虽然现代技术日益精进，但草图的绘制仍然必不可少，它是土地确权定界的第一手可作为法律凭证的材料。时至今日，发达国家仍然采用影像图、地形图标记土地的界线，这里的图形主要是指宗地草图或土地权属界线协议书的附图。

经实地核查，宗地的实际状况与原地籍调查表中宗地草图一致的，无须重新绘制宗地草图；否则，须重新绘制宗地草图。如果权属来源材料中没有宗地草图或无地籍材料，应绘制宗地草图。可以利用工作底图绘制宗地草图。面积较大、界线复杂的集体土地所有权宗地、国有土地使用权宗地等，可不绘制宗地草图，宜利用工作底图绘制土地权属界线协议书附图。

1. 宗地草图和土地权属界线协议书附图的主要内容

（1）本宗地号、坐落地址等。

（2）相邻宗地号、坐落地址等。

（3）界址点、界址点号及界址线，宗地内的主要地物、地貌等。

（4）界址边长、界址点与邻近明显地物的相关距离或条件距离。

（5）确定界址点位置、界址线方位走向所必需的建筑物或构筑物。

（6）丈量者、丈量日期、检查者、检查日期、概略比例尺、指北针等。

2. 技术要求

宗地草图（图2-1-9）或土地权属界线协议书附图（图2-1-10）应根据现场调查结果进行绘制。

（1）可直接在宗地调查表上绘制，或者在适宜长期保存的纸张上绘制，也可利用地籍图、地形图、影像图为底图绘制。较大宗地可分幅绘制。

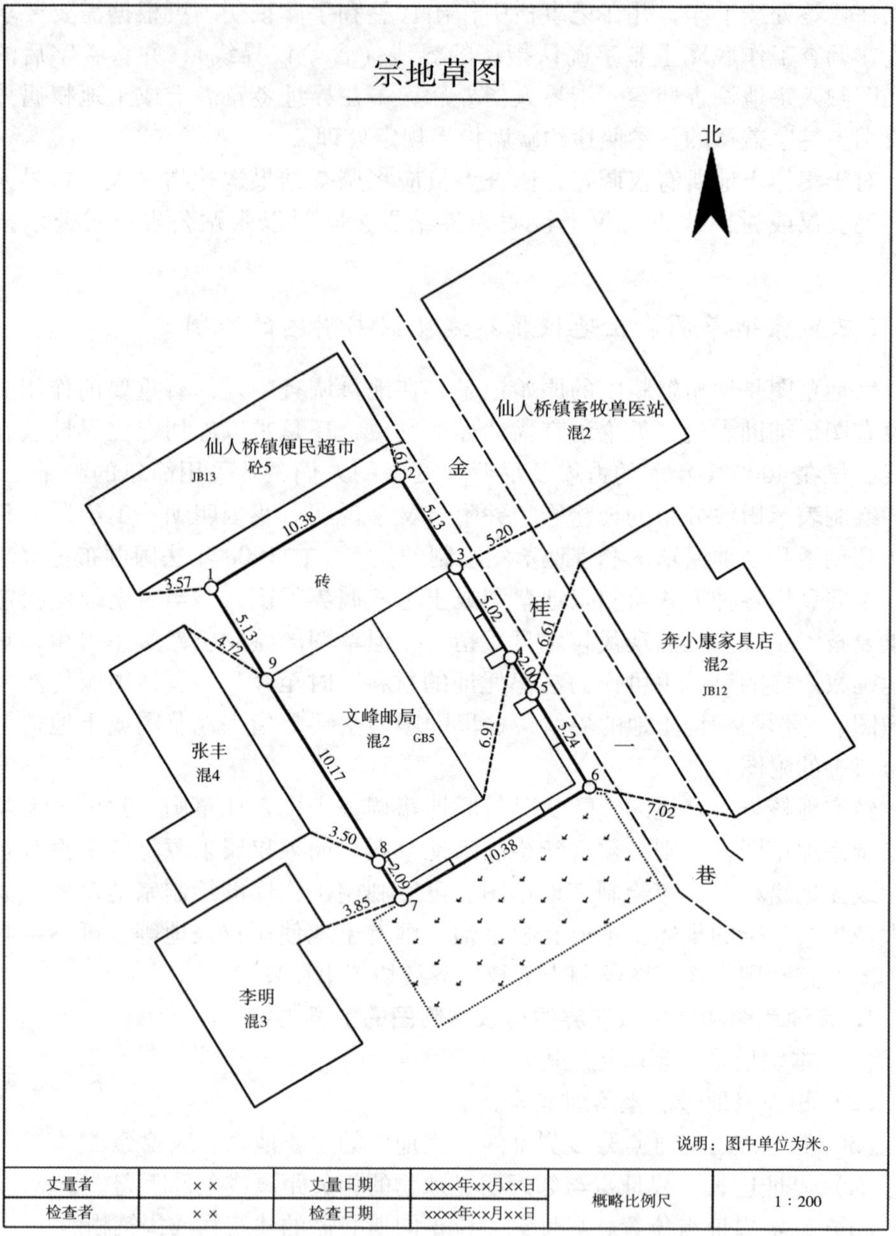

丈量者	××	丈量日期	××××年××月××日	概略比例尺	1：200
检查者	××	检查日期	××××年××月××日		

图 2-1-9　宗地草图样图

（2）图上应标注实地丈量的界址边长、相关距离、条件距离等，不应标注图解边长或图解坐标反算边长。

（3）图上表达的界址点、界址线与界址标示表、界址说明表中的描述能够建立一一对应关系，与实地能够建立一一对应关系。

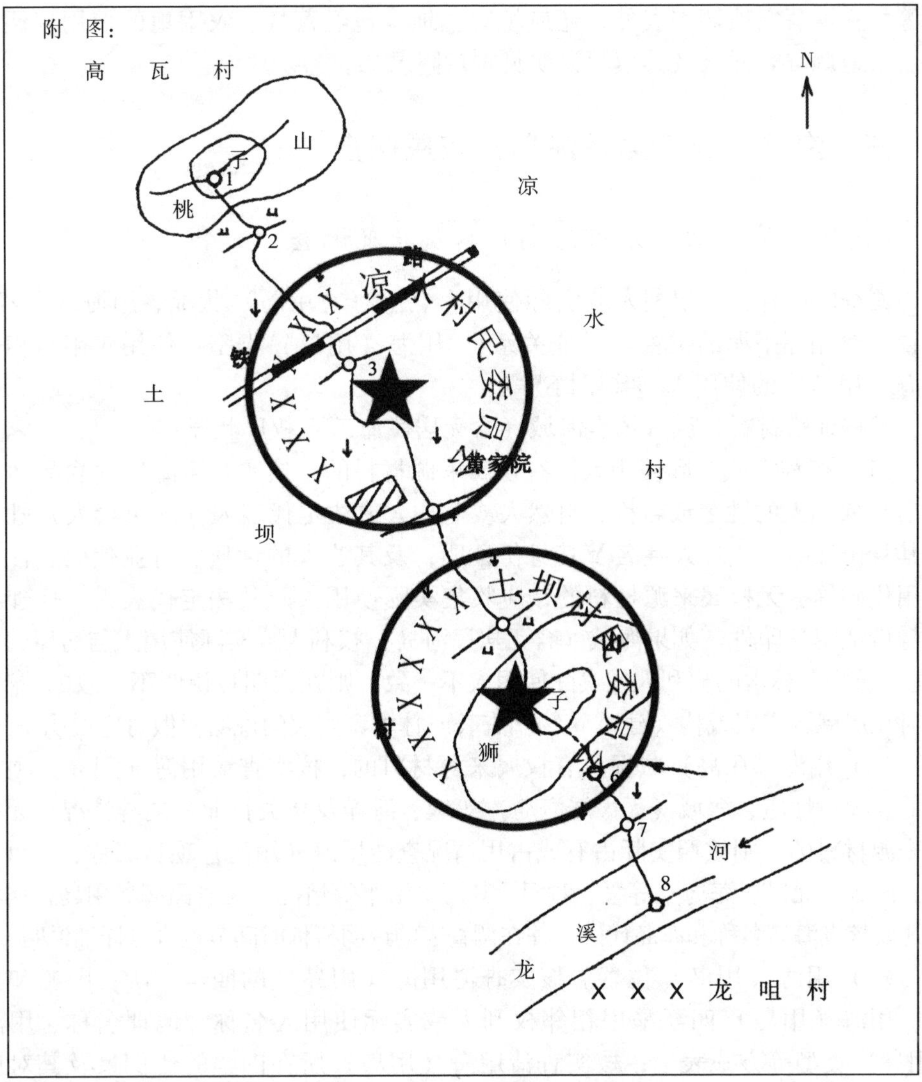

图 2-1-10　土地权属界线协议书附图样图

(4) 在绘制的宗地草图或土地权属界线协议书附图上，应线条均匀、字迹清楚，数字注记字头向北（上）向西（左）书写，注记过密的地方可移位放大注记，所有的注记不得涂改。

(5) 土地权属界线协议书附图中的界址线上，指界人宜加盖印章或按手印；宗地草图的界址线上，指界人也可加盖印章或按手印。

(四) 宗地调查表填写

每一宗地应填写一份宗地调查表。对于耕地、园地、林地、草地、水域滩涂等，除填写宗地调查表外，还应填写土地承包经营权、农用地的使用权调查表。宗地调查表样式及其填写说明见本章附录二。

三、海域（含无居民海岛）权属调查

（一）海域（含无居民海岛）权属状况调查

调查的内容包括权利人或实际使用人、用海（用岛）状况、用海（用岛）位置（含相邻宗海的位置与界址关系）、用海（用岛）类型、使用年限、相邻用海（用岛）的使用人、共用情况等。

根据地籍材料，调查核实海域（含无居民海岛）权属状况：

（1）权利人或实际使用人。有权属来源材料的，核实查清海域（含无居民海岛）权利人的姓名或名称、自然人或监护人或法定代表人（或负责人）姓名及其身份证明、代理人姓名及其身份证明，及其法人的性质、行业代码、社会信用代码等；无权属来源材料的，应收集实际使用人及其法定代表人、代理人的身份证明复印件。如果海域（含无居民海岛）权利人或实际使用人与房屋、构（建）筑物、林木的权利人或实际使用人不一致，则在说明栏说明不一致的情况，同时在房屋调查表或构（建）筑物调查表或林木调查表的说明栏做对应说明。

（2）用海（用岛）状况。有权属来源材料的，核实查清用海（用岛）项目名称、项目性质、海域（无民居海岛）等级、海洋及相关行业分类等情况；无权属来源材料的，则按照实际占有或占用情况查清用海（用岛）项目名称、项目性质、海域（无民居海岛）等级、时间及其历史沿革等情况，无居民海岛用岛权属状况还要核查海岛名称和海岛代码，并在调查表的说明栏依时间节点进行详细说明。

（3）用海（用岛）位置。核实查清用海（用岛）的四至、所在图幅和坐落。用海（用岛）四至采用相邻权利人或实际使用人名称、地理名称、用海（用岛）类型等方式表达；核实查清用海（用岛）所在图幅的比例尺及其对应的图幅号；根据地名管理部门提供的地理名称，统筹考虑海域（无居民海岛）用途、用海（用岛）类型和用海（用岛）所处的地理区位，经现场核实后，综合确定用海（用岛）的坐落，如果用海（用岛）所处位置存在当地习俗称谓的地理名称等，也可作为坐落的附加表达。

（4）用海类型。按照《海域使用分类》（HY/T 123—2009）的规定，核查用海海域使用一级和二级类型，并判定用海内部存在的用海方式。

（5）用岛类型。按照本章附录四的规定查清用岛类型和用岛方式。

（6）使用期限。根据海域（含无居民海岛）权属来源材料，查清使用期限。权属来源材料中没有描述使用期限的或无权属来源材料的，则查清起始使用时间。

(7) 相邻用海（用岛）的使用人。由本宗海毗邻用海（用岛）的业主对双方共用界址点、界址线位置进行确认，并签字。

(8) 共用情况。核实查清海域（无居民海岛）的共用情况及其全部共用权利人，确认是按份共用还是共同共用。根据管理工作需求确认是否需要共用份额，如果需要，则实地查清共用的份额。

(9) 其他。核实查清海域用海（无居民海岛用岛）的权利限制等情况。

（二）海域（含无居民海岛）权属界址调查

1. 调查程序

根据海域（含无居民海岛）权属调查的结果，如果海域权属界址状况满足不动产登记的要求，则不需要开展海域权属界址调查；否则，按照图 2-1-3 所示的流程开展宗海权属界址调查工作。

(1) 内业核实。在室内，根据地籍材料中的界址进行判定，如果满足以下条件，则海域权属界址是清晰的，不需要开展海域权属界址调查，否则需要外业核实或外业调查：①符合现行法规政策的规定；②界址标示、说明、签章清楚；③宗海图或其他图件上的界线及其地籍要素清晰、可读；或有界址点坐标及其坐标系统说明；④将坐标或图件转换到地籍图上，与相邻的宗地、地物、地形没有空间矛盾。

(2) 外业核实。在室内判定“界址清晰”有困难时，则实地核实界址的状况。一是在实地仔细地辨认出界址的位置；二是量取界址的边长或测量界址的坐标。如果核实结果与地籍材料或申请的材料一致，则外业核实工作结束，将核实结果做好记录；否则需要开展外业调查工作。

(3) 外业调查。如果无地籍材料，或有地籍材料但需要新设界址，或经过室内核实、外业核实仍然无法确定界址空间状态的情形下，则需要外业调查。其调查的主要内容包括宗海界址界定、指界和宗海草图的测绘。

2. 宗海界址界定

宗海界址界定的主要工作内容包括宗海分析、用海类型与方式确定、宗海内部单元划分、宗海平面界址界定和宗海垂向范围界定等。应根据海域权属来源材料，按照下列规定开展宗海界址界定工作：

(1) 宗海界址界定时，应遵循下列基本原则：①尊重用海事实原则。根据用海事实，针对海域使用的排他性及安全用海需要，界定宗海界址。②用海范围适度原则。宗海界址界定应有利于维护国家的海域所有权和无居民海岛所有权，有利于海洋经济可持续发展，应确保国家海域的合理利用，防止海域空间资源的浪费。③节约岸线原则。宗海界址界定应有利于岸线和近岸水域的节约利用。在界定宗海范围时应将实际无须占用的岸线和近岸水域排除在外。④避免权属争议原则。宗海界址界定应保障海域使用权人的正常生产活动，避免毗连宗海之间相互重叠，避免将宗海范围界定至公共使用的海域内。⑤方便行政管理原则。在有效反映宗海形状和范围的前提下，宗海界址点的布设应清楚简洁。

（2）按照下列规定的基本流程和方法进行宗海界址界定：①宗海分析。根据本宗海的使用现状资料或最终设计方案、相邻宗海的权属与界址资料以及所在海域的基础地理资料，按照政策法规，确定宗海界址界定的事实依据；对于界线模糊且不能提供确切设计方案的开放式用海，按相关设计标准的要求确定其界址的界定依据。②用海类型与方式确定。按照《海域使用分类》和《国土空间调查、规划、用途管制用地用海分类指南（试行）》的规定，确定宗海的海域使用一级和二级类型，判定宗海内部存在的用海方式。③宗海内部单元划分。在宗海内部，按不同用海方式的用海范围划分内部单元；用海方式相同但范围不相接的海域应划分为不同的内部单元。④宗海平面界址界定。以宗海最外围界线确定其平面界址。

（3）按照本章附录六的方法界定用海范围。

3. 无居民海岛用岛范围界定

以申请开发利用的范围为界，已有图件坐标精度不符合要求的应进行实测界定用岛范围。无居民海岛经批准开发利用后，应对实际开发利用范围进行勘测核查。

整岛利用的，无居民海岛自然形态明显转变的拐点应作为界址点。局部用岛的，除海岛岸线部分，无居民海岛用岛范围拐点应经海岛开发利用审批部门和用岛申请人现场确认后设置混凝土或钢质界桩。

4. 填海项目实际用海范围界定

填海与陆地相接一侧以批准界址线为界。相接填海项目已经通过竣工验收的，应以通过竣工验收的界址线为界。水中以填海工程围堰、堤坝基床或回填物倾埋水下的外缘线为界。

竣工验收测量界址点应选取填海项目实际用海范围的主要拐点，并尽量与批准的界址点相对应。

5. 指界

对于存在相邻宗地、宗海的，经过内业核实和外业调查确认需要进行现场指界的，应参照土地权属现场指界的要求开展宗海指界工作。

（三）宗海草图的测绘

1. 一般规定

宗海草图宜与现场测量记录表的形式一致。测绘宗海草图的基本要求如下：

（1）经实地调查核实，宗海的实际状况与原现场测量记录表一致的，无须重新测绘宗海草图；否则，重新测绘宗海草图。

（2）如果权属来源材料中没有宗海现场测量记录表或无地籍材料，应现场测绘宗海草图。

（3）可以利用正射影像图、地形图、地籍图等绘制宗海草图。

2. 主要内容

宗海草图的主要内容如下：

（1）本宗海号、坐落等。

（2）相邻宗海号、坐落等。

（3）界址点、界址点号及界址线，宗海内的主要地物等。

（4）界址边长、界址点与邻近明显地物的相关距离或条件距离。

（5）本宗海和相邻宗海内确定界址点位置、界址线方位走向所必需的建筑物或构筑物。

（6）测量单元，实测点及其编号、连线。测量单元及对应的实测点编号、坐标，对应的用海设施和构筑物。

（7）海岸线、必要的文字注记等。

（8）坐标系、概略比例尺、指北针、测量单位、测绘人、测量日期。

3. 技术要求

根据宗海界定的结果，按照下列规定测绘宗海草图：

（1）宗海草图的图幅应与宗海调查表中预留的图框大小相当。当测量单元较多、内容较复杂时，可用更大幅面图纸绘制后粘贴于预留的图框，但需在图中注明坐标系、测量单位，并由测绘人签署姓名和测量日期。

（2）宗海草图应在现场绘制。涉及实测点位置、编号和坐标等的原始记录不得涂改，同一项内容划改不得超过两次，全图不得超过两处，划改处应加盖划改人员印章或签字；注记过密的部位可移位放大绘制。

（四）宗海调查表填写和无居民海岛调查表的填写

按照本章附录三的要求填写宗海调查表；按照本章附录四的要求填写无居民海岛调查表。

四、房屋权属调查

房屋等建筑物、构筑物是土地、海域上十分重要的定着物，房屋等建筑物、构筑物的信息是不动产确权登记、不动产税费征收、地籍管理等工作必需的、不可缺少的重要基础信息。一般情况下，建筑物主要指房屋，构筑物主要指道路、桥梁、堤坝、水闸等。

（一）房屋权属状况调查

调查的内容包括权利人或实际使用人、权属来源、房屋性质、墙体归属、房屋权属登记情况、房屋坐落、房屋的层数等。根据权属来源材料，按照下列规定调查核实房屋权属状况。

1. 所有权人或实际使用人

有权属来源材料的，调查核实房屋权利人的姓名或名称、自然人或监护人或法定代表人（或负责人）姓名及其身份证明、代理人姓名及其身份证明，以及法人的性质、行业代码、社会信用代码等；无权属来源材料的，应收集实际使用人及其法定代表人、代理人的身份证明复印件。如果房屋的权利人或实际使用人与土地、海域权利人或实际使用人不一致，则在说明栏说明不一致的情况，同时在宗地调查表、宗海调查表（无居民海岛调查表）的说明栏做对应说明。

（1）对私人所有的房屋，如果有产权证件，则权利人与产权证上的姓名一致；如果权利人已死亡的，应注明申请人或代理人的姓名；如产权共有，应注明全体共有人姓名。

（2）宅基地及其集体建设用地上的房屋，依据房屋产权人提供的农村宅基地批准书或准建证，或村镇规划选址意见书，或乡村建设规划许可证，或房屋买卖、互换、赠予、受遗赠、继承、查封、抵押等房屋产权证明，查清权利人姓名或名称，并将产权证明复印件留存。

（3）单位所有的房屋，应注明单位的全称。两个以上单位共有的，应注明全体共有单位名称。

（4）房地产管理部门直接管理的房屋，包括公产、代管产、托管产、拨用产等四种。公产应注明房地产管理部门的全称；代管产应注明代管及原产权人姓名；托管产应注明托管及委托人的姓名或单位名称；拨用产应注明房地产管理部门的全称及拨借单位名称。

2. 权属来源

按照权属来源材料确认房屋的权属来源。主要存在继承、购买、受赠、交换、新建、重建、征用、收购、调拨、价拨、拨用等来源形式。如无地籍材料，则按照现状查清房屋的来源，并在调查表的说明栏进行详细说明。

3. 房屋性质

包括商品房、房改房、经济适用住房、廉租住房、共有产权住房、自建房等。

4. 墙体归属

房屋四面墙体所有权的归属分三类：自有墙、共有墙、借墙。在房屋调查时应根据实际的墙体归属分别在房屋权界线示意图上标注。

5. 房屋权属登记情况

若房屋已办理过房屋所有权登记的，在调查表中注明房屋所有权证书号。

6. 房屋坐落

房屋位于小的里弄、胡同或小巷时，应加注附近主要街道名称；缺门牌号时，应借用毗连房屋门牌号并加注东、南、西、北方位；当一幢房屋位于两个或两个以上街道或有两个以上门牌号时，应全部注明；单元式的成套住宅，应加注单元号、室号或产号。

7. 房屋的层数

房屋的总层数为房屋地上层数与地下层数之和，一层为车棚或车库的以当地规划部门批准的图纸标注为准。确认层数的方法如下：

（1）地上层数是指房屋结构层高在2.20m及以上的自然层数，按室内地坪±0.000以上计算，所在层次自下而上用自然数表示；室内顶板面高出室外设计地面的高度1.50m以上的地下或半地下室，室内层高在2.2m以上的，该房屋计算自然层数。地坪±0.000以下为地下层数，自上而下用负整数表示。

（2）旋转上升式的楼房，按地坪±0.000以上计算，以其旋转一周且层高2.20m及以上的水平投影为自然层，所在层次按对应的自然层次编号。

（3）错层房屋的层数按自然层划分。所在层次按对应的自然层次编号。

（4）经规划部门审核批准建在自然层（标准层）之间或自然层内，且可利用空间的垂直高度在2.20m以上的设备层、转换层等计入房屋自然层数。

（5）假层、附层（夹层）、插层、阁楼（暗楼）、装饰性塔楼，以及突出屋面的楼梯间、水箱间等不计层数。

8. 所在层次

是指本权属单元的房屋在该幢楼房中的第几层。地下层以负数表示。

9. 房屋的结构

房屋的结构如表2-1-3所示。如房屋中由两种或两种以上建筑结构组成，能分清楚界线的，则分别注明结构，否则以面积较大的结构为准。

表2-1-3　房屋建筑结构分类标准

分类		内容
编号	名称	
1	钢结构	承重的主要构件是用钢材料建造的，包括悬索结构
2	钢、钢筋混凝土结构	承重的主要构件是用钢、钢筋混凝土建造的。如一幢房屋一部分梁柱采用钢、钢筋混凝土构架建造
3	钢筋混凝土结构	承重的主要构件是用钢筋混凝土建造的。包括薄壳结构、大模板现浇结构及使用滑模、升板等建造的钢筋混凝土结构的建筑物
4	混合结构	承重的主要构件是用钢筋混凝土和砖木建造的。如一幢房屋的梁是用钢筋混凝土制成，以砖墙为承重墙，或梁是用木材建造，柱是用钢筋混凝土建造
5	砖木结构	承重的主要构件是用砖、木材建造的。如一幢房屋是由木制房架、砖墙、木柱建造的
6	其他结构	凡不属于上述结构的房屋都归此类。如竹结构、砖拱结构、窑洞等

10. 建成年份

是指实际竣工年份。拆除重建的，应以重建竣工年份为准。一幢房屋有两种以上建筑年份，应分别调查注明。

11. 房屋用途

按照表2-1-4调查房屋的实际用途到二级类。按照建设工程规划许可文件及其所附图件上确定房屋的规划用途。一幢房屋有两种以上用途的，应分别调查注明。

表2-1-4　房屋用途分类

一级分类		二级分类		内容
编号	名称	编号	名称	
10	住宅	11	成套住宅	指由若干卧室、起居室、厨房、卫生间、室内走道或客厅等组成的供一户使用的房屋
		12	非成套住宅	指人们生活居住的但不成套的房屋
		13	集团住宅	指机关、学校、企事业单位的单身职工、学生居住的房屋。集体宿舍是住宅的一部分
20	工业交通仓储商业	21	工业	指独立设置的各类工厂、车间、手工作坊、发电厂等从事生产活动的房屋
		22	公用设施	指自来水、泵站、污水处理、变电、燃气、供热、垃圾处理、环卫、公厕、殡葬、消防等市政公用设施的房屋
		23	铁路	指铁路系统从事铁路运输的房屋
		24	民航	指民航系统从事民航运输的房屋
		25	航运	指航运系统从事水路运输的房屋
		26	公交运输	指公路运输、公共交通系统从事客、货运输、装卸、搬运的房屋
		27	仓储	指用于储备、中转、外贸、供应等各种仓库、油库用房
30	金融信息	31	商业服务	指各类商店、门市部、饮食店、粮油店、菜场、理发店、照相馆、浴室、旅社、招待所等从事商业和为居民生活服务所用的房屋
		32	经营	指各种开发、装饰、中介公司等从事各类经营业务活动所用的房屋
		33	旅游	指宾馆、饭店、乐园、俱乐部、旅行社等主要从事旅游服务所用的房屋
		34	金融保险	指银行、储蓄所、信用社、信托公司、证券公司、保险公司等从事金融服务所用的房屋
		35	电讯信息	指各种邮电、电讯部门、信息产业部门，从事电讯与信息工作所用的房屋

续表

一级分类		二级分类		内容
编号	名称	编号	名称	
40	教育医疗卫生科研	41	教育	指大专院校、中等专业学校、中学、小学、幼儿园、托儿所、职业学校、业余学校、干校、党校、进修院校、工读学校、电视大学等从事教育所用的房屋
		42	医疗卫生	指各类医院、门诊部、卫生所（站）、检（防）疫站、保健院（站）、疗养院、医学化验、药品检验等医疗卫生机构从事医疗、保健、防疫、检验所用的房屋
		43	科研	指各类从事自然科学、社会科学等研究设计、开发所用的房屋
50	文化娱乐体育	51	文化	指文化馆、图书馆、展览馆、博物馆、纪念馆等从事文化活动所用的房屋
		52	新闻	指广播电视台、电台、出版社、报社、杂志社、通讯社、记者站等从事新闻出版所用的房屋
		53	娱乐	指影剧院、游乐场、俱乐部、剧团等从事文娱演出所用的房屋
		54	园林绿化	指公园、动物园、植物园、陵园、苗圃、花圃、花园、风景名胜、防护林等所用的房屋
		55	体育	指体育场、馆及游泳池、射击场、跳伞塔等从事体育活动所用的房屋
60	办公	61	办公	指党政机关、群众团体、行政事业单位等所用的房屋
70	军事	71	军事	指中国人民解放军军事机关、营房、阵地、基地、机场、码头、工厂、学校等所用的房屋
80	其他	81	涉外	指外国使、领馆，驻华办事处等涉外所用的房屋
		82	宗教	指寺庙、教堂等从事宗教活动所用的房屋
		83	监狱	指监狱、看守所、劳改场（所）等所用的房屋

12. 房屋面积

填入计算的房屋建筑占地面积和房屋建筑面积等。

13. 共有情况

调查核实房屋的共有情况，确认是按份共有还是共同共有。属于按份共有的，则需要查清共有部位和每份的份额。

（二）房屋权属界线调查

房屋权属界线是指房屋所有权范围的界线，包括专有部分和共有部分的分界线。宜根据建设工程规划许可材料、购房协议、房屋买卖合同、已有的不动产权证书等，查清认定房屋所有权专有部分和共有部分的具体位置和界线。对有争议的房屋权属界线，应作相应记录。

（三）房产草图绘制

以层为基本单元，以房屋定着物权属单元（幢、层、套、间）为单位绘制房产草图。房产草图上的内容包括幢号、幢名称、总层数、所在层数、权属界线、共有部分界线及其名称、墙体归属、房屋边长等。对有争议的权属界线，应标注“争议”二字。采集房屋边长、层高等数据，具体按照本章第三节的相关要求。绘制房产草图的要求如下：

（1）在保证图面清晰、布局合理的基础上，房产草图的规格宜采用 A4、A3 幅面的纸张。

（2）在房屋数据实地采集前，宜根据房屋的基础图件（包括建筑规划设计图、施工图及竣工图等）制作工作底图，其技术要求是：①应分层绘制房屋及附属部位结构外围线、房屋定着物单元边线和共有部分界线；②应标注夹层、架空层、设备层、结构转换层和避难层等部位；③应依据相关资料标注共有部分的名称；④应绘出不计入建筑面积的范围，如平台、斜坡屋顶下方等；⑤可标注设计的房屋边长和墙体厚度。

（3）外业数据采集时，应以工作底图为基础，按照下列要求绘制房产草图：①应根据现场调查结果绘制房产草图；当工作底图或已有房产草图与房屋现实状况不一致时，宜另绘房产草图，也可直接在房产草图上修改，同时应标注被改动部位。②应将现场测量的边长数据、墙厚数据及层（净）高数据等实测数据标注在房产草图的相应位置上，当无法标注时，应引至空白处标注清楚。③阳台、飘窗和平台的位置及其他特殊部位，应在房产草图上标明，如“阳台”“飘窗”“平台”等。④应在房产草图上注记房屋坐落、街巷名称、邻户门牌、指北方向、幢号、单元号、房间号、层数、所在层次和实际开门位置等。⑤房产草图上汉字的字头一律向北（上）注记，数字字头应向北（上）、向西（左）注记；沿墙体所测得的边长数据，应当标注在紧靠房产草图上相应的墙体处并平行于墙体。⑥应注记测量员、记录员、检查员、仪器编号和测量日期。⑦房产草图上的标注只可划改两处，不可涂改。

（四）房屋调查表的填写

按照本章附录七的样式和要求填写房屋调查表和构（建）筑物调查表。

五、构（建）筑物权属调查

构（建）筑物权属调查的单元为构（建）筑物定着物单元。调查内容包括构（建）筑物的所有权人或实际使用人、类型、规划用途、建筑面积、占地面积、竣工时间、共有情况等。构（建）筑物产权草图可参照房产草图的绘制方法绘制。根据地籍材料，按照下列规定调查核实构（建）筑物的权属状况：

（1）所有权人或实际使用人。有权属来源材料的，调查核实构（建）筑物权利人的姓名或名称、自然人或监护人或法定代表人（或负责人）姓名及其身份证明、代理人姓名及其身份证明，以及法人的性质、行业代码、社会信用代码等；无权属来源材料的，应收集实际使用人、法定代表人、代理人的身份证明复印件，查清实际占有或占用构（建）筑物的现状和历史沿革，并在调查表的说明栏依时间节点进行详细说明。如果构（建）筑物的权利人或实际使用人与土地、海域权利人或实际使用人不一致，则在说明栏说明不一致的情况，同时在宗地调查表或宗海调查表的说明栏做对应说明。

（2）权利人或实际使用人类型。权利人或实际使用人的类型有五种，即个人、企业、事业单位、国家机关和其他。

（3）坐落。参照房屋坐落调查的方法，调查核实构（建）筑物的坐落。

（4）类型。调查核实陆地上的构（建）筑物类型，包括隧道、桥梁、水塔、高压线塔、风力发电设施、管线设施、消防设施等构筑物；调查核实海上构（建）筑物类型，包括透水构筑物、非透水构筑物、跨海桥梁、海底隧道、高压线塔、风力发电设施、管线设施、消防设施等。

（5）规划用途。根据权属来源材料确定实际用途；如无权属来源材料，则按照现状调查构（建）筑物实际用途。

（6）建筑面积。参照本章第二节“七、房屋建筑面积计算”的方法，计算构（建）筑物的建筑面积。

（7）占地面积。参照本章第二节“七、房屋建筑面积计算”的方法，计算构（建）筑物的建筑占地面积。

（8）建筑物和设施占岛面积。按照本章第二节“八、无居民海岛面积、体积和长度计算”的方法，计算建筑物和设施占岛面积。

（9）竣工时间。根据构（建）筑物竣工验收资料确定的竣工时间；如无构（建）筑物竣工验收资料，则采用询问的方式调查构（建）筑物的竣工时间，并在调查表的备注栏说明询问对象的姓名和身份。

（10）共有情况。调查核实构（建）筑物的共有情况，确认是按份共有还是共同共有；根据管理工作需求确认是否需要共有份额，如果需要，则实地查清共有的份额。按照本章附录七的要求填写构（建）筑物调查表和建筑物区分所有权业主共有部分调查表。

六、森林、林木权属调查

（一）林木权属状况调查

调查的内容包括森林与林木的权利人或实际使用人、坐落、造林年度、小地名、林班、小班、面积、起源、主要树种、株数、林种、共有情况等。具体调查的方法如下：

（1）权利人或实际使用人。有权属来源材料的，调查核实林木权利人的姓名或名称、自然人或监护人或法定代表人（或负责人）姓名及其身份证明、代理人姓名及其身份证明，以及法人的性质、行业代码、社会信用代码等；无权属来源材料的，应收集实际使用人及其法定代表人、代理人的身份证明复印件，查清实际占有或占用林木或森林的现状和历史沿革，并在调查表的说明栏依时间节点进行详细说明。如果林木的权利人或实际使用人与土地、海域权利人或实际使用人不一致，则在说明栏说明不一致的情况，同时在宗地调查表、宗海调查表或无居民海岛调查表的说明栏做对应说明。

（2）坐落。调查林木所在的地理位置。

（3）造林年度。依据有关文件确定造林年度。

（4）小地名。主要依据地形图调查林木所在的小地名；如果地形图上没有记载或标注有误的，可采用地方习俗认可的地名。

（5）林班、小班。根据权源材料确认林木所在的林班和小班名称；如无地籍材料，则按照现状查清林木所在的林班和小班名称。

（6）面积。林木的占地面积由测绘单位在测量完成时提供。

（7）起源。林木的起源一般指天然林或人工林。

（8）株数。零星树木、四旁树木和农田林网等林木，一般难以用林木所占面积准确表达，可调查林木的株数。

（9）主要树种。调查宗地上的主要树木种类，在调查表上填写的树种不超过 3 种。

（10）林种。林种分为防护林、用材林、经济林、薪炭林、特种用途林等 5 类，当宗地上存在多类林种时，则确认主要林种。

（11）共有情况。调查核实林木或森林的共有情况，确认是按份共有还是共同共有。属于按份共有的，则需要查清共有部位和每份的份额。

（二）林木权属界线调查

如果土地承包经营权宗地（林地）上存在多个林木所有权人，并且各自拥有的林木相连成片，则应单独划分设定林木所有权宗地。根据林木权属材料，经内业核实，林木权属界线清晰，则不需要开展林木权属界线调查；否则，参照土地权属界址的调查方法开展现场指界（界址位置的认定）、界址点线的设置、界址标志的认定与埋设、记录界线调查结果等工作，并将调查结果填写到林权调查表中和表示在宗地草图上。用地类界表示林木权属界线。在土地承包经营权宗地范围内用“（1）（2）…（N）”表示林木所有权宗地的编号，并标注在宗地范围内的适当位置。

（三）林权调查表填写

按照本章附录八的样式和要求填写林权调查表。

第二节　不动产测绘

一、概述

不动产测绘是指在权属调查的基础上，利用测绘仪器，以科学的方法，在调查区域内，建立地籍控制网，测量每个不动产单元的地籍要素，绘制地籍图，测算和量算不动产单元的面积，为不动产登记和地籍管理提供依据。

不动产测绘不同于普通的地形测量。地形测量是在工作范围内测量某一时点的地物和地貌；不动产测绘除测量地籍调查范围内的地物外，主要是测绘反映不动产权属状况和利用状况的位置、界址、面积等地籍要素，而高程点、等高线等地貌要素可根据地籍管理的需要测绘并表达在地籍图上。不动产测绘是法律与测绘技术的综合应用，它以测定界址为重点，无论有无明显界线，测量时都必须查明、测量并标定于地籍图上，因此，不动产测绘人员不仅要具有熟练的测绘技能，而且还应熟知相关的法律法规。

不动产测绘具有三个基本功能：法律功能、社会经济功能及系统功能。测定界址及确定产权界线是保证不动产测绘法律功能的手段；保持和不断更新地籍资料，为土地有效配置、合理利用服务，是不动产测绘具有的社会经济功能；不动产测绘数据是建立地籍管理信息系统的基础，为数字城市建设不可或缺的基本信息，是不动产测绘具有的系统功能。

在进行不动产测绘时，应统筹考虑基础条件、管理需求、经济可行性和技术可能性，以确保不动产权益安全为前提，根据不动产单元的空间类型、位置、权利类型及其构成方式，以及权属调查的结果，因地制宜，审慎科学地选择符合本地区实际的不动产测绘方法，确保不动产单元界址空间位置准确、面积准确。

（一）地籍控制测量

地籍控制测量是指测量基本控制点和图根控制点的工作，具有传递点位坐标及限制测量误差传播和积累的作用。可选择全球定位系统静态测量、全球定位系统实时动态测量（RTK 方法）和导线测量等方法施测平面控制网点；可选择水准测量、三角高程测量和全球卫星定位系统测量（GNSS）等方法施测高程控制网点。

（二）界址测量

界址测量是指测定宗地或宗海权属界线的界址点坐标的工作。施测界址点的方法有两种，即解析法和图解法。

（1）解析法是指采用全站仪、GNSS 接收机、钢尺等测量工具，运用全野外测量技术获取界址点坐标和界址点间距的方法；根据其测量原理的不同，解析法包括极坐标法、距离交会法、角度交会法、截距法、直角坐标法和 RTK 方法等。

（2）图解法是指采用标示界址、绘制宗地草图、说明界址点位置和说明权属界线走向等方式描述实地界址点的位置，由数字摄影测量加密或在正射影像图、土地利用现状图、扫描矢量化的地籍图和地形图上获取界址点坐标和界址点间距的方法；图解界址点坐标不能用于放样确定实地界址点的精确位置。

（三）房屋和构（建）筑物测量

房屋和构（建）筑物测量是指测量房屋的位置、高度等。可选择全野外数字测绘法、数字摄影测量法和数字编绘法等方法施测房屋和构（建）筑物；用于建筑占地面积和建筑面积计算的房屋边长应实地丈量或实地测量。

（四）地籍图测绘

地籍图测绘是指测绘地籍图和不动产单元图等。可选择全野外数字测绘法、数字摄影测量法和数字编绘法等方法施测地籍图。

（五）土地、海域面积计算

土地、海域面积计算是指根据坐标、边长、角度计算宗地、宗海的面积和房屋等构（建）筑物的建筑面积。根据用于计算面积的坐标、边长、角度的获取方法不同，计算土地或海域面积的方法，可分为解析法和图解法；根据计算公式的不同，又可分为坐标法和几何要素法。

（1）利用解析法获取的界址点坐标或界址点间距计算面积的方法称为解析法面积计算；利用图解法获取的界址点坐标或界址点间距计算面积的方法称为图解法面积计算。

（2）利用坐标计算面积的方法称为坐标法面积计算；利用边长、角度计算面积的方法称为几何要素法面积计算。

（3）解析法、图解法与坐标法、几何要素法相互组合，可综合得到四种面积计算方法，分别是解析坐标法、解析几何要素法、图解坐标法、图解几何要素法。

（六）房屋和构（建）筑物面积计算

房屋和构（建）筑物面积计算是指根据边长、坐标计算房屋和构（建）筑物面积。应采用解析几何要素法计算房屋和构（建）筑物的建筑占地面积和建筑面积；形状不规则或直接丈量边长有困难的房屋和构（建）筑物，则可实测房角点或构（建）筑物角点坐标，采用解析坐标法计算房屋和构（建）筑物的建筑占地面积和建筑面积。

二、地籍控制测量

（一）概述

地籍控制测量是根据界址点和地籍图的精度要求，视测区范围的大小、测区内现存控制点数量和等级等情况，按测量的基本原则和精度要求进行技术设计、选点、埋石、野外观测、数据处理、控制网点的维护与补测等的测量工作。地籍控制测量必须遵循从整体到局部，由高级到低级分级控制（或越级布网）的原则。

控制网点为不动产测绘工作提供测量位置基准，是测量界址点以及地物、地貌空间位置起始点，从而使分片施测的界址以及地物、地貌能准确联结成一个整体并保证测区测量精度均匀。

1. 地籍控制测量的特点

（1）图根控制点的精度与测图比例尺无关。测绘地形图的图根控制点的精度指标依据测图比例尺确定，其最弱点相对于起算点的点位中误差为图上0.1mm×测图比例尺分母 M。一般情况下，图根控制测量的精度是依据界址点测量精度要求确定的，而界址点坐标精度要等于或高于其地籍图的比例尺精度，如果图根控制点的精度能满足界址点坐标精度的要求，则也能满足测绘地籍图的精度要求。所以，图根控制点的精度与地籍图的比例尺无关。

（2）图根控制点的密度与测图比例尺无直接关系。相关技术标准中对不同比例尺地形图测量的埋石点密度做了相应的规定。与测绘地形图不同，不动产测绘工作中控制点密度除满足当前的需要外，还要满足日常不动产测绘的需要，密度要求高于相应比例尺地形图测绘的要求。针对不动产空间定位的控制测量，必须优先考虑要有足够的控制点来满足界址点测量的要求，再考虑测图比例尺所要求的控制点密度。因此，控制点的密度与测区的大小、测区内的界址点总数和要求的界址点精度有关，与测图比例尺无直接关系。

（3）城镇区域控制测量中较多采用导线网。由于城镇街巷纵横交错，房屋密集，视野不开阔，布设 GNSS 网等会受到较大的制约。导线网可以沿街巷布设，适合于障碍物较多的平坦地区或隐蔽地区。

（4）城镇地区由于界址点的精度要求高，长度变形不得大于 2.5cm/km。建立平面坐标系时，长度变形必须满足以上要求。

2. 坐标系统的选择

不动产测绘的坐标系统包括平面坐标系统与投影方法、高程系统和深度基准。一般情况下，高程系统采用“1985 国家高程基准”，即以黄海平均海水面为高程起算面，起算点高程为 $H_0 = 72.2604m$。除平面坐标系统和高程系统外，宗海图还需要确定深度基准。一般情况下，近海区域采用当地理论最低潮面为深度基准，远海区域根据实际情况可以采用当地平均海平面为深度基准。

针对不动产测绘，平面坐标系统宜采用国家统一坐标系统，并根据地籍图的比例尺选择不同的投影分带和高斯-克吕格投影方法。具体的选择方法如下：

（1）采用2000 国家大地坐标系统（CGCS2000）。如果采用其他坐标系的，应与2000 国家大地坐标系统建立转换关系。

（2）比例尺为1∶10000 或1∶5000 的地籍图，应选择高斯-克吕格投影统一3°带的平面直角坐标系统；比例尺为1∶50000 的地籍图，应选择高斯-克吕格投影统一6°带的平面直角坐标系统；中央子午线按照地图投影分带的标准方法选定。

（3）比例尺为1∶500、1∶1000、1∶2000 的地籍图，当投影长度变形值不大于2.5cm/km 时，应选择高斯-克吕格投影统一3°带的平面直角坐标系统。当投影长度变形值大于2.5cm/km 时，应根据具体情况依次选择：①有抵偿高程面的高斯-克吕格投影统一3°带平面直角坐标系统；②高斯-克吕格投影任意带平面直角坐标系统；③有抵偿高程面的高斯-克吕格投影任意带平面直角坐标系统。

（4）远海宗海图，以宗海中心相近的0.5°整数倍经线为中央经线。东西向跨度较大（经度差大于3°）的海底电缆管道等用海应采用墨卡托投影，基准纬线为制图区域中心附近的0.5°整数倍纬线。

3. 投影分带与投影变形计算

将旋转椭球当作地球的形体，球面上点的位置可用大地坐标（L、B）来表示，球面是不可能没有任何形变而展开成平面的。地籍图是平面表示的，因此，就存在如何将球面上的点转换到平面上去的问题。解决的方法就是通过地图投影将球面上的点投影到平面上。地图投影的种类很多，不动产测绘主要选用高斯-克吕格投影（简称高斯投影），以高斯投影为基础建立的平面直角坐标系称高斯平面直角坐标系。

1）高斯平面直角坐标系的原理

高斯投影就是运用数学法则，将球面上点的坐标（L，B）与平面上坐标（X，Y）之间建立起一一对应的函数关系，即

$$\begin{aligned} X &= f_1(L,\ B) \\ Y &= f_2(L,\ B) \end{aligned} \qquad (2-2-1)$$

从几何概念来看，高斯投影是一个横切椭圆柱投影。将一个椭圆柱横套在椭球外面（图2-2-1），使椭圆柱的中心轴线 QQ_1 通过椭球中心 O，并位于赤道平

面上，同时与椭球的短轴（旋转轴）相垂直，而且椭圆柱与球面上一条子午线相切。把这条相切的子午线称为中央子午线（或称轴子午线）。过极点 N（或 S）沿着椭圆柱的母线切开便是高斯投影平面（图 2-2-2）。中央子午线和赤道的投影是两条互相垂直的直线，分别为纵坐标（X 轴）和横坐标（Y 轴），于是就建立起高斯平面直角坐标系。其余的经线和纬线的投影均是以 X、Y 轴为对称轴的对称曲线。

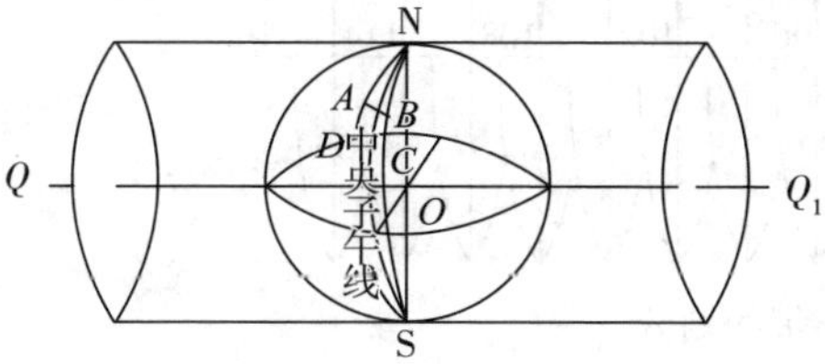

图 2-2-1　横切椭圆柱投影图

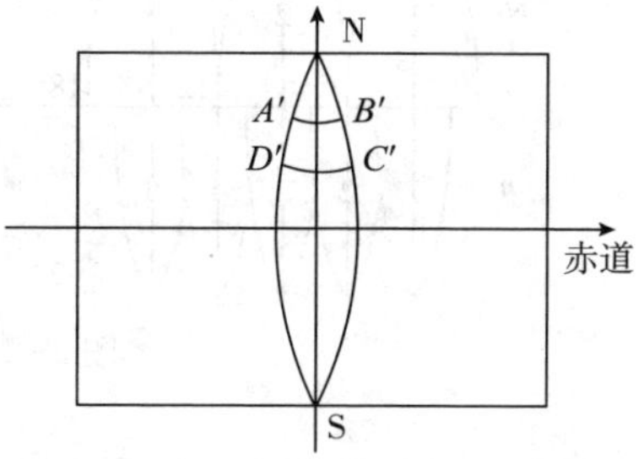

图 2-2-2　高斯投影平面

2）高斯投影带的划分

高斯投影属等角（或保角）投影，即投影前、后的角度大小保持不变，但线段长度（除中央子午线外）和图形面积均会产生变形，离中央子午线愈远，则变形愈大。变形过大将会使地籍图发生“失真”，因而失去地籍图的应用价值。为了避免上述情况的产生，有必要把投影后的变形限制在某一允许范围之内。常采用的解决方法就是分带投影，即把投影范围限制在中央子午线两旁的狭窄区域内，其宽度为 6°、3°，或 1.5°，称为投影带。如果测区边缘超过该区域，就使用另一投影带。

国际上统一分带的方法是：自起始子午线起向东每隔 6°分为一带。称为 6°度带，按 1、2、3…顺序编号（即带号）。各带中央子午线的经度 L_0 按公式 $L_0=6\times N-3$ 计算，式中 N 为带号。

经差每 3°分为一带，称为 3°带。它是在 6°带基础上划分的，就是 6°带的中央子午线和边缘子午线均为 3°带的中央子午线。3°带的带号是自东经 1.5°起，每隔 3°按 1，2，3…顺序编号，各带中央子午线的经度 $L°$ 与带号 N 有下列关系式：$L°=3\times N$。

若某城镇地处两相邻带的边缘时，也可取城镇中央子午线为中央子午线，建立任意投影带，这样可避免一城镇横跨两个带，同时也可减少长度变形的影响。

每一投影带均有自己的中央子午线、坐标轴和坐标原点，形成独立的但又相同的坐标系统。为了确定点的唯一位置并保证 Y 值始终为正，则要求在点的 Y 值（自然值）加上 500km，再在它的前面加写带号。例如某控制点的坐标（6°带）

为 X=47156324.536m、Y=21617352.364m，根据上述要求可以判断该点位于第 21 带，Y 值的自然值是 117352.364m，为正数，该点位于 X 轴的东侧。

分带投影是为了限制线段投影变形的程度，却导致了投影后带与带之间不连续的缺陷，如图 2-2-3 所示。同一条公共边缘子午线在相邻两投影带的投影

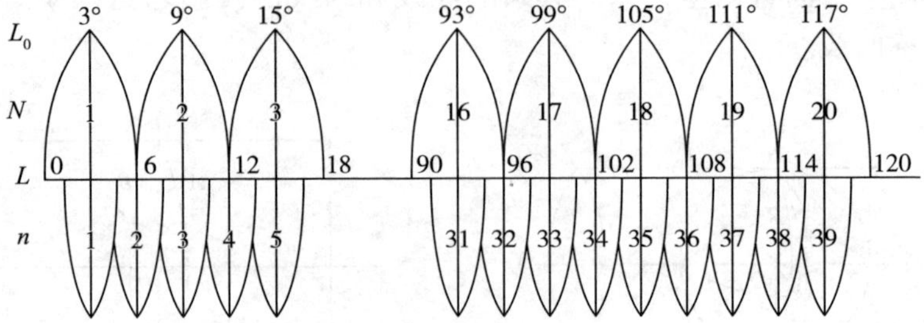

图 2-2-3　投影带的划分

则向相反方向弯曲，于是，位于边缘子午线附近的分属两带的地籍图就拼接不起来。为了弥补这一缺陷，则要求在相邻带拼接处要有一定宽度的重叠（图 2-2-4）。重叠部分以带的中央子午线为准，每带向东加宽经差 30′，向西加宽经差 7.5′。相邻两带就有经差为 37.5′宽度的重叠部分。

位于重叠部分的控制点应具有两套坐标值，分属东带和西带，地籍图、地形图上也应有两套坐标格网线，分属东、西两带。这样，有利于地籍图、地形图的拼接和使用，控制点的互相利用及跨带平差计算等。

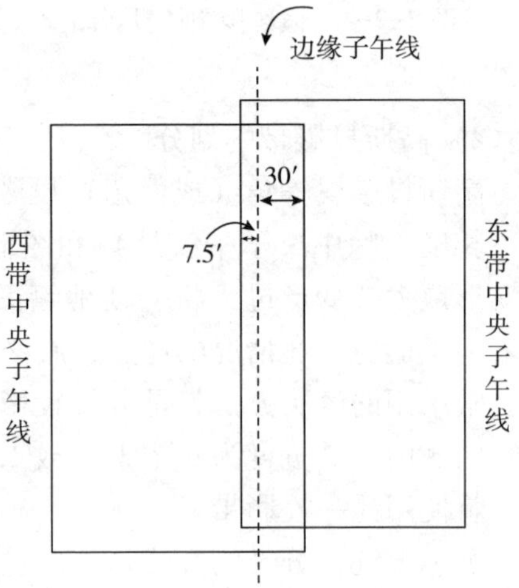

图 2-2-4　相邻两带的拼接

3）高斯投影长度变形

地面上有两点 A、B，已知它们的平面直角坐标分别为 A（X_A，Y_A）、B（X_B、Y_B），则可由式（2-2-2）计算出 AB 间的距离 S：

$$S = \sqrt{(X_B - X_A)^2 + (Y_B - Y_A)^2} \qquad (2-2-2)$$

式中：S 仅表示在高斯投影平面上两点间的距离。若用测量工具（如钢尺、测距仪器等）在地面直接测量这两点的水平距离 S_1，是不会与 S 相等的，它们之间的差值就是由长度变形所引起的。

测量工作总是将直接测得的边长首先归算到参考椭球面上，再投影到高斯投影平面上，无论是归算还是投影的过程总要产生变形。必须要考虑的是这种变形

有时达到不能允许的程度，特别是在进行大比例尺的地籍图测绘工作时。

假如某两点平均高程为 H_m，平均水平距离为 S_m，归算到参考椭球面所产生的变形大小用式（2-2-3）计算：

$$\Delta S = -\frac{H_m}{R}S_m + \frac{H_m^2}{R^2}S_m + \frac{S_0^2}{24R^2} \qquad (2-2-3)$$

式中：$H_m=(H_A+H_B)/2$；H_A、H_B 分别为 A、B 两点的高程；R 为平均曲率半径；S_0 为两点投影到参考椭球面上的弦长。

上式右端前两项为：当地面距参考椭球面有一定的高度（即 $H_m \neq 0$），就存在这样大小的变形。H_m 越大，则变形也越大（见表 2-2-1 的“高程归算长度变形”示例）。所以在高原地区进行测量工作要特别重视这种变形的影响。第三项是由地球曲率所引起的。例如，某两点平均高程为 $H_m=500$m，平均水平距离为 $S_m=1000$m，按式（2-2-3）计算：

$$\Delta S=-78.5\text{mm}+0.006\text{mm}+0.001\text{mm}=-78.5\text{mm}$$

参考椭球面上的长度投影到高斯平面上所产生的变形，用式（2-2-4）计算：

$$\Delta S = \frac{1}{2}\left(\frac{Y_m}{R}\right)^2 \times S \qquad (2-2-4)$$

式中：Y_m 为两点的横坐标（自然值）的平均值；R 为平均曲率半径；S 为两点（长度）归算到参考椭球面上的长度。

由式（2-2-4）可知，线段离中央子午线愈远（即 Y_m 愈大），所产生的变形亦愈大（表 2-2-1）。

表 2-2-1　每千米长度变形

测区平均高程/m	测区边缘距中央子午线的最大距离/km	高程归算长度变形/mm	高斯投影长度变形/mm
10	1	-1.6	0.0
60	15	-9.4	2.8
100	30	-15.7	11.1
160	45	-25.1	25.0
320	60	-50.2	44.4
640	75	-100.5	69.3
1000	90	-157.0	99.8
1500	105	-235.5	135.9
2000	120	-314.0	177.4
2500	135	-392.5	224.6
3000	150	-471.0	277.3
3600	165	-565.1	335.5

例如，已知 A、B 两点在参考椭球面上的长度 $S=1000\text{m}$，$Y_A=75124.5\text{m}$，$Y_B=75523.4\text{m}$，两点的平均纬度 $B_m=31°14'$，将它投影到高斯投影平面上所产生的变形，按式（2-2-4）计算，得 $\Delta S=+70\text{mm}$。

由于高程归算与投影的长度变形符号相反，可以相互抵消。控制测量时要求由这两项引起的长度变形不大于 2.5cm/km。

4. 控制测量中的 GNSS 相对定位方法

1）静态相对定位

静态相对定位是将两台接收机分别安置在基线的两端，同步观测相同的 GNSS 卫星，以确定基线端点的相对位置或基线向量。同样，多台接收机安置在若干条基线的端点，通过同步观测 GNSS 卫星可以确定多条基线向量。在一个端点坐标已知的情况下，可以用基线向量推求另一待定点的坐标。

该作业方式用两套（或两套以上）接收设备同步观测 4 颗以上卫星，每时段长 45min 至 2h 或更长。基线的相对定位精度可达 $1\sim2\times10^{-6}$。

静态相对定位作业方式所观测过的基线边，构成某种闭合图形，以便于观测成果的检核，提高成果的可靠性和 GNSS 网平差后的精度。该作业方式适用于建立城镇地籍基本控制网（图 2-2-5）。

2）快速静态定位

快速静态定位作业方式是在测区的中部选择一个基准站，并安置一台接收设备连续跟踪所有可见卫星；另一台接收机依次到各点流动设站，每个点上观测数分钟至十几分钟。该作业模式要求，在观测时段中必须有 5 颗卫星可供观测；同时流动站与基准站相距不超过 15km。接收机在流动站之间移动时，不必保持对所测卫星的连续跟踪，因而可关闭电源以降低能耗。该模式作业速度快、精度高。流动站相对于基准站的基线中误差为 $5\text{mm}+1\text{ppm}\times D$；但在两台接收机工作时，构不成闭合图形，可靠性较差。该作业方式适用于地籍控制网加密和图根控制测量（图 2-2-6）。

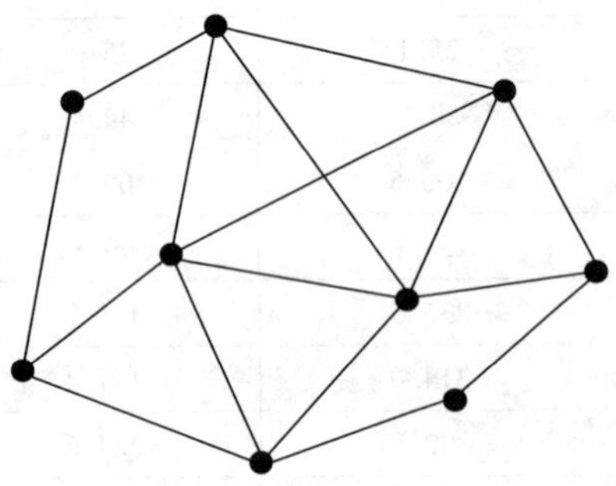

图 2-2-5　静态相对定位

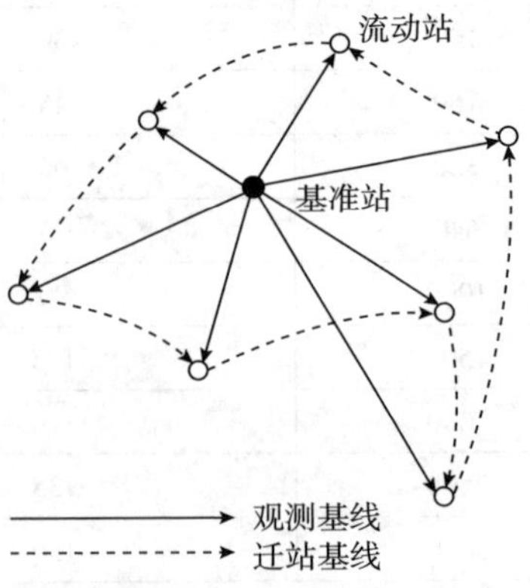

图 2-2-6　快速静态定位

3）实时动态（RTK）测量

实时动态（Real Time Kinematic，RTK）测量技术是以载波相位测量为根据的实时差分 GNSS 测量技术，是 GNSS 测量技术发展中的一个突破。其他的 GNSS 作业模式观测数据需在测后处理，不仅无法实时给出观测站的定位结果，而且也无法对基准站和用户观测数据的质量进行实时检核。而实时动态 GNSS 测量是在基准站上安置 GNSS 接收机，对所有可见的 GNSS 卫星进行连续观测，并将其观测数据通过无线电传输设备，实时地发送给用户观测站。在用户观测站上，GNSS 接收机在接收 GNSS 卫星信号的同时，通过无线电接收设备，接收基准站传输的观测数据，然后根据相对定位的原理，实时地计算并显示用户站的三维坐标及其精度。

RTK 测量技术为 GNSS 测量工作的可靠性和高效率提供了保障，对 GNSS 测量技术的发展和普及具有重要的现实意义。根据用户的要求，目前实时动态测量分为单基站 RTK 和网络 RTK（多基站 RTK）。

（1）单基站 RTK。单基准站 RTK 测量指利用一个基准站，并通过数据通信技术接收基准站发布的载波相位差分改正参数进行 RTK 测量。用户在观测工作开始，首先在某一起始点（图 2-2-7 中点 1）静止地观测数分钟，以便初始化工作完成。一旦开始流动测量工作，即在每个观测站上，静止地观测数秒钟，就能实时计算出厘米级流动站三维坐标。这种方式要求用户站在流动过程中，必须保持对 GNSS 卫星的连续跟踪，一旦发生失锁，便需重新进行初始化工作。该作业模式要求至少同步观测 5 颗以上分布良好的卫星，同时，运动点与基准站的距离应不超过 20km。

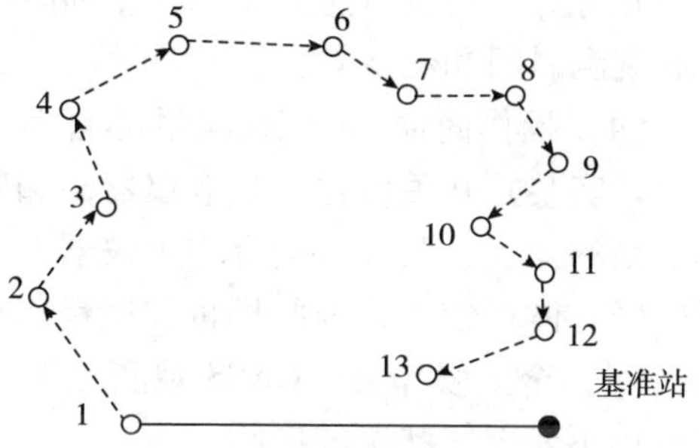

图 2-2-7　单基站 RTK 定位

（2）网络 RTK。网络 RTK 指在一定区域内建立多个基准站，对该地区构成网状覆盖，并进行连续跟踪观测，通过这些站点组成卫星定位观测值的网络解算，获取覆盖该地区和该时间段的 RTK 改正参数，用于该区域内 RTK 用户进行实时 RTK 改正的定位方式。

在 RTK 定位系统中，受到数据通信链的限制，作用距离受一定的限制。并且随着参考站和流动站之间的距离增加，轨道误差和电离层延时误差等空间相关性降低，模糊度参数的整周特性也降低，增加了固定整周模糊度的难度，有时甚至不能固定。网络 RTK 技术根据大区域多个 GNSS 基准站的数据，卫星轨道误差和大气折射误差可以得到消去或削弱，模糊度的整周特性得到加强，实现较长距离高精度快速动态定位。

网络 RTK 的核心思想是根据用户的位置，系统生成一个观测值，如同在用户附近有一个虚拟的观测站；用户根据该观测值，采用常规的 RTK 方法，就能实现精密定位。在地籍控制测量时应优先采用网络 RTK 进行定位。

5. GNSS 定位技术在控制测量中应用的优势

与传统的测量技术相比，GNSS 定位技术有以下特点：

（1）观测站之间无须通视。GNSS 测量不要求观测站之间相互之间通视，这一优点既可大大减少测量工作的经费和时间，同时也使点位的选择变得甚为灵活。不过也应指出，GNSS 测量虽不要求观测站之间相互通视，但必须保持观测站的上空开阔，以使接收 GNSS 卫星的信号不受干扰。

（2）定位精度高。现已完成的大量实验表明，在小于 50km 的基线上，其相对定位精度可达 $1\sim2\times10^{-6}$，而在 100～500km 的基线上可达 $10^{-6}\sim10^{-7}$。

（3）观测时间短。目前，利用经典静态定位方法，完成一条基线的相对定位所需要的观测时间，根据要求的精度不同，一般约为 1～3h。对于边长小于 8～10km 的二、三、四等基本控制网和一、二级控制网的 GNSS 基线向量，都可采用 GNSS 快速静态定位的方法。施测一个点的时间，从几十秒到几分钟，最多十几分钟，精度可达到 1～2cm，完全可以满足控制测量的需求，可以成倍地提高观测时间和经济效益。

（4）操作简便。GNSS 测量的自动化程度很高，在观测中测量员的主要任务只是安装并开关仪器、量取仪器高和监视仪器的工作状态，而其他观测工作，如卫星的捕获、跟踪观测等均由仪器自动完成。另外，GNSS 用户接收机一般重量较轻、体积较小，因此携带和搬运都很方便。

（5）全天候作业。GNSS 观测工作可以在任何地点、任何时间连续地进行，一般也不受天气状况的影响。

（二）主要技术参数

测量控制网分为首级控制网和图根控制网，各等级控制网的布设应遵循“从整体到局部分级布网”的原则。

首级平面控制网的等级分为三、四等或 D、E 级和一、二级。主要采用静态全球定位系统定位方法建立首级平面控制网；一、二级平面控制网也可采用导线测量或全球定位系统实时动态（RTK）测量方法施测。

图根控制网分为一、二两个等级。可采用 RTK 方法、快速静态全球定位系统定位方法或导线测量方法测量图根控制点。

一般情况下，平面控制网的基本精度要求为：四等网或 E 级网中最弱边相对中误差不得超过 1/45000；四等或 E 级以下网最弱点相对于起算点的点位中误差不得超过±5cm。

为满足日常不动产测绘需求，乡（镇）政府所在地或海岛至少要有两个等级为一级以上的埋石点，埋石点至少能和一个同等级（含）以上的控制点通视。

（三）首级控制测量方法

1. 已有平面控制网的利用

已有的国家二、三、四等三角点和国家 B、C、D、E 级 GNSS 点可直接作为首级平面控制网点。已有的三、四等城市平面控制点（含 GNSS）和一、二级城市平面控制点（含 GNSS）可直接作为首级平面控制网点。利用已有控制点成果前应采用全站仪测量或静态全球定位系统定位方法进行检测。在投影面上，相邻控制点之间检测水平边长与原有坐标反算边长比较，其相对误差的大小如表 2-2-2 所示。如，在同一水平投影面上，两个 E 级控制点的距离是 1059.63m，利用全站仪实地检测这两个点的距离，经过误差改正后，得到的距离是 1059.61m，则检测的相对误差是（1059.63−1059.61）/1059.63＝1/52981。

表 2-2-2　相邻控制点水平边长检测的规定

等级	相邻控制点之间检测的水平边长与原有坐标反算边长比较，其相对误差小于或等于
二等、C 级	1/120000
三等、D 级	1/80000
四等、E 级	1/45000
一级	1/14000
二级	1/10000

2. 地籍平面控制网的加密

根据调查区域已有首级平面控制网点的情况，可采用静态、快速静态全球定位系统方法加密二级以上的首级平面控制网点。也可采用 RTK 方法和导线测量方法加密一、二级平面控制网点。加密各等级平面控制网点时，应联测 3 个以上高等级平面控制网点。RTK 方法加密一、二级平面控制网的技术要求如下：

（1）基准站可以是地方连续运行卫星服务系统（以下简称 CORS），或级别不低于四等和 E 级的控制点。

（2）流动站观测时应采用三脚架对中、整平。

（3）每次观测历元数应不小于 20 个，采样间隔 2～5s，各次测量的平面坐标较差应不大于±4cm。

（4）如表 2-2-3 所示，当加密一级平面控制点时，需至少更换一次基准站进行观测，每站观测次数不少于 2 次。

（5）控制点成果应进行 100%的内业检查和不少于总点数 10%的外业检测，平面控制点外业检测可采用相应等级的静态（快速静态）相对定位方法，或全站仪测量的方法，检测点应均匀分布测区。检测较差如表 2-2-4 所示。

（6）对于长度变形值大于 2.5cm/km 的区域，当采用全站仪测量两个 RTK 点之间的水平边长用于检核时，应对测量的边长做投影改正，方可进行边长比较校核。

表 2-2-3 RTK 平面控制点测量主要技术要求

等级	相邻点间平均边长/m	点位中误差/cm	边长相对中误差	与基准站的距离/km	观测次数	起算点等级
一级	⩾500	⩽±5	⩽1/20000	⩽5	⩾4	四等、E 级及以上
二级	⩾300	⩽±5	⩽1/10000	⩽5	⩾3	一级及以上

表 2-2-4 RTK 平面控制点检核主要技术要求

等级	边长校核		角度校核		坐标校核
	测距中误差/mm	边长较差的相对误差	测角中误差/(″)	角度较差限差/(″)	坐标较差中误差/cm
一级	⩽±15	⩽1/14000	⩽±5	14	⩽±5
二级	⩽±15	⩽1/7000	⩽±8	20	⩽±5

3. 首级高程控制测量

首级高程控制网点可采用水准测量、三角高程测量等方法施测。原则上，只测设四等或等外水准点的高程。在首级高程控制网中，最弱点的高程中误差相对于起算点不大于±2cm。

（四）RTK（含 CORS）图根点的测量

1. 基本技术要求

RTK（含 CORS）图根点测量的等级、布设和施测方法如下：

（1）RTK 图根控制测量前，应根据任务需要，收集测区高等级控制点的地心坐标、参心坐标、坐标系统转换参数和高程成果等进行技术设计。

（2）RTK 图根平面控制点按精度划分为一级 RTK 图根控制点和二级 RTK 图根控制点；RTK 方法高程控制点按精度划分为等外高程控制点。一级、二级 RTK 图根平面控制点及等外高程控制点，可作为像片控制测量、解析界址测量、全野外不动产数据采集的起算点。

（3）RTK 平面控制点可分逐级布设、越级布设或一次性全面布设，每个控制点宜保证有一个以上的通视方向。

（4）RTK 图根测量可采用单基准站 RTK 方法和网络 RTK 方法进行。在通信条件困难时，也可以采用后处理动态测量模式进行测量。有条件采用网络

RTK 方法测量的地区，宜优先采用网络 RTK 方法测量图根控制点。

（5）RTK 方法测量的卫星状态参数如表 2-2-5 所示。

表 2-2-5 卫星的状态参数

观测窗口状态	截止高度角 15°以上的卫星个数	PDOP 值
良好	≥6	<4
可用	5	≥4 且≤6
不可用	<5	>6

注：PDOP 值是指位置精度强弱度，为纬度、经度和高程等误差平方和的开根号值。

（6）经、纬度记录精确至 0.00001″，平面坐标和高程记录精确至 0.001m。天线高量取精确至 0.001m。

2. RTK 图根平面控制测量

应按照《全球定位系统（GPS）测量规范》（GB/T 18314—2009）选择 RTK 图根平面控制点的点位，根据技术设计埋设 RTK 图根平面控制点的标志。RTK 图根平面控制点测量主要技术要求如表 2-2-6 所示。

表 2-2-6 一级和二级 RTK 图根控制点布设测量的主要技术指标

等 级	相邻点间平均边长/m	点位中误差/cm	边长相对中误差	与基准站的距离/km	观测次数	起算点等级
一级图根	≥120	≤±5	≤1/5000	≤5	≥2	二级及以上
二级图根	≥70	≤±5	≤1/3000	≤5	≥2	一级图根及以上

注：①点位中误差指控制点相对于最近基准站的误差；②采用网络 RTK 方法测量各级图根平面控制点可不受流动站到基准站距离的限制，但应在网络有效服务范围内；③一级图根相邻点间距离宜大于 100m；④二级图根相邻点间距离宜大于 50m。

应参照《全球定位系统实时动态测量（RTK）技术规范》（CH/T 2009—2010）的相关规定获取测区坐标系统转换参数、架设基准站和测量图根点的高程。RTK 平面控制点测量流动站架设和观测的技术要求如下：

（1）观测开始前应对仪器进行初始化，并得到固定解，当长时间不能获得固定解时，宜断开通信链路，再次进行初始化操作。

（2）每时段作业开始前或重新架设基准站后，均应进行至少一个同等级或高等级已知点的检核，平面坐标较差不应大于±5cm。

（3）RTK 平面控制点测量平面坐标转换残差不应大于±2cm。

（4）数据采集器设置控制点的单次观测的平面 X 方向和 Y 方向的收敛阈值的绝对值分别不应大于 2cm（固定解收敛阈值）。

（5）RTK 平面控制点测量流动站观测时应采用三脚架对中、整平，每次观测历元数应不小于 20 个，采样间隔 2~5s。

(6) RTK 图根控制测量的同一时段观测程序如图 2-2-8 所示。同一时段内同一个点的两次观测之间，流动站应两次开关 GNSS 接收机，并重新初始化观测手簿（不宜采用天线倒置断开信号后重置信号的方式进行第二次观测）；两次测量的平面坐标较差应不大于±3cm；应取两次测量的平均坐标作为最终结果。

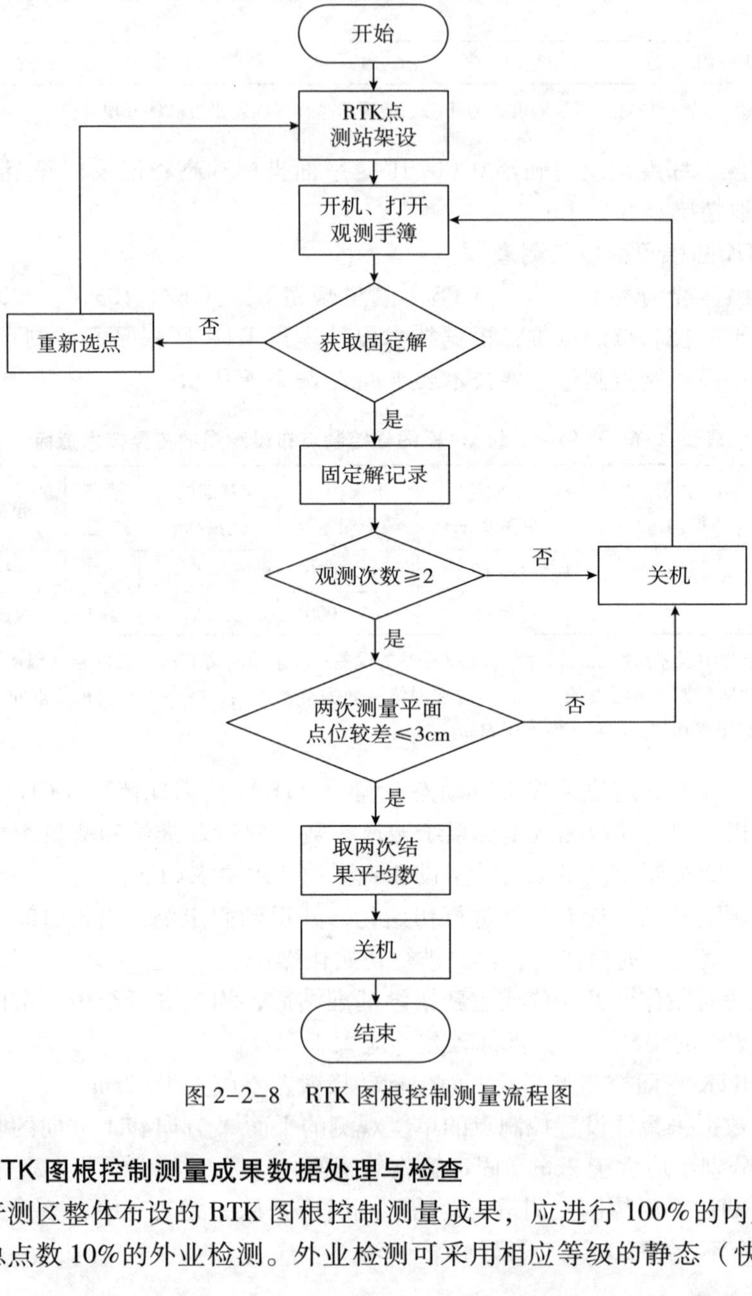

图 2-2-8 RTK 图根控制测量流程图

3. RTK 图根控制测量成果数据处理与检查

对于测区整体布设的 RTK 图根控制测量成果，应进行 100%的内业检查和不少于总点数 10%的外业检测。外业检测可采用相应等级的静态（快速静态）

卫星定位方法，或全站仪测量的方法。检测点应均匀分布测区。检测较差的要求如表 2-2-7 所示。

表 2-2-7 一级和二级 RTK 方法地籍图根控制点检测结果技术参数表（测区检查）

等级	边长校核		角度校核		坐标校核
	水平距离中误差/mm	水平边长较差的相对误差	测角中误差/(″)	角度较差限差/(″)	坐标点位较差中误差/cm
一级图根	≤±15	≤1/5000	≤±12	24	≤±5
二级图根	≤±15	≤1/3000	≤±20	40	≤±5

当采用全站仪在 RTK 图根控制点上设站测量界址点坐标之前，应进行 100%的测站检查。全站仪测量的边长和角度，与 RTK 图根控制点坐标的反算边长和反算角度比较，其限差要求如表 2-2-8 所示。

表 2-2-8 一级和二级 RTK 方法地籍图根控制点检测结果技术参数表（测站检查）

等级	边长较差的相对误差	角度较差限差/(″)
一级图根	≤1/5000	24
二级图根	≤1/3000	40

（五）图根导线测量

当采用图根导线测量方法时，导线网宜布设成附合单导线、闭合单导线或结点导线网，其主要技术指标如表 2-2-9 所示，布设与测量的技术要求如下：

表 2-2-9 图根导线测量技术指标

等级	附合导线长度/km	平均边长/m	测回数		测回差/(″)	方位角闭合差/(″)	坐标闭合差/m	导线全长相对闭合差
			DJ_2	DJ_6				
一级	1.2	120	1	2	18	$\pm24\sqrt{n}$	0.22	1/5000
二级	0.7	70		1		$\pm40\sqrt{n}$	0.22	1/3000

注：在角度测量中，当观测水平角度时，先用盘左依次读取目标角度值，再用盘右相反顺序读取目标角度值，即完成一测回。

（1）图根导线点用木桩或水泥钢钉作标志，其数量以能满足界址测量和地籍图测量的要求为准。

（2）导线上相邻的短边与长边边长之比不小于 1/3。

（3）如导线总长超限或测站数超限，则其精度技术指标应作相应的提高。

（4）因受地形限制，图根导线无法附合时，可布设图根支导线，每条支导线总边数不超过 2 条，总长度不超过起算边的 2 倍。支导线边长往返观测，转折角观测一测回。

（六）图根导线计算示例

1. 坐标方位角的推算

如图2-2-9所示，已知直线AB的坐标方位角为α_{AB}，B点出的转折角为β，当β为左角时［图2-2-9（a）］，则直线BC的坐标方位角α_{BC}为：

$$\alpha_{BC} = \alpha_{AB} + \beta - 180° \qquad (2-2-5)$$

当β为右角时［图2-2-9（b）］，则直线BC的坐标方位角α_{BC}为：

$$\alpha_{BC} = \alpha_{AB} - \beta + 180° \qquad (2-2-6)$$

由式（2-2-5）和式（2-2-6）可得出推算坐标方位角的一般公式为：

$$\alpha_{前} = \alpha_{后} \pm \beta \pm 180° \qquad (2-2-7)$$

式（2-2-7）中，β为左角时，其前取“+”，β为右角时，其前取“-”。如果推算出的坐标方位角大于360°，则应减去360°，如果出现负值，则应加上360°。

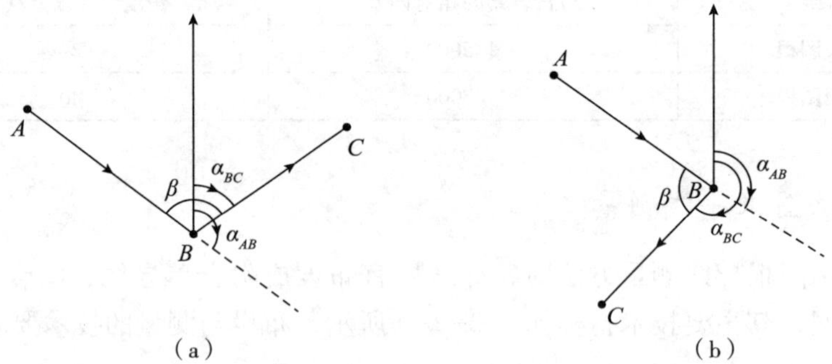

图2-2-9　坐标方位角推算

计算示例（1）：如图2-2-9（a）所示，$\alpha_{AB}=156°12'34''$，观测$\beta=102°56'34''$，根据式（2-2-5）得到：$\alpha_{BC}=156°12'34''+102°56'34''-180°=79°09'08''$。

计算示例（2）：如图2-2-9（b）所示，$\alpha_{AB}=156°12'34''$，观测$\beta=102°56'34''$，根据式（2-2-6）得到：$\alpha_{BC}=156°12'34''-102°56'34''+180°=223°16'00''$。

2. 平面直角坐标正、反算

如图2-2-10所示，设A为已知点，B为未知点，当A点坐标（X_A，Y_A）、A点至B点的水平距S_{AB}和坐标方位角α_{AB}均为已知时，则可求得B点坐标（X_B，Y_B），通常称为坐标正算。

由图2-2-10可知

$$\begin{aligned} X_B &= X_A + \Delta X_{AB} \\ Y_B &= Y_A + \Delta Y_{AB} \end{aligned} \qquad (2-2-8)$$

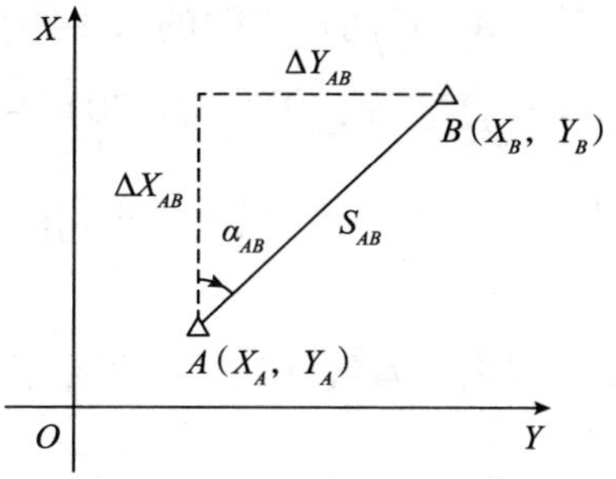

图 2-2-10　坐标正、反算

式中

$$\begin{aligned}\Delta X_{AB} &= S_{AB} \times \cos\alpha_{AB} \\ \Delta Y_{AB} &= S_{AB} \times \sin\alpha_{AB}\end{aligned} \qquad (2-2-9)$$

所以，式（2-2-8）也可写成：

$$\begin{aligned}X_B &= X_A + S_{AB} \times \cos\alpha_{AB} \\ Y_B &= Y_A + S_{AB} \times \sin\alpha_{AB}\end{aligned} \qquad (2-2-10)$$

式中：ΔX_{AB} 和 ΔY_{AB} 为坐标增量。

直线的坐标方位角和水平距离可根据两端点的已知坐标反算出来，这称之为坐标反算问题。如图 2-2-10 所示，设 A、B 两已知点的坐标分别为（X_A，Y_A）和（X_B，Y_B），则 $\Delta X_{AB}=X_B-X_A$，$\Delta Y_{AB}=Y_B-Y_A$，取 ΔX_{AB} 和 ΔY_{AB} 的绝对值，代入式（2-2-11）和式（2-2-12），得到直线 AB 的象限角 R 和水平距离 S_{AB} 为：

$$R = \arctan\frac{\Delta Y_{AB}}{\Delta X_{AB}} \qquad (2-2-11)$$

$$S_{AB} = \sqrt{\Delta X_{AB}^2 + \Delta Y_{AB}^2} \qquad (2-2-12)$$

象限角 R 取值范为$-90°\sim+90°$。而测量工作中通常用坐标方位角表示直线的方向，因此，计算出象限角 R 后，将其转化为坐标方位角，其转化方法见表 2-2-10。

表 2-2-10　象限角转化为坐标方位角的规则

ΔY_{AB}	ΔX_{AB}	象限	坐标方位角
+	+	Ⅰ	$\alpha_{AB}=R$
+	−	Ⅱ	$\alpha_{AB}=180°-R$
−	−	Ⅲ	$\alpha_{AB}=180°-R$
−	+	Ⅳ	$\alpha_{AB}=360°-R$

计算示例：设 A 点的坐标为（1000.00m，1000.00m），B 点的坐标为(1030.00m，960.00m)，计算直线 AB 的方位角。

（1）根据式（2-2-12），A、B 两点之间的水平距离 S_{AB} 为 50.00m。

$$S_{AB}=\sqrt{(X_A-X_B)^2+(Y_A-Y_B)^2}=\sqrt{(40)^2+(-30)^2}=50.00\text{m}$$

（2）根据式（2-2-11），象限角 $R=\left(\arctan\dfrac{-30}{40}\right)=-0.6435$ 弧度 $=-36°52'12''$。

（3）根据表 2-2-10 的规则，直线 AB 的方位角 $\alpha_{AB}=360°+R=323°7'48''$。

3. 支导线的计算

图 2-2-11 所示的导线为支导线，已知 A 点的坐标（X_A，Y_A）和 MA 的坐标方位角为 α_{MA}，观测转折角 β_1、β_2、…、β_n，导线边长 S_{12}、S_{23}、…、$S_{n-1\,n}$，则支导线计算步骤如下：

（1）根据式（2-2-7），计算各导线边的坐标方位角。

（2）由各边的坐标方位角和边长，按式（2-2-9）计算各相邻导线点的坐标增量。

（3）根据式（2-2-10），按照 P_2、P_3、…、P_{n+1} 的顺序，依次推算各导线点的坐标。

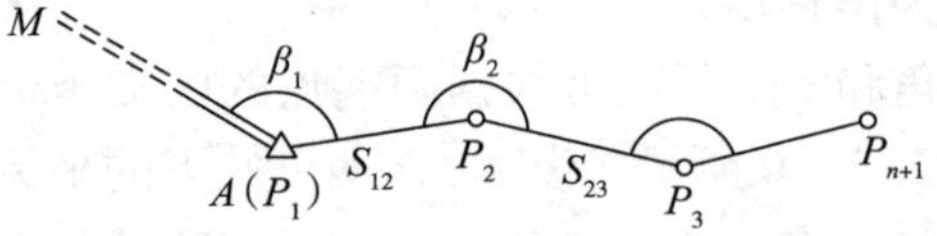

图 2-2-11　支导线图示

4. 附合导线计算

图 2-2-12 所示的为具有两个连接角的附合导线。

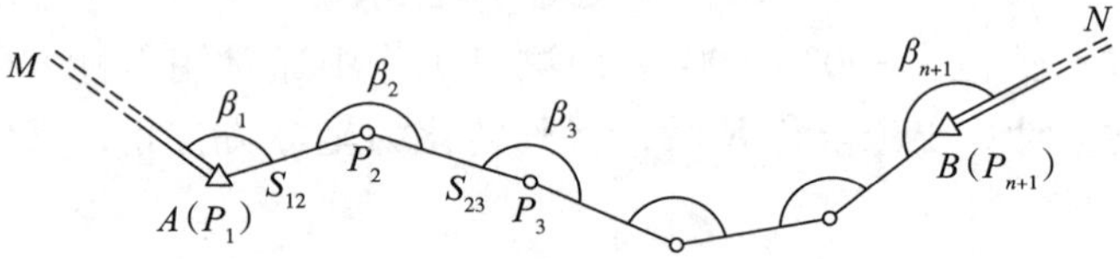

图 2-2-12　附合导线图示

已知 A、B 两点的坐标（X_A，Y_A）、（X_B，Y_B）和两个坐标方位角 α_{MA}、α_{BN}，观测转折角 β_1、β_2、…、β_{n+1}，导线边长 S_{12}、S_{23}、…、S_{nB}，附合导线计算的步骤和方法如下：

（1）坐标方位角闭合差的计算。根据坐标方位角 α_{MA} 和观测的转折角，可推算出 BN 的坐标方位角 α'_{BN}，由于各转折角存在观测误差，使得 α'_{BN} 不等于已知坐标方位角 α_{BN}，而产生坐标方位角闭合差 f_β，即

$$f_\beta=\alpha'_{BN}-\alpha_{BN} \tag{2-2-13}$$

表 2-2-8 给出了一级图根导线的全长方位角闭合差的允许误差为：$f_{\beta\text{允许}}=\pm 24\sqrt{n}$，二级图根方位角闭合差的允许误差为：$f_{\beta\text{允许}}=\pm 40\sqrt{n}$，如果计算的方位角闭合差小于允许闭合差，则继续下一步计算，否则，先检查计算方法是否有误，如果无误，再检查观测记录。如果观测记录也没有问题，就需要重新观测了。

（2）角度误差的分配。设各转折角都是按等精度观测的，所以将坐标方位角闭合差 f_β 平均分配到每个观测角度 β_i 上，即每个角度应加上改正数 v_{β_i}，每个转折角的改正数计算方法如下：

β_i 为左角时，其改正数为：

$$v_{\beta_i}=\frac{-f_\beta}{n+1} \qquad (2-2-14)$$

β_i 为右角时，其改正数为：

$$v_{\beta_i}=\frac{f_\beta}{n+1} \qquad (2-2-15)$$

（3）推算各导线边的方位角。根据改正后的转折角，利用式（2-2-7）计算各导线边的坐标方位角。

（4）推算相邻导线点的坐标增量。由各边的坐标方位角和观测的边长，利用式（2-2-9）计算相邻导线点的坐标增量。

（5）坐标闭合差的计算。由于边长和转折角的观测误差，附合导线各坐标增量之和与 A、B 两点的坐标差不会相等，存在闭合差 f_X、f_Y 和导线全长相对误差 f_S，即

$$\begin{aligned} f_X &= \sum_{n}^{1}\Delta X_i-(X_B-X_A) \\ f_Y &= \sum_{2}^{1}\Delta Y_i-(Y_B-Y_B) \qquad (2-2-16) \\ f_S &= \sqrt{f_X^2+f_Y^2} \end{aligned}$$

表 2-2-8 给出了一级图根导线的坐标闭合差限差和全长相对误差限差分别为 0.22m、1/5000，二级图根导线的坐标闭合差限差和全长相对误差限差分别为 0.22m、1/3000，如果计算结果小于允许值，则继续下一步计算，否则，先检查计算方法是否有误，如果无误，再检查观测记录。如果观测记录也没有问题，就需要重新观测了。

（6）坐标误差的分配。设边长都是按等精度观测的，所以将坐标闭合差按照边长的比例分配到每个坐标增量上，即每个坐标增量应加上改正数 V_{X_i}、V_{Y_i}，每个坐标增量的改正数计算方法为：

$$V_{X_i} = -\frac{S_i}{\sum_{n}^{1} S_i} \times f_X$$

$$V_{Y_i} = -\frac{S_i}{\sum_{n}^{1} S_i} \times f_Y \qquad (2-2-17)$$

（7）导线点坐标的计算。利用式（2-2-10）和改正后的坐标增量，按照 P_2、P_3、…、P_{n+1} 的顺序，依次推算各导线点的坐标。

表 2-2-11 为实际算例。

表 2-2-11　二级图根导线算例

点名	观测角	坐标方位角	边长 S	Δx	Δy	x	y
单位	(° ′ ″)	(° ′ ″)	m	m	m	m	m
M							
		237 59 30					
$A(P_1)$	+7 99 01 00					2 507.69	1 215.63
		157 00 37	225.85	+4 −207.91	−4 +88.21		
P_2	+7 167 45 36					2 299.82	1 303.80
		144 46 20	139.03	+2 −113.57	−2 +80.20		
P_3	+7 123 11 24					2 186.27	1 383.98
		87 57 51	172.57	+3 +6.13	−3 +172.46		
P_4	+7 189 20 36					2 192.43	1 556.41
		97 18 34	100.07	+2 −12.73	−1 +99.26		
P_5	+7 179 59 18					2 179.72	1 655.66
		97 17 59	102.48	+2 −13.02	−2 +101.65		
$B(P_6)$	+7 129 27 24					2 166.72	1 757.29
		46 45 30	Σ=740.00	Σ=−341.10	Σ=+541.78		
N							
Σ	888 45 18	$\alpha_{MA}-\alpha_{BN}=191°14'00''$		$f_x=-0.13$m $f_y=+0.12$m $f_s=\sqrt{f_x^2+f_y^2}=0.18$m		$x_B-x_A=$ −340.97m	$y_B-y_A=$ +541.66m

$$f_\beta = 888°45'18'' + 191°14'00'' = 1079°59'18'' - 6 \times 180° = -42''$$

$$f_{\beta容} = \pm 40\sqrt{6} = \pm 97''$$

$$k = \frac{f_S}{\sum S} = \frac{0.18}{74.00} = \frac{9}{37000} < \frac{1}{4111} < \frac{1}{3000}$$

三、界址测量

界址测量是指采用测量技术测定界址点坐标的工程技术。界址点坐标是在某一特定的坐标系中界址点地理位置的数学表达，是确定地块（宗地）地理位置的依据，是量算宗地面积的基础数据。一旦界址点标志被移动或破坏，则可根据已有的界址点坐标，用测量放样的方法恢复界址点的位置。如把界址点坐标输入计算机，则可以方便地进行管理和用于规划设计。

（一）界址点的精度

界址点精度的选择只与地籍管理的需要有关，与制图的比例尺无关，图的比例尺仅表示测量时地物和地貌综合取舍的程度，对于地籍图，表示的地物和地貌能满足地籍管理的需要即可。例如，土地所有权界线通常表示在 1∶10000 的图上，图上的精度通常为 0.3mm，换算到实地为 3.0m，但是其界线的精度按土地权属管理的需要，要求达到 5cm 或 10cm，也可能是 1.0m，所采用的测量方法为全野外数字测量技术，或摄影测量加密技术。在城镇区域，要求实地测量界址点的精度为 5cm，但对应于 1∶500 地籍图上，界址点的精度为 0.3mm，换算为实地的精度为 15.0cm，因此，界址点测量的精度体系与地籍图的精度体系是两个没有相关性的体系。因此，应根据不动产类型、保障不动产权利人切身利益、不动产管理需要等条件选择界址测量的精度。

解析法获取界址点坐标和界址点间距的精度、解析测量房角点坐标的精度和房屋边长丈量的精度如表 2-2-12 所示。

表 2-2-12　解析界址点和实测房角点的精度

级别	界址点或房角点相对于邻近控制点的点位误差 相邻界址点或房角点间距误差/cm	
	中误差	允许误差
一	±2.0	±4.0
二	±5.0	±10.0
三	±7.5	±15.0
四	±10.0	±20.0

注：①对于土地使用权宗地，解析的明显界址点精度不低于二级，隐蔽界址点精度不低于三级。②对于土地所有权宗地，解析的界址点可选择二、三、四级精度。③当需要采用坐标法计算建筑面积时，则实测房角点坐标的精度可按照本表的规定执行。其中城镇区域的明显房角点坐标精度不低于二级，隐蔽的不低于三级；城镇以外区域的明显房角点坐标精度不低于三级，隐蔽的不低于四级。

图解界址点坐标的精度与基础图件的比例尺和精度关联紧密。表 2-2-13

至表2-2-15所示的精度为图解法获取界址点坐标和界址点间距的精度要求。

表2-2-13　图解界址点精度指标（全野外数字测图）

序号	项　目	图上中误差/mm	图上允许误差/mm
1	相邻界址点的间距误差	±0.3	±0.6
2	界址点相对于邻近控制点的点位误差	±0.3	±0.6
3	界址点相对于邻近地物点的间距误差	±0.3	±0.6

注：本表规定的是平原、丘陵地区明显界址点精度指标；荒漠、高原、山地、森林及隐蔽地区等可放宽至1.5倍。

表2-2-14　图解界址点精度指标（数字摄影测量法成图）

序号	项　目	图上中误差/mm	图上允许误差/mm
1	相邻界址点的间距误差	±0.4	±0.8
2	界址点相对于邻近控制点的点位误差	±0.4	±0.8
3	界址点相对于邻近地物点的间距误差	±0.5	±1.0

注：本表规定的是平原、丘陵地区明显界址点精度指标；荒漠、高原、山地、森林及隐蔽地区等可放宽至1.5倍。

表2-2-15　图解界址点精度指标（数字编绘法成图）

序号	项　目	图上中误差/mm	图上允许误差/mm
1	相邻界址点的间距误差	±0.6	±1.2
2	界址点相对于邻近控制点的点位误差	±0.6	±1.2
3	界址点相对于邻近地物点的间距误差	±0.6	±1.2

注：本表规定的是平原、丘陵地区明显界址点精度指标；荒漠、高原、山地、森林及隐蔽地区等可放宽至1.5倍。

表2-2-16所示的是海域界址点精度要求。

表2-2-16　海域界址点的精度指标

级别	界址点相对于邻近控制点的点位误差，相邻界址点间距误差/m	
	中误差	允许误差
一	±0.10	±0.20
二	±1.00	±2.00
三	±3.00	±6.00
四	±5.00	±10.00

注：①岸地及近海界址点精度不低于一级；②离岸20km以内的海域界址点精度不低于二级；③离岸20km至50km的海域界址点精度不低于三级；④离岸50km以外的海域界址点精度不低于四级。

（二）界址点测量方法

界址测量方法包括解析法和图解法。

解析法是指采用全站仪、GNSS 接收机、钢尺等测量工具，通过全野外测量技术获取界址点坐标和界址点间距的方法。根据其测量原理的不同，解析法包括极坐标法、距离交会法、角度交会法、截距法、直角坐标法和 RTK 方法等。图解法是指采用标示界址、绘制宗地草图、说明界址点位和说明权属界线走向等方式描述实地界址点的位置，由数字摄影测量加密或在正射影像图、土地利用现状图、扫描矢量化的地籍图和地形图上获取界址点坐标和界址点间距的方法。图解界址点坐标不能用于放样确定实地界址点的精确位置。

界址测量方法的选择应依不同的界址点精度要求进行。应根据宗地调查表、宗海调查表或无居民海岛调查表，在实地确认界标或界址点的具体位置后，才能实施界址测量工作。

对城镇、村庄、独立工矿等区域的建设用地，宜采用解析法测量界址点坐标；对于分散、独立的建设用地或宅基地，可采用解析法也可采用图解法测量界址点坐标。如果选择图解法，则宜利用实地丈量界址边长采用几何要素法计算土地面积。对于海域（含无居民海岛）和耕地、林地、园地、草地、水域、滩涂等用地及其林木权属界线，既可选择解析法也可选择图解法测量界址点坐标。解析界址点精度应符合表 2-2-12 的规定；图解界址点精度应符合表 2-2-13 至表 2-2-15 的规定。

（三）解析法界址点测量

1. 主要方法

1）极坐标法

极坐标法是测定界址点坐标最常用的方法，如图 2-2-13 所示。已知数据 $A(X_A, Y_A)$，$B(X_B, Y_B)$，观测数据 β，S，则界址点 P 的坐标 $P(X_P, Y_P)$ 为：

$$X_P = X_A + S\cos(\alpha_{AB} + \beta)$$
$$Y_P = Y_A + S\sin(\alpha_{AB} + \beta) \qquad (2-2-18)$$

式中：$\alpha_{AB} = \arctan\dfrac{Y_B - Y_A}{X_B - X_A}$。

测定 β 角的仪器有光学经纬仪、电子经纬仪、全站型电子速测仪等，S 的测量一般都采用电磁波测距仪、全站型电子速测仪或鉴定过的钢尺。

极坐标法主要用于界址点精度达到表 2-2-12 中一、二、三级精度要求的界址点测量，它广泛应用于建设用地使用权界址点测量或城乡接合部、经济发达地区的集体土地所有权界址点的测量。

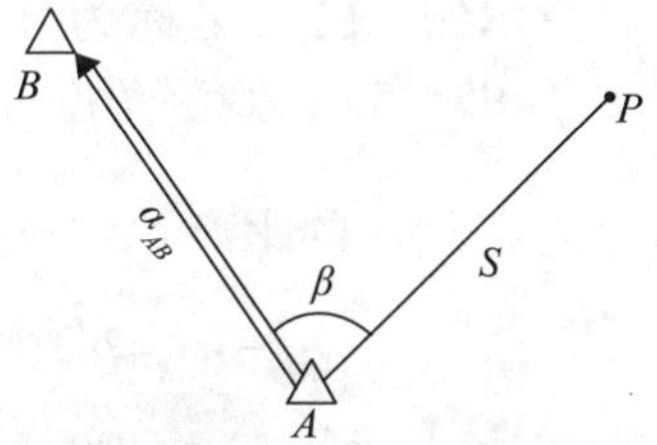

图 2-2-13　极坐标法图示

计算示例：设 A 点的坐标为（1000. 00m，1000. 00m），B 点的坐标为（970. 00m，960. 00m），观测角度 $\beta=125°32'56''$，距离 $S=45.23$m，计算 P 点的坐标。

（1）计算 A、B 的坐标增量：$\Delta X=X_B-X_A=-30.00$m；$\Delta Y=Y_B-Y_A=-40.00$m。

（2）计算 AB 边长：$S=\sqrt{(-30)^2+(-40)^2}=50.00$m。

（3）计算 AB 方位角 α_{AB}：$\alpha_{AB}=180°+\arctan\dfrac{Y_B-Y_A}{X_B-X_A}=180°+53°7'48''=233°7'48''$。

（4）计算 AP 方位角：$\alpha_{AP}=\alpha_{AB}+\beta=358°40'44''$。

（5）计算 P 点的坐标：

$$X_P=X_A+S\cdot\cos\alpha_{AP}=1000+45.23\times0.999734=1045.22\text{m}$$

$$Y_P=Y_A+S\cdot\sin\alpha_{AP}=1000-45.23\times0.023056=998.96\text{m}$$

所以，P 点坐标为（1045. 22m，998. 96m）。

2）交会法

交会法可分为角度交会法和距离交会法。

（1）角度交会法。角度交会法是分别在两个测站上对同一界址点测量两个角度进行交会以确定界址点的位置。如图 2-2-14 所示，A、B 两点为已知测站点，其坐标为 A（X_A、Y_A）、B（X_B，Y_B），观测 α、β 角，求 P 点坐标（X_P，Y_P）。根据图 2-2-14，运用正弦定理可得式（2-2-19）：

$$S=\frac{S_{AB}\sin\alpha}{\sin(180°-\alpha-\beta)} \tag{2-2-19}$$

式中：S_{AB} 为已知边长，把图 2-2-14 与图 2-2-13 对照，将其相应参数代入极坐标法公式（2-2-18）计算即可得到界址点坐标。

角度交会法一般适用于在测站上能看见界址点位置，但无法测量出测站点至界址点的距离。交会角 γ 应在 30°～150°的范围内。A、B 两测站点可以是基本控制点或图根控制点。

计算示例：已知坐标为 A（1000. 00m，1000. 00m），方位角 $\alpha_{AB}=275°23'45''$，$S_{AB}=95.45$m，观测角度 $\alpha=65°15'23''$，$\beta=58°45'15''$，计算 P 点的坐标。

点 P 与点 A 的距离 $S=\dfrac{S_{AB}\sin\alpha}{\sin(180°-\alpha-\beta)}=\dfrac{95.45\times0.908190}{0.823935}=104.58$m

$$\alpha_{AP}=\alpha_{AB}+\beta=275°23'45''+58°45'15''=334°09'00''$$

$$X_P=X_A+S\cdot\cos\alpha_{AP}=1000+104.58\times0.899939=1094.12\text{m}$$

$$Y_P=Y_A+S\cdot\sin\alpha_{AP}=1000-104.58\times0.436017=954.40\text{m}$$

所以，P 点坐标为（1094. 12m，954. 40m）。

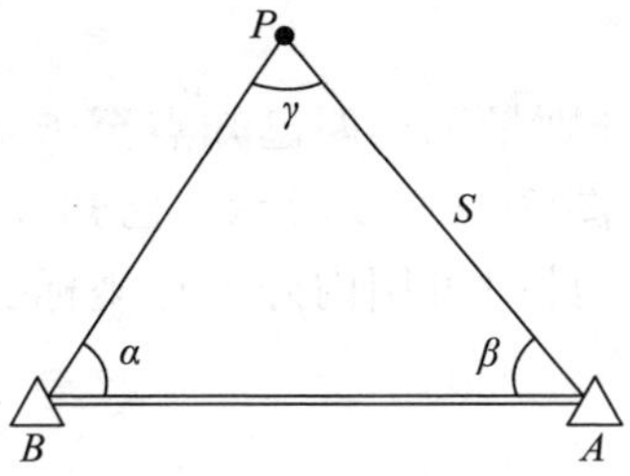

图 2-2-14　角度交会

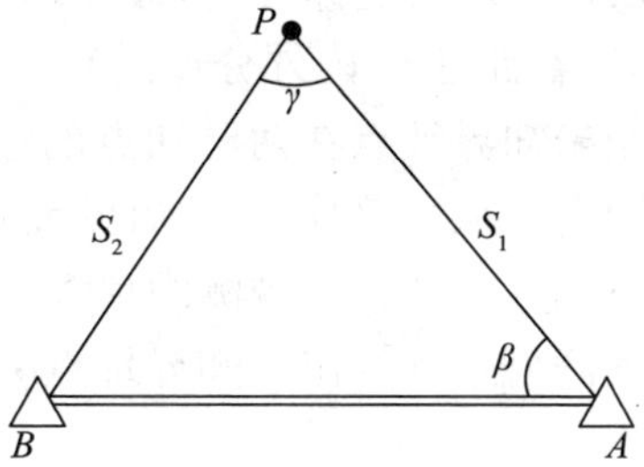

图 2-2-15　距离交会

（2）距离交会法。距离交会法就是从两个已知点分别量出至一个未知界址点的距离从而确定出未知界址点的位置的方法。如图 2-2-15 所示，已知 A（X_A，Y_A），B（X_B，Y_B），观测 $S_1=AP$，$S_2=BP$，求 P 点坐标（X_P，Y_P）。根据图 2-2-15，运用余弦定理可得式（2-2-20）。

$$\cos\beta=\frac{S_{AB}^2+S_1^2-S_2^2}{2S_{AB}S_1} \qquad (2-2-20)$$

式中：S_{AB} 为已知边长，把图 2-2-15 与图 2-2-13 对照，将其相应参数代入极坐标法公式（2-2-18），得到式（2-2-21）。

$$X_P=X_A+S_1\cos(\alpha_{AB}+\beta)$$
$$Y_P=Y_A+S_1\sin(\alpha_{AB}+\beta) \qquad (2-2-21)$$

由于测设的各类控制点有限，所以可用这种方法来解析交会出一些控制点上不能直接测量的界址点。A、B 两已知点可能是控制点，也可能是已知的界址点或辅助点（为测定界址点而测设的），这种方法仍要求交会角 γ 在 30°～150°之间。

以上两种交会法的图形顶点编号应按顺时针方向排列，即按 B、P、A 的顺序。进行交会时，应有检核条件，即对同一界址点应有两组交会图形，计算出两组坐标，并比较其差值。若两组坐标的差值在允许范围以内，则取平均值作为最后界址点的坐标；或把求出的界址点坐标和邻近的其他界址点坐标反算出的边长与实量边长进行检核，其差值如在规范所允许范围以内，则可确定所求出的界址点坐标是正确的。

计算示例：已知坐标为 A（1000. 00m，1000. 00m），方位角 $\alpha_{AB}=275°23'45''$，$S_{AB}=15.46$m，观测角度 $S_1=10.23$m、$S_2=8.55$m，计算 P 点的坐标。

$$\cos\beta=\frac{S_{AB}^2+S_1^2-S_2^2}{2S_{AB}S_1}=\frac{270.562}{316.3116}=0.855365$$

$$\beta=\arccos 0.855365=31°12'0''$$

$$X_P=X_A+S_1\cdot\cos(\alpha_{AB}+\beta)=1000+10.23\times0.596166=1006.10\text{m}$$

$$Y_P=Y_A+S_1\cdot\sin(\alpha_{AB}+\beta)=1000-10.23\times0.802861=991.79\text{m}$$

所以，P 点坐标为（1006.10m，991.79m）。

3）截距法（内外分点法）

当未知界址点在两已知点的连线上时，则分别量测出两已知点至未知界址点的距离，从而确定出未知界址点的位置。如图 2-2-16 所示，已知 A（X_A、Y_A），B（X_B、Y_B），观测距离 $S_1=AP$，$S_2=BP$，此时可用内外分点坐标公式和极坐标法公式计算出未知界址点 P 的坐标。

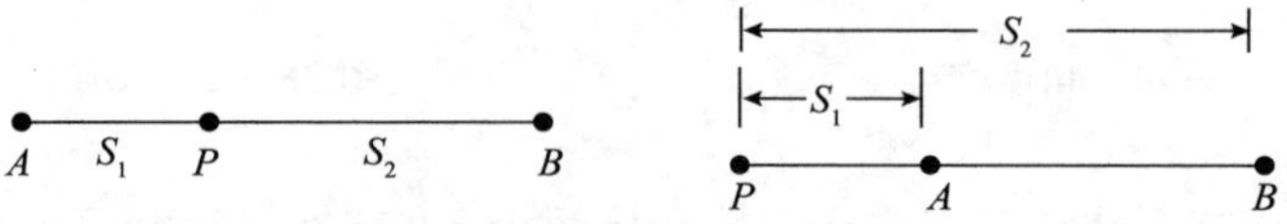

图 2-2-16　内外分点法

由距离交会图可知：当 $\beta=0°$，$S_2<S_{AB}$ 时，可得到内分点图形；当 $\beta=180°$，$S_2>S_{AB}$ 时，可得到外分点图形。

从公式中可以看出，P 点坐标与 S_2 无关，但要求作业人员量出 S_2 以供检核之用，以便发现观测错误和已知点 A、B 两点的错误。

内外分点法计算 P 点坐标的公式为：

$$X_P = \frac{X_A + \lambda X_B}{1 + \lambda}$$

$$Y_P = \frac{Y_A + \lambda Y_B}{1 + \lambda} \qquad (2-2-22)$$

式中：内分时，$\lambda = S_1/S_2$；外分时，$\lambda = -S_1/S_2$。由于内外分点法是距离交会法的特例，距离交会法中的各项说明、解释和要求都适用于内外分点法。

计算示例：坐标为 A（1000.00m，1000.00m），B（998.55m、1015.39m），P 点为内分点，观测距离 $S_1=6.92$m、$S_2=8.55$m，计算 P 点的坐标。

$$\lambda = \frac{S_1}{S_2} = 0.809357$$

$$X_P = \frac{X_A+\lambda X_B}{1+\lambda} = 1808.183432/1.809357 = 999.35\text{m}$$

$$Y_P = \frac{Y_A+\lambda Y_B}{1+\lambda} = 1821.813004/1.809357 = 1006.88\text{m}$$

所以，P 点坐标为（999.35m，1006.88m）。

计算示例：坐标为 A（1000.00m，1000.00m），P 点为外分点，已知：方位角 $\alpha_{AB}=95°23'45''$，$S_{AB}=15.46$m，观测距离 $S_1=6.92$m、$S_2=22.38$m，计算 P 点的坐标。

$$X_P = X_A + S_1 \times \cos(\alpha_{AB} + 180°) = 1000 + 6.92 \times 0.094079 = 1000.65\text{m}$$

$$Y_P = Y_A + S_1 \times \sin(\alpha_{AB} + 180°) = 1000 - 6.92 \times 0.995565 = 993.11\text{m}$$

所以，P 点坐标为（1000.65m，993.11m）。

4）直角坐标法

直角坐标法通常以一导线边或其他控制线作为轴线，测出某界址点在轴线上的投影位置，量测出投影位置至轴线某一端点的位置。如图 2-2-17 所示，A（X_A，X_B），B（X_B，Y_B）为已知点，以 A 点作为起点，B 点作为终点，在 A、B 间放上一根测绳或卷尺作为投影轴线，然后用设角器从界址点 P 引设垂线，定出 P 点的垂足 P_1 点，然后用鉴定过的钢尺量出 S_1 和 S_2，则计算公式如下：

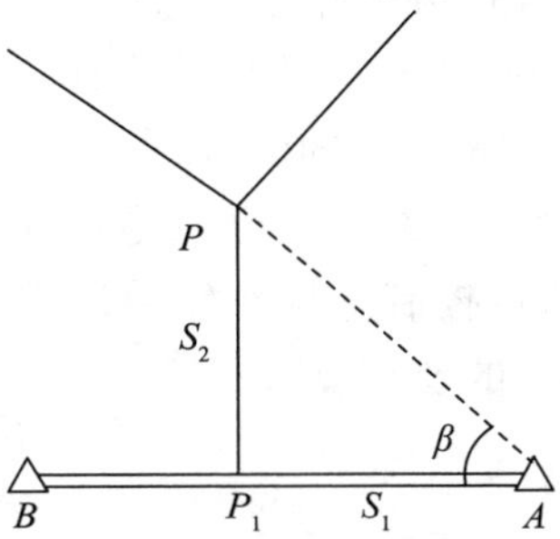

图 2-2-17　直角坐标法

$$S = S_{AP} = \sqrt{S_1^2 + S_2^2},\ \beta = \arctan\frac{S_2}{S_1} \qquad (2-2-23)$$

将上式计算出的 S、β 和相应的已知参数代入极坐标法计算公式（式 2-2-18）即可。

这种方法操作简单，使用的工具价格低廉，技术要求也不高，为确保 P 点坐标的精度，引设垂足时的操作要仔细。

计算示例：已知，坐标为 A（1000.00m，1000.00m），方位角 $\alpha_{AB}=275°23'45''$，$S_{AB}=15.46$m，观测距离 $S_1=6.92$m、$S_2=3.55$m，计算 P 点的坐标。

$$S_{AP}=\sqrt{S_1^2+S_2^2}=7.78\text{m}$$

$$\beta=\arctan\frac{S_2}{S_1}=27°9'29''$$

$$\alpha_{AP}=\alpha_{AB}+\beta=302°33'14''$$

$$X_P=X_A+S_{AP}\cdot\cos\alpha_{AP}=1000+7.78\times0.538093=1004.18\text{m}$$

$$Y_P=Y_A+S_{AP}\cdot\sin\alpha_{AP}=1000-7.78\times0.842885=993.44\text{m}$$

所以，P 点坐标为（1004.18m，993.44m）。

5）GNSS 定位方法

现有的 GNSS 测量模式都可以用来测量界址点坐标，但是广域差分 GNSS、实时动态（RTK）、网络 RTK、精密单点定位等四种模式应用较多。广域差分 GNSS 可满足五级精度的界址点的测量，实时动态（RTK）和网络 RTK 可满足所有精度等级的界址点测量，精密单点定位可满足四级和五级精度界址点的测量。如果界址点在房屋的墙角或者界址点的上空大部分有遮挡，则不适合采用任何 GNSS 方法测量。

2. 适用范围

可根据选择的界址点精度和观测环境选用不同的方法。主要方法有极坐标法、直角坐标法（正交法）、截距法（内外分点法）、距离交会法、角度交会法、全球卫星定位系统（GNSS）测量方法等。

1）极坐标法

主要用于明显界址点的测量。其起算数据为各等级的控制点，宜按照图2-2-18所示的流程图开展测量作业。当采用极坐标法测量界址点时，应做测站检查，检查点可以是定向点、邻近控制点和已测量的界址点。其中定向点或邻近控制点检查结果应符合表2-2-6的要求，界址点检查结果应符合表2-2-12的要求。

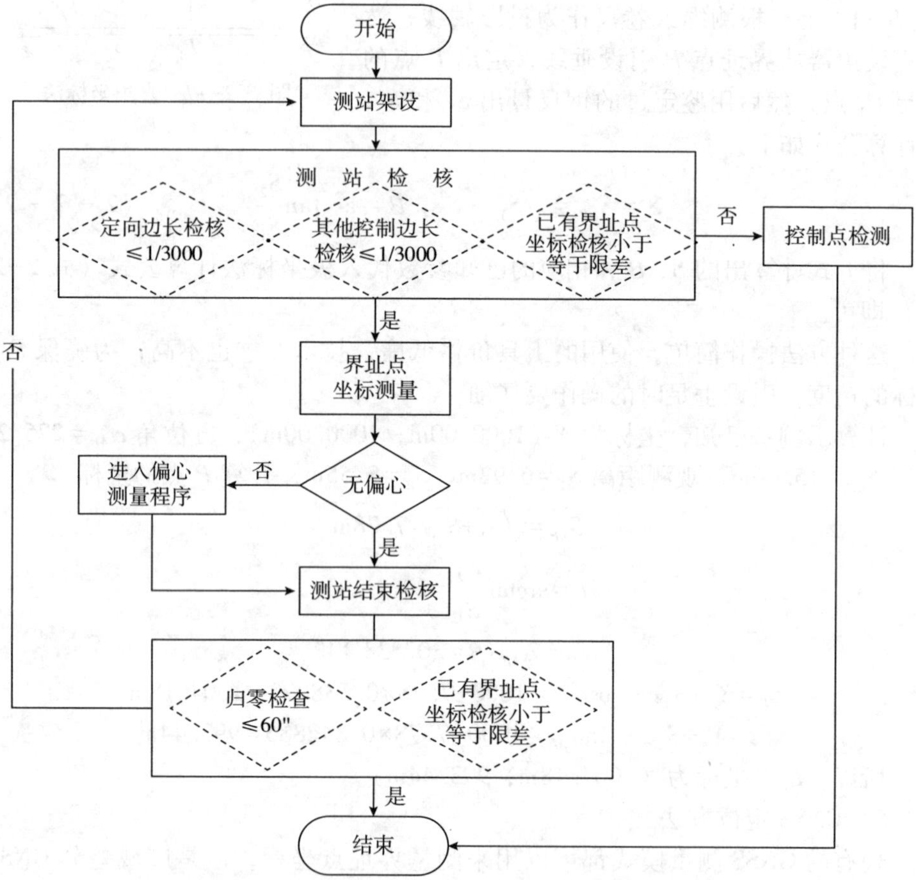

图2-2-18　极坐标法测量流程图

定向边长宜大于50m，如果因为界址点与反射棱镜中心点不在同一铅垂线上（偏心），则应利用全站仪内置的偏心测量程序，消除或减弱偏心影响。

使用光电测距仪或全站仪测距，不仅可免去量距的工作，而且还可以隔站观测，免受距离长短的限制。当界址点 P 的位置是墙角，用有体积的单棱镜放在界址点的位置上时，因此会产生目标偏心的问题。偏心有两种情况：其一为横向偏心。如图 2-2-19 所示，P 点为界址点的位置，P' 点为棱镜中心的位置，A 为测站点，要使 $AP=AP'$，则在放置棱镜时尽量使 P、P' 两点在以 A 点为圆心的圆弧上。其二为纵向偏心。如图 2-2-20 所示，P、P'、A 的含义同前，此时就要求在棱镜放置好之后，能读出 PP' 的距离，用实际测出的距离加上或减去 PP'，以尽可能减少测距误差。

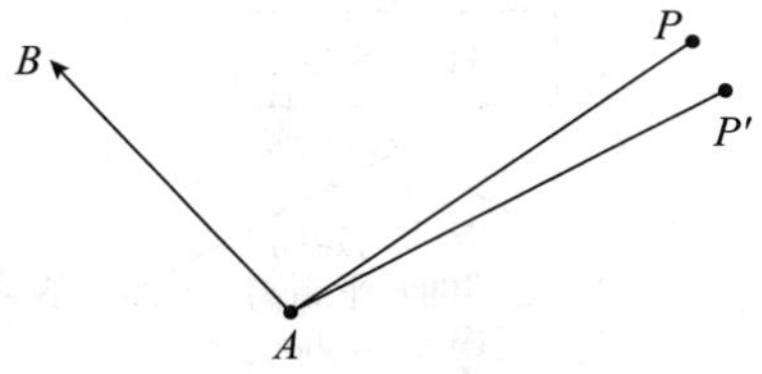

图 2-2-19　横向偏心

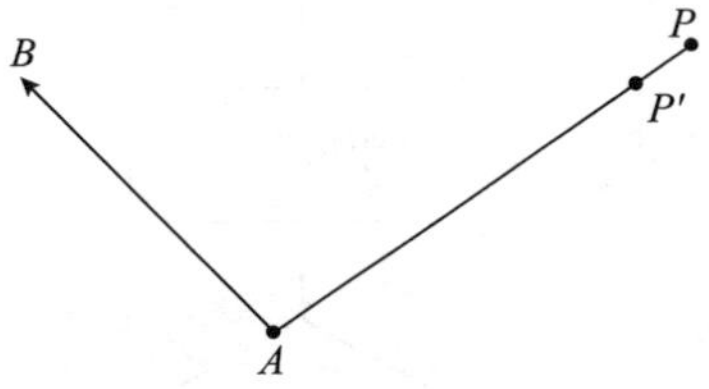

图 2-2-20　纵向偏心

2）距离交会法、直角坐标法和截距法

主要用于隐蔽界址点的测量，也可用于承包地块界址点的测量。其起算数据是各等级控制点，也可以是解析法测量的界址点或辅助点。距离交会法、直角坐标法和截距法应分别按照图 2-2-21、图 2-2-22、图 2-2-23 所示的流程图开展测量作业。

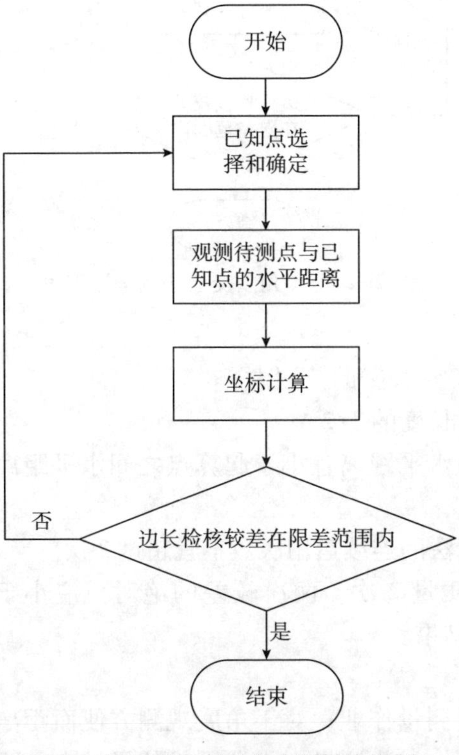

图 2-2-21　距离交会法测量流程图

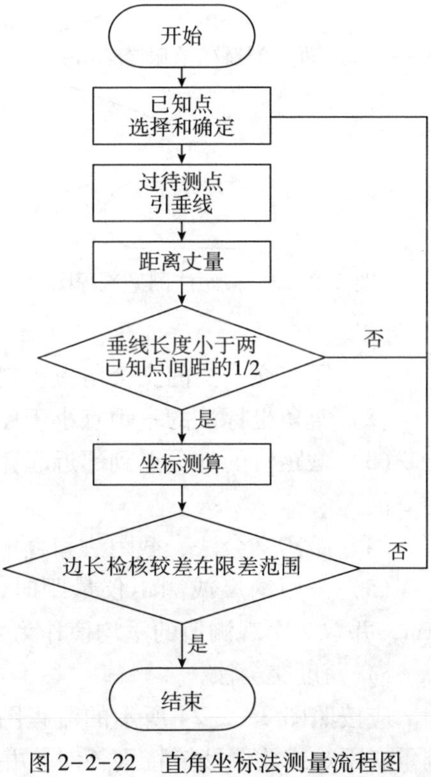

图 2-2-22　直角坐标法测量流程图

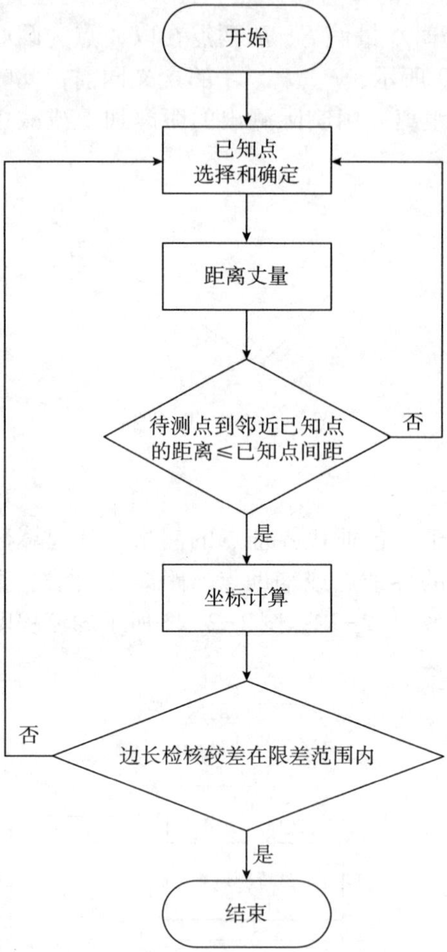

图 2-2-23　截距法测量流程图

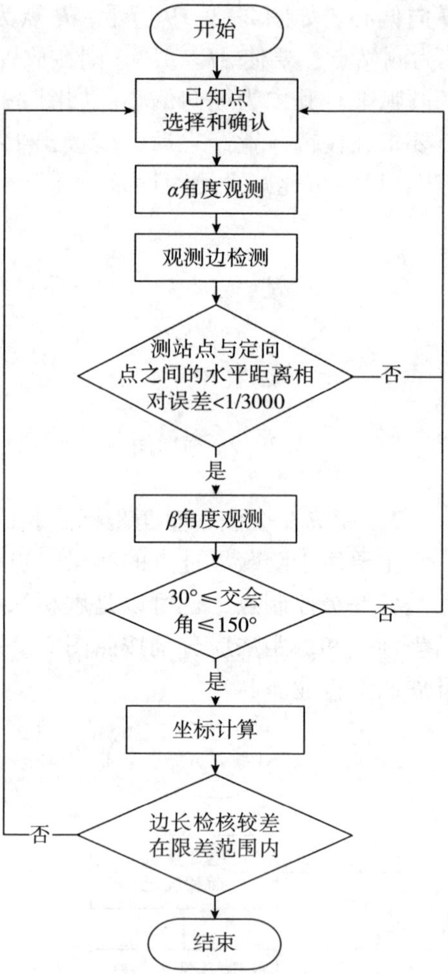

图 2-2-24　角度交会法测量流程图

（1）距离交会法的交会角应控制在 30°~150°的范围内。

（2）直角坐标法的垂距宜小于控制线长度的 1/2。

（3）截距法的外分点到邻近起算点的水平距离宜小于起算点之间水平距离的 2 倍。

（4）距离交会法、截距法和直角坐标法的连续运用次数不宜超过 2 次。

（5）采用钢尺或测距仪量距时，宜丈量 2 次，两次较差的绝对值应小于 5cm，并取 2 次观测值的平均值作为丈量结果。

3）角度交会法

应按照图 2-2-24 所示的流程图开展测量作业；对于角度观测方便而距离测量有困难或放置棱镜特别耗时，并且其他方法测量也十分困难的界址点，可采用角度交会法施测，但交会角应控制在30°~150°的范围内。

4）全球卫星定位系统（GNSS）测量方法

能满足表2-2-12精度要求的GNSS定位方法主要有GNSS实时动态（RTK）定位方法、网络GNSS定位方法，主要用于满足GNSS接收机的观测条件的界址点。当采用GNSS实时动态定位方法测量界址点时，参照《全球定位系统实时动态测量（RTK）技术规范》开展测量作业。

无论采用哪种方法测量界址点，都应进行有效检核。检核界址测量误差的方法有两种：一是界址点点位坐标检核，即实测界址点坐标与原来的界址点坐标进行点位对比检核，将检核结果填入表2-2-17之中；二是界址点间距检核，即将地籍调查表中界址标示表上的边长，与相对应的实测界址点坐标反算边长进行对比检核，将检核结果填入表2-2-18之中。检核结果应符合表2-2-12的规定，否则应全面检查超限的原因，并修正观测结果，直至成果合格为止；测量员应将检验结果形成自检记录。

3. 外业施测的技术要求

无论采用哪种方法实测界址点，其外业施测工作的技术要求如下：

（1）如果测量员没有参与界址调查，施测界址点之前应根据地籍调查表、宗地草图和工作底图到现场细致勘查界址点的位置及其周围的环境，为选择控制点、界址点、地籍图的施测方法做好充分的准备。

（2）测量界址点所使用的测量工具应检查确认合格并在有效期内才能用于作业。观测角度的仪器级别不低于J6级。全站仪的对中、整平、观测等技术要求参照按照《工程测量标准》（GB/T 50026—2020）执行。GNSS接收机的架设、观测和计算参照《全球定位系统实时动态测量（RTK）技术规范》执行。

（3）经权属调查确认的界址点，如果已有坐标成果，应现场核实界标的损坏、移动情况，并进行检测，如检测结果在表2-2-12规定的允许误差范围内，应使用原界址点坐标成果；如检测结果超过表2-2-12规定的允许误差，采用检测的界址点坐标，并在不动产测绘记事中说明。

（4）如果不动产权属来源材料中给定了新增界址点几何条件或解析坐标等参数，可根据给定的参数计算放样参数，在实地放样埋设界桩。界址点放样的精度应符合表2-2-12的规定。

（5）界址点的外业观测工作结束后，应及时计算出界址点坐标，并反算出相邻界址边长，填入界址点误差表中，计算出每条边的Δ_1。如Δ_1的值超出限差，应按照坐标计算、野外勘丈、野外观测的顺序进行检查，发现错误及时改正。

当一个宗地的所有边长都在限差范围以内才可以计算面积。

当一个地籍调查区内的所有界址点坐标（包括图解的界址点坐标）都经过检查合格后，按界址点的编号方法编号，并计算全部的宗地面积，然后把界址点坐标和面积填入标准表格中，并整理成册。

(6) 界址点编号。界址点编号是指宗地（海）界址点编号，编号方法如下：

在地籍调查表和宗地草图中的界址点号，可以在地籍区或地籍子区范围内统一编制，也可以宗地为单位，从左上角按顺时针方向，从“1”开始编制。

在宗海调查表和宗海草图中的界址点号，可以在县级行政辖区内统一编制，也可以宗海为单位，从左上角按顺时针方向，从“1”开始编制。

在数据库中，土地权属界址点号应在地籍区或地籍子区范围统一编制，并保证点号唯一；海域权属界址点号应在县级行政辖区内统一编制，并保证点号唯一。

解析界址点编号可采用 J1、J2、…表示，图解界址点编号可采用 T1、T2、…表示。

界址变更后，新增界址点号在最大界址点号后续编，废弃的界址点号不再使用。

（四）图解界址点测量

图解界址点坐标的方法有两种：一种是采用数字摄影测量系统从像片上量取界址点坐标的方法；另一种是在已制作好的地籍图上量取界址点坐标的方法。按照图 2-2-25 所示的流程图图解界址点坐标。

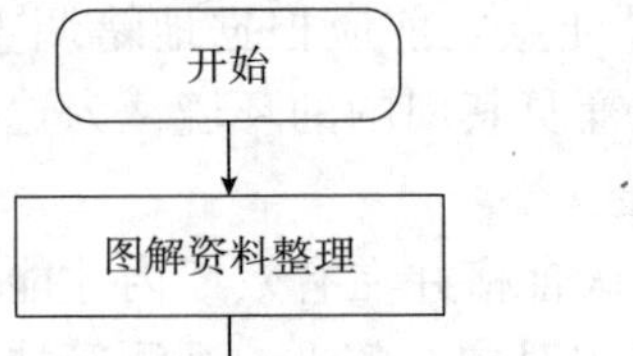

图 2-2-25　图解界址点坐标流程图

1. 采用数字摄影测量系统从像片上量取界址点坐标

采用数字摄影测量系统从像片上量取界址点坐标有两种方法：一是加密的方法；二是利用数字摄影测量系统的测量功能直接图解量取的方法。前一种方法比后一种方法的精度高。

用航空摄影测量方法测定界址点坐标始于 20 世纪 50 年代中期。当时，摄影测量的像点量测中误差为±(12~15) μm（在像片上）。由于测量仪器可以自动记录坐标，而当时的地面测量仪器尚无自动记录装置，因而摄影测量方法得到快速应用。当时选择 1∶8000~1∶12000 的摄影比例尺，其加密精度可达到±(10~15) cm。

随着摄影质量的提高和采用地面标志或高精度数字影像匹配技术，像点量测中误差可降到±(3~5) μm。采用带附加参数的自检校平差，用 GNSS 数据和地面测量辅助信息，使加密的精度大大提高，作业也更加方便。因此自 20 世纪 70 年代以来，摄影测量加密的方法在测定界址点的任务中作用极大。当选择 1：5000~1：8000 摄影比例尺时，加密点位精度在西方国家可达到±(3~4) cm。如 20 世纪 70 年代，联邦德国就曾用摄影测量方法测定了 193000 个界址点的坐标。

航空摄影测量加密是一种利用航空遥感影像通过解析计算来确定地面目标点的空间位置及影像外方位元素的区域网平差。随着传感器技术、空间定位技术和计算机技术的发展，其理论和方法在不断改进，正朝着无须地面控制点的方向发展。现今主要应用的数字摄影测量加密方法主要有常规光束法区域网平差、CPS 辅助光束法区域网平差和 POS 辅助光束法区域网平差三种。

根据相关研究资料，采用 1：2500 或 1：3000 比例尺的航片，平原和山区的明显地物点加密的平面点位中误差小于±0. 15m，采用 1：30000 比例尺的航片，山区明显地物点加密的平面点位中误差小于±1. 10m，采用 1：60000 比例尺的航片，丘陵明显地物点加密的平面点位中误差小于±2. 50cm。如果在界址点上布设摄影辅助标志，利用 1：3000 摄影比例尺的像片资料和我国的航测内外业作业条件，也能获得±(5~10) cm 的高精度加密结果。

2. 在已制作好的地籍图上量取界址点坐标

在已制作好的地籍图上量取界址点坐标时，依不同的工具和图件形式，可采用两种方法。

（1）如果地籍图、正射影像图等图件是纸质的，则利用经检验的三角板，或钢制直尺，或坐标量测仪等工具，依图件的数学基础，按照宗地草图或宗海草图，准确认定界址点在图上的位置，并量取界址点坐标。

（2）如果地籍图、正射影像图等图件是数字的，则利用计算机及其相应的图形数据处理软件等工具，依图件的数学基础，按照宗地草图或宗海草图，准确认定界址点在图上的位置，并量取界址点坐标。

（五）界址点误差检验

作业员的自检、作业队（组）的互检、作业单位的专检和成果验收等环节，都应该做界址点点位误差和界址间距误差检验，检验结果应填写到表 2-2-17 和表 2-2-18 中，并采用公式（2-2-24）或公式（2-2-25）计算界址点坐标或间距中误差。

（1）采用同精度观测检验界址点误差时的中误差计算公式为：

$$m = \pm\sqrt{\frac{[\Delta\Delta]}{2n}} = \pm\sqrt{\frac{\sum_{i=1}^{n}\Delta_i^2}{2n}} \qquad (2-2-24)$$

式中：m 为界址点位中误差或界址间距中误差；n 为检验的界址点数或界址边数；Δ 为检测值与原值的较差。

（2）采用高精度观测检验界址点误差时的中误差计算公式为：

$$m = \pm\sqrt{\frac{[\Delta\Delta]}{n}} = \pm\sqrt{\frac{\sum_{i=1}^{n}\Delta_i^2}{n}} \qquad (2-2-25)$$

式中：m 为界址点位中误差或界址间距中误差；n 为检验的界址点数或界址边数；Δ 为检测值与原值的较差。

表 2-2-17　界址点坐标误差表

界址点号	测量坐标		检测坐标		比较结果		
	X/m	Y/m	X/m	Y/m	ΔX/m	ΔY/m	ΔS

注：测量坐标是指作业组测量的界址点坐标，检测坐标是指检查员测量的界址点坐标。ΔS 为界址点点位误差。解析测量的房角点精度检验可参照本表执行。

表 2-2-18　界址间距误差表

界址边号	丈量边长/m	反算边长/m	检测边长/m	ΔS_1/cm	ΔS_2/cm	备注

注：丈量边长是指地籍调查表中的界址边长，反算边长是指由实测界址坐标计算的边长，检测边长是指检验时实地丈量的边长。ΔS_1 和 ΔS_2 为界址点间距误差。ΔS_1 表示界址点坐标反算出的边长与地籍调查表中边长（勘丈边长）之差，ΔS_2 表示检测边长与地籍调查表中边长（丈量边长）之差。解析测量的房角点和实地丈量边长的精度检验可参照本表执行。

计算示例：表 2-2-19 是界址点坐标检测表，共检测 20 个点，采用同精度检测方法，表中测量坐标是指作业组测量的界址点坐标。检测坐标是指作业队检查或验收组检查实地测量的坐标。由公式 2-2-24 计算可得，界址点的中误差 $m=\pm0.031$m。

表 2-2-19　界址点坐标检测表

序号	测量坐标		检测坐标		ΔX/m	ΔY/m	ΔS/m
	X/m	Y/m	X/m	Y/m			
1	4869.857	7592.465	4869.822	7592.461	0.035	0.004	0.035
2	4880.357	7595.773	4880.325	7595.779	0.032	−0.006	0.033
3	4880.182	7596.374	4880.159	7596.385	0.023	−0.011	0.025
4	4889.860	7599.609	4889.827	7599.627	0.033	−0.018	0.038
5	4896.973	7562.531	4896.950	7562.502	0.023	0.029	0.037
6	517265	7690.336	517273	7690.277	−0.008	0.059	0.060
7	5172.417	7690.306	5172.428	7690.259	−0.011	0.047	0.049

续表

序号	测量坐标		检测坐标		ΔX /m	ΔY /m	ΔS/m
	X/m	Y/m	X/m	Y/m			
8	5188.265	7693.085	5188.270	7693.027	-0.005	0.058	0.058
9	5196.060	7694.244	5196.103	7694.241	-0.043	0.003	0.043
10	5162.560	7683.559	5162.572	7683.507	-0.012	0.052	0.053
11	5153.020	7680.360	5153.030	7680.309	-0.010	0.051	0.052
12	5151.682	7683.863	5151.711	7683.795	-0.029	0.068	0.074
13	5130.794	7676.495	5130.808	7676.457	-0.014	0.038	0.040
14	5130.462	7676.401	5130.478	7676.370	-0.016	0.031	0.035
15	5126.398	7675.167	5126.411	7675.169	-0.013	-0.002	0.013
16	5122.422	7675.167	5122.402	7675.097	0.020	0.070	0.073
17	5110.289	7672.329	5110.306	7672.324	-0.017	0.005	0.018
18	5109.880	7670.684	5109.888	7670.686	-0.008	-0.002	0.008
19	5107.771	7669.262	5107.786	7669.282	-0.015	-0.020	0.025
20	5096.494	7665.501	5096.514	7665.479	-0.020	0.022	0.030

计算示例：表 2-2-20 是界址间距检测表，共检测 20 条边，采用同精度检测方法，表中丈量边长是从地籍调查表中获取，反算边长是指作业组测量的界址点坐标反算边长。由公式 2-2-24 计算可得，界址间距中误差 $m=\pm0.027$m。

表 2-2-20　界址间距检测表

序号	丈量边长/m	反算边长/m	ΔS_1/m
1	10.58	10.54	0.04
2	10.92	10.85	0.07
3	12.09	12.07	0.02
4	12.04	11.99	0.05
5	3.48	3.50	-0.02
6	11.82	11.83	-0.01
7	13.47	13.45	0.02
8	10.83	10.81	0.02
9	11.58	11.57	0.01
10	6.33	6.30	0.03
11	11.75	11.82	-0.07
12	9.54	9.45	0.09
13	9.06	9.05	0.01

续表

序号	丈量边长/m	反算边长/m	ΔS_1/m
14	18.33	18.30	0.03
15	18.41	18.37	0.04
16	9.01	9.04	-0.03
17	11.47	11.48	-0.01
18	14.86	14.84	0.02
19	7.61	7.61	0.00
20	5.42	5.40	0.02

计算示例：表2-2-21是界址间距检测表，共检测20条边，采用同精度检测方法，表中检测边长是指作业队检查或验收组检查实地丈量的边长，反算边长是指作业组测量的界址点坐标反算边长。由公式2-2-24计算可得，界址间距中误差$m=\pm 0.032$m。

表2-2-21 界址间距检测表

序号	反算边长/m	检测边长/m	ΔS_2/m
1	10.10	10.03	0.07
2	3.50	3.56	-0.06
3	11.60	11.64	-0.04
4	16.80	16.81	-0.01
5	1.20	1.18	0.02
6	4.00	4.03	-0.03
7	1.80	1.77	0.03
8	1.00	1.04	-0.04
9	1.57	1.53	0.04
10	0.60	0.53	0.07
11	12.50	12.51	-0.01
12	2.30	2.38	-0.08
13	9.83	9.80	0.03
14	2.30	2.23	0.07
15	5.50	5.55	-0.05
16	3.90	3.94	-0.04
17	11.20	11.22	-0.02
18	3.90	3.92	-0.02
19	12.00	11.97	0.03
20	7.30	7.34	-0.04

四、房屋和构（建）筑物测量

（一）外业测量房屋等构（建）筑物技术要求

1. 房屋应逐幢测绘

不同产别、不同建筑结构、不同层数的房屋应分别测量。独立成幢房屋，以房屋四面墙体外侧为界测量；毗连房屋四面墙体，在房屋所有人指界下，区分自有墙、共有墙或借用墙，以墙体所有权范围为界测量。每幢房屋除按《地籍调查规程》要求的精度测定其平面位置外，应分幢分户丈量作图。

2. 房角点测量技术要求

以房屋外墙勒脚以上（100±20）cm 处墙角为测点。房角点测量一般采用极坐标法、直角坐标法、截距法、边长交会法等方法测量。

3. 房屋附属设施测量技术要求

柱廊以柱外围为准；檐廊以外轮廓投影、架空通廊以外轮廓水平投影为准；门廊以柱或围护物外围为准，独立柱的门廊以顶盖投影为准；挑廊以外轮廊投影为准；阳台以底板投影为准；门墩以墩外围为准；门顶以顶盖投影为准；室外楼梯和台阶以外围水平投影为准。

4. 其他构（建）筑物测量技术要求

其他构（建）筑物是指不属于房屋，不计算房屋建筑面积的独立地物以及工矿专用或公用的贮水池、油库、地下人防干支线等。测量时应根据构（建）筑物的几何图形测定其定位点。亭以柱外围为准；塔、烟囱、罐以底部外围轮廓为准；水井以中心为准。

5. 房屋等构（建）筑物共有部位的认定与测量

共有部位测量前，须对共有部位进行认定。针对房屋，可参照购房协议、房屋买卖合同中设定的房屋共有部位，经实地调查后予以确认并测量。

6. 古建民居测量技术要求

针对古建民居，可沿用已使用的方法进行测量和表达。

（二）房屋及附属设施数据采集

1. 采集房屋及附属设施数据的技术要求

（1）丈量房屋边长以勒脚以上墙角为准。形状规则房屋的应采集总长及分段长度并校核；采用几何要素法计算房屋建筑面积时，房屋边长丈量精度要求如下：

房屋边长小于等于 50m 时，边长检核较差不大于±0. 04m。房屋边长大于 50m 时，边长检核较差不得超过下式的估算值：

$$\Delta D = \pm 0.02 \times (1 + 0.02 \times D) \qquad (2-2-26)$$

式中：D 为丈量的边长；ΔD 为边长检核较差。

宅基地上的房屋边长检核较差不大于±10cm。

（2）形状不规则或直接丈量有困难导致不能够采用几何要素法计算面积的房屋，可实测房角点坐标，采用坐标法计算房屋建筑面积。实测房角点坐标的精度应满足表2-2-12的要求。

2. 斜坡屋顶及倾斜房屋的测量

当一间（单元）房屋的屋顶为斜坡屋顶或房屋的墙体为内倾斜时，应分别测量结构净高在2.10m以上和以下两部分的边长数据并附略图说明。当房屋的墙体向外倾斜时，边长尺寸应量至倾斜位置的底部。

3. 阳台、平台、廊和窗的测量

阳台需采集的数据为阳台顶板水平投影尺寸。柱廊按柱的外围水平投影测量；若柱子突出围护结构外侧的，测量至围护结构外侧。飘窗需要量取窗外侧与主体墙体的位置数据，量取窗台与楼（地）面之间的位置数据，窗底板到顶板之间的垂直距离。

4. 房屋墙体数据采集

（1）采集房屋内的边长与墙体厚度数据时，应在未进行装饰贴面处理的部位量取。

（2）采集房屋外的边长与墙体厚度数据时，除记录包含外墙装饰贴面厚度外，还应现场记录装饰贴面厚度。装饰贴面厚度应根据现场具体情况尽可能实测。

（3）同一楼层墙体厚度不同时，应分段测量。

（4）对地下空间（含地下室）进行边长测量时，可实测室内边长和外墙厚度；当外墙厚度无法实测时，可采用建筑施工图数据。

5. 车位（地下车位）、商业摊位等特殊房屋数据采集

（1）车位（地下车位）、商业摊位的界线确定应经规划、消防审核通过。界线宜由界址点或线界组成。

（2）以界址点或线界连线作为界线的车位、商业摊位，建筑面积应量取相邻界址点或线界各自的相对位置数据。

（3）车位、商业摊位有围护结构的，量取围护结构内空间距离和围护结构厚度。

（三）建筑物高度及层高测量

1. 建筑物高度及层高测量的主要内容

建筑主出入口及单元入口处的室外地坪、室内各层地坪（含±0.000）、屋顶女儿墙顶、屋面上围护栏杆顶、屋顶构件、屋面上的楼梯间和机房间、坡屋顶的檐口与屋脊和建筑物最高点的高程。

2. 建筑物高度及层高计算

（1）建筑物层高应按建筑物上下两层楼面面层或地面面层的垂直距离计算，屋顶层层高应按楼面与屋面结构面的垂直距离计算。

（2）建筑层数按下列规定计算：①房屋层数是指房屋结构层高在 2. 20m 及以上的自然层数，按室内地坪±0. 000 以上计算，自下而上用自然数表示；地坪±0. 000 以下为地下层数，自上而下用负整数表示；室内顶板面高出室外设计地面的高度 1. 50m 以上的地下或半地下室，该房屋计算自然层数；房屋总层数为房屋地上自然层数与地下层数之和；一层为车棚或者车库的，以建设工程规划许可的图纸标注为准。②旋转上升式的楼房，按地坪±0. 000 以上计算，以其旋转一周且层高 2. 20m 及以上的水平投影为自然层，所在层次按对应的自然层次编号。③错层房屋的层数按自然层来划分。④室内顶板面高出室外设计地面的高度不大于 1. 50m 的地下或半地下室，以及设置在建筑底部且室内高度不大于 2. 20m 的自行车库、储藏室和敞开空间等不计层数。⑤夹层、插层、阁楼和装饰性塔楼等，以及突出屋面的楼梯间、电梯机房和水箱间等不计层数。⑥斜面结构屋的坡形屋结构净高 2. 10m 及以上的部分占整个顶层中层面建筑面积的 2/3 以上时，该层计入房屋自然层数。⑦经规划部门审核批准建在自然层（标准层）之间或自然层内，且可利用空间的垂直高度在 2. 20m 以上的设备层、转换层等计入房屋自然层数。

3. 建筑物高度及层高施测位置

建筑物高度测量及层高测量施测位置应参考竣工剖、立面图或各层平面图确定。

4. 建筑物高度及层高施测

（1）建筑物底层室内、外地坪的标高宜采用几何水准测量，其余各层地坪可用测距仪、钢尺实量等方法施测；各屋脊、檐口和女儿墙高度可采用三角高程、钢尺或测距仪实量等方法施测，两次测量值的较差不得大于±0. 05m，取平均值作为最终值。

（2）对技术层、±0. 000 层或住宅层以下各层，且层高在 2. 00m 至 2. 40m 的，应加测结构净高检核；单独的地下车库宜同时测量室内地坪及结构净高；同一楼层分为多个不同层高的建筑空间时，须分别对各区间测量层高。

建筑物的高度及层高测量结束后，应编制高度测量略图和层高测量略图，并符合下列规定：

（1）高度测量略图和层高测量略图需加注以±0. 000 标高为起点的比高值，与建筑设计图纸对应。

（2）高度测量略图应结合北立面、东立面等影响日照的竣工立面图绘制；一个立面不能表示清楚时，应加绘其他立面图。

(3) 略图中应标注比高和高程数据；比高位置参照竣工立面图，±0.000 位置需绘出，并标注高程；±0.000 位置以下的加“—”标注。

(4) 层高测量略图应结合竣工剖面图绘制，一个剖面不能表示清楚时，应加绘其他剖面图，并注明剖面编号；层高略图中±0.000 位置应标注绝对高程值。

(四) 无居民海岛上的建筑物和设施测量

1. 测量精度

测量精度的要求如下：建筑物和设施边长中误差不超过±（0.05m+d/1000），高度中误差不超过±（0.05m+h/1000）[1]。

2. 建筑物和设施边长测量

采用实地丈量法、光电测距法等方法测量建筑物和设施外缘线投影的边长。按照《地籍调查规程》中房屋和构（建）筑物测量面积测算的方法与精度要求执行。边长单位为米（m），结果取小数点后 2 位。

3. 建筑物和设施高度测量

建筑物和设施高度测量的技术要求如下：

(1) 高度认定。建筑物高度包括以下内容：①对于平面屋顶的建筑物和设施，应测量屋顶楼面到室外地坪的相对高度；②对于坡屋面或其他曲面屋顶的建筑物和设施，应测量屋顶最高点至室外地坪的相对高度。

(2) 高度测量方法。可采用实地垂线丈量法、光电测距法、三角高程法等方法测量建筑物和设施高度。高度单位为米（m），结果取小数点后 2 位。

五、地籍图测绘

(一) 地籍图的含义、特征与分类

地籍图是指按特定的投影方法、比例关系，采用专用符号，突出表示地籍要素的地图。地籍图的内容包括行政区划要素、地籍要素、地形要素、数学要素和图廓要素。

地形图上主要从自然认知的视角描绘地物地貌，反映地表形态。地形图根据测图比例尺、地形特征和地表覆盖状况全部选取或综合选取相应内容。地形图可以作为工程设计、铁路、公路、地质勘查等施工的工程用图，广泛服务于国民经济建设和国防建设。地籍图的内容、测制方法、用途，除与地形图相同外，还有以下特征：

[1] d 和 h 分别表示建筑物和设施的边长和高度，单位为米（m）。

（1）地籍图覆盖全部国土。虽然地籍图是专题地图，但是国土范围内的每一块土地、海域及其房屋、林木等定着物都有归属，每一块土地或海域都有确定的利用状态，并且无一遗漏，整个国土面积，不论城镇、农村，还是边远地区，均必须全覆盖测设地籍图。

（2）地籍图上突出反映土地、海域及其定着物的地籍要素。地籍图除表示地籍区界线、地籍子区界线、界址线、界址点、图斑界线等独有的地籍空间要素外，还需要突出注记不动产单元标识符（不动产单元代码），这些不动产单元标识符将地籍空间要素与地籍属性要素（权属要素、利用要素）有机地联系在一起，既可根据地籍图上的不动产单元代码检索查阅地籍图上不动产单元的权利人、权利类型、权利性质、界址边长、面积等地籍属性要素，也可根据地籍簿册中的不动产单元代码查阅不动产的空间位置及其界址点线的位置，这不仅增强了地籍图的可读性，也符合地图美观性的要求。

（3）地籍图上有选择地表示地形要素。不动产单元的形状和大小与地形要素密切相关，地形要素也是地籍图上应该表示的主要内容。在地籍图上，房屋、河流、等级公路、铁路、主要植被等地物要素必须表示，而围墙、田埂、沟渠、篱笆、栏栅、铁丝网、小路、田坎、山脊线、山谷线、坡顶线、坡底线、等高线、高程注记点等地物地貌要素可择要表示，选择的原则是这些地物地貌要素是否是权属界线或地类界线依附的标的物，是否对于认定权属界线或划分地类图斑具有参考价值。

（4）权属调查成果是测制地籍图的主要基础资料。正确的地籍调查程序是先开展权属调查，后测制地籍图。权属调查成果中的界址点、界址线的位置、类型及其相关说明是认定界址点线的唯一依据，是测绘地籍图选择地形要素的主要依据。

（5）服务对象广泛。由于地籍图提供了统一的地理空间参考系统和“人地权”三位一体权属空间定位系统，使之成为一种基础图件，广泛应用于自然资源管理、国土空间规划、公共限制管控、相关社会经济行政管理、科学研究等工作的基础图件。使用者在地籍图的基础上添加表示和描述各自所需的专题内容，为自己所用。

根据地籍图的特征，多用途地籍图不能理解为一张不管谁拿来就可以用的万能图，而是各类地籍图的集合。在这个集合中，可根据以下规则进行分类：

（1）按图幅形式和内容划分，可分为分幅地籍图、地籍岛图和不动产单元图。按照《地籍调查规程》规定的内容和标准分幅方法测制的地籍图，称为分幅地籍图；按照任意分幅（非标准分幅）方法测制的地籍图，称为地籍岛图，如采用任意分幅方式仅测绘表示了村庄、独立工矿范围的地籍要素和地形要素的地籍图；以宗地、宗海或房屋的幢、层、套、间为单位绘制的地籍图，称为不动产单元图，如宗地图、宗海图、房产图等。

（2）按城乡地域差异划分，可分为农村地籍图和城镇村庄地籍图。覆盖农村地区，主要表示土地所有权或土地承包经营权的地籍图，称为农村地籍图；覆盖城镇村庄范围，主要表示建设用地使用权、宅基地使用权、集体建设用地使用权的地籍图，称为城镇村庄地籍图。一般情况下城镇村庄地籍图的比例尺要大于农村地籍图。

（3）按图的载体划分，可分为模拟地籍图和数字地籍图。以纸质、聚酯薄膜为载体测制的地籍图，称为模拟地籍图；以磁质为载体，用数字表示地籍要素的地籍图，称为数字地籍图。

（4）按用途划分，可分为税收地籍图、产权地籍图和多用途地籍图。主要用于不动产税费征收的地籍图，称为税收地籍图；主要用于保护不动产产权的地籍图，称为产权地籍图；除用于税收、产权保护外，还可用于土地管理、自然资源管理、国土空间规划、相关社会经济行政管理等领域的地籍图，称为多用途地籍图。

虽然分类方法众多，但是我国现阶段主要测绘制作的地籍图有城镇地籍图、宅基地和集体建设用地的使用权地籍图、集体土地所有权地籍图、自然资源地籍图、土地利用现状图、不动产单元图等。

（二）地籍图比例尺

地籍图比例尺的选择应满足地籍管理的需要。地籍图需准确地表示土地、海域的权属界址及其定着物的细部位置，为地籍管理提供基础资料，特别是不动产测量的成果资料将提供给很多部门使用，故地籍图应选用大比例尺。考虑到城乡土地经济价值的差异，农村地区地籍图的比例尺比城镇地籍图的比例尺可小一些。即使在同一地区，也可视具体情况及需要采用不同的地籍图比例尺。

对具体的区域而言，应选择多大的地籍图比例尺，必须根据以下原则来考虑：①繁华程度和土地价值。就土地经济而言，地域的繁华程度与土地价值密切相关，对于城镇尤其如此。城镇的商业繁华地区主要是指商业和金融中心。对城镇黄金地段，要求地籍图对地籍要素及地物要素的表示需十分详细和准确。因此，必须选择大比例尺测图，如1∶500、1∶1000。②建设密度和细部粗度。一般来说，建筑物密度大，其比例尺可大些，使地籍要素能清晰地上图，避免图面负载过大、地物注记相互压盖。反之建筑物密度小的地方，选择的比例尺就可小一些。另外，表示房屋细部的详细程度与比例尺有关，比例尺越大，房屋的细微变化可表示得更加清楚。如果比例尺小了，细小的部分无法表示，可能会影响到地籍管理的准确性。

目前，世界上各国地籍图的比例尺系列不一，选用的比例尺最大为1∶250，最小为1∶50000。例如，日本要求城镇地区地籍图比例尺为1∶250~1∶5000，农村地区为1∶1000~1∶5000；德国要求城镇地区地籍图比例尺为

1∶500~1∶1000，农村地区为1∶2000~1∶50000。根据我国的国情，我国地籍图比例尺系列一般规定为1∶500、1∶1000、1∶2000、1∶5000、1∶10000和1∶50000等。依调查的不动产权利类型选择不动产地籍图的比例尺。

（1）集体土地所有权调查，地籍图的基本比例尺为1∶10000。有条件的地区或城镇周边的区域可采用的比例尺为1∶500、1∶1000、1∶2000、1∶5000。在荒漠、沙漠、高原、牧区等地区可采用的比例尺为1∶10000或1∶50000。

（2）耕地、林地、草地、水域滩涂等土地承包经营权调查及农用地的使用权调查，地籍图的基本比例尺为1∶2000，也可采用1∶500、1∶1000、1∶5000或1∶10000；在荒漠、沙漠、高原、牧区等地区可采用的比例尺为1∶50000。

（3）建设用地使用权调查、宅基地使用权调查，地籍图的基本比例尺为1∶500，山区、人口密度低的区域可采用的比例尺为1∶1000或1∶2000。对采矿用地、风景名胜用地、设施农用地、特殊用地、铁路用地、公路用地等区域可采用的比例尺为1∶1000和1∶2000。

（4）海域使用权调查，地籍图比例尺应与所采用的工作底图的比例尺保持一致，也可根据具体情况做出合适的选择，可选择的比例尺包括1∶500、1∶1000、1∶2000、1∶5000、1∶10000和1∶50000等。

（三）地籍图的分幅与编号

依不同的比例尺，地籍图的分幅方法如下：

（1）1∶50000的地籍图，以1∶100万国际标准分幅为基础，采用24×24的行列分幅编号。图幅大小为经差15′、纬差10′。

（2）1∶10000的地籍图，以1∶100万国际标准分幅为基础，采用96×96的行列分幅编号。图幅大小为经差3′45″、纬差2′30″。

（3）1∶5000的地籍图，以1∶100万国际标准分幅为基础，采用192×192的行列分幅编号。图幅大小为经差1′52.5″、纬差1′15″。

如图2-2-26所示，地籍图按国际标准分幅编号，编号均以1∶100万比例尺地形图为基础，采用行列编号方法，由其所在1∶100万比例尺地形图的图号、比例尺代码和图幅的行列号共十位码组成。

比例尺代码采用大写英文字母表示，如表2-2-22所示。H50G060005为一幅1∶10000农村地籍图的编号。

表2-2-22 比例尺代码表

比例尺	1∶500000	1∶250000	1∶100000	1∶50000	1∶25000	1∶10000	1∶5000
代码	B	C	D	E	F	G	H

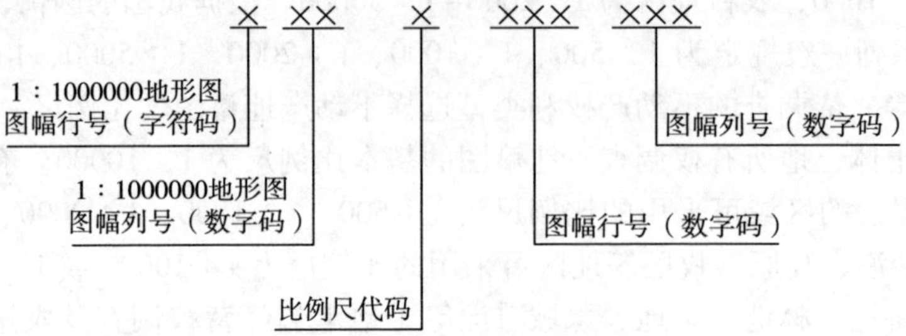

图 2-2-26 地籍图编号的构成

（4）1：500、1：1000、1：2000 的地籍图可采用正方形分幅（50cm×50cm）或矩形分幅（40cm×50cm）。图幅编号按照图廓西南角坐标公里数编号，*X* 坐标在前，*Y* 坐标在后，中间用短横线连接。

如图 2-2-27 所示，当采用正方形分幅时，其编号的方法如下：

1：2000 比例尺地籍图的图幅编号为：689-593；

1：1000 比例尺地籍图的图幅编号为：689.5-593.0；

1：500 比例尺地籍的图幅编号为：689.75-593.50。

如图 2-2-28 所示，当采用矩形分幅时，其编号方法如下：

1：2000 比例尺地籍图的图幅编号为：689-593；

1：1000 比例尺地籍图的图幅编号为：689.4-593.0；

1：500 比例尺地籍图的图幅编号为：689.60-593.50。

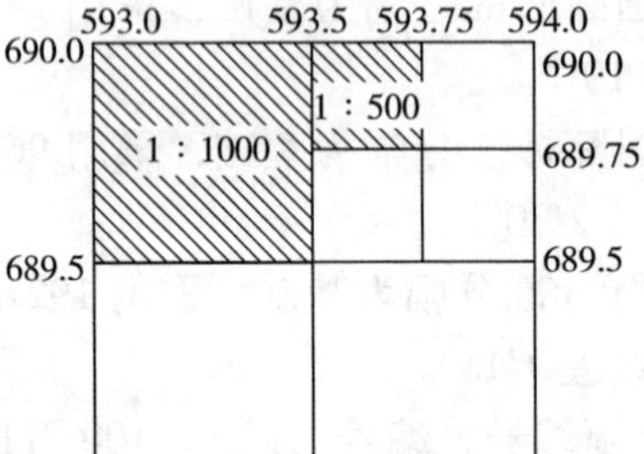

图 2-2-27 正方形分幅

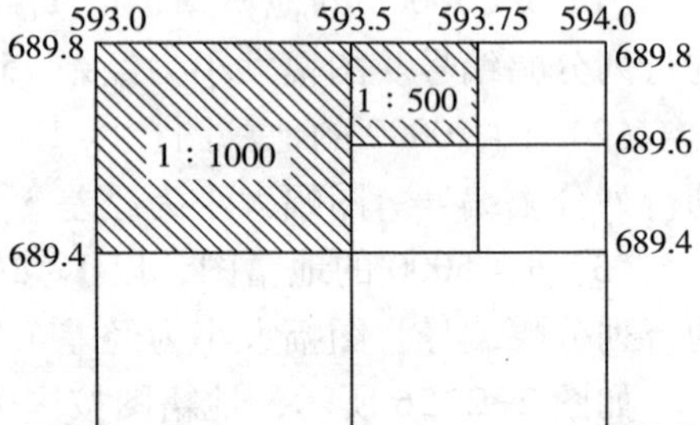

图 2-2-28 矩形分幅

（四）基本精度要求

不同的测绘方法，地籍图上界址、地物等要素的精度是不同的。其界址点的平面位置精度如表 2-2-13、表 2-2-14 和表 2-2-15 所示，明显地物点的平面位置精度如表 2-2-23 和表 2-2-24 所示。

表 2-2-23　全野外数字测图和数字摄影测量法成图的平面位置精度

序号	项　目	图上中误差/mm	图上允许误差/mm	备注
1	邻近房角点之间、邻近明显地物点之间、邻近房间点与明显地物点之间的间距误差	±0.4	±0.8	建设用地隐蔽区域及荒漠、高原、山地、森林等区域可放宽至1.5倍
2	房角点和明显地物点相对于邻近控制点的点位误差	±0.5	±1.0	

表 2-2-24　数字编绘法成图的平面位置精度

序号	项　目	图上中误差/mm	图上允许误差/mm	备注
1	邻近房角点之间、邻近明显地物点之间、邻近房间点与明显地物点之间的间距误差	±0.6	±1.2	荒漠、高原、山地、森林及隐蔽地区等可放宽至1.5倍
2	房角点和明显地物点相对于邻近控制点的点位误差	±0.6	±1.2	

（五）测绘方法

全野外数字测绘、数字摄影测量法和数字编绘法都可用于测绘地籍图。

1. 全野外数字测绘方法

全野外数字测绘方法用于测绘1∶500、1∶1000、1∶2000比例尺的地籍图，其测量工具主要包括全站仪、钢尺和GNSS接收机等，这些工具应检定合格并在有效期内方能用于作业。基本技术要求如下：

（1）按照本节“三、界址测量”所述的方法测量界址点。明显地形要素可采用极坐标法测量，也可采用RTK方法（含CORS）定位方法测量；可采用角度交会法、距离交会法、直角坐标法和截距法施测隐蔽地形要素。

（2）外业测量时，如果有相同比例尺的工作底图，则在底图上详细标注地形要素测量点的编号、属性和点与点之间的连接方式；如果没有工作底图，则应现场绘制地形要素观测草图。

（3）根据工作底图、权属调查成果和现场观测草图，在计算机上采用数字测量软件系统导入外业测量数据，编辑处理生成地籍图。地籍图的数据内容、数据质量、数据分层、要素代码等应符合数据库建设的要求。

2. 数字摄影测量方法

根据国内外的研究资料分析可知，摄影测量在不动产测绘中的应用主要有以下几个方面：一是测制多用途地籍图；二是用于土地利用现状分类的调查、制作农村地籍图和土地利用现状图；三是加密界址点坐标（主要用于农村地区土地所有权界址点加密）；四是作为地籍数据库的数据采集站。

当用于制作城镇地籍图时，通常用全站仪实测界址点坐标。

摄影测量作为有别于普通测量技术的另一种测量技术，已广泛应用于地籍测量工作中。摄影测量已从传统的模拟法过渡到解析法并向数字摄影测量方向发展。

现阶段，摄影测量技术主要用于测制农村地籍图（集体土地所有权地籍图）。对农村地籍，界址点的精度要求较低，一般在0.25~1.50m之间（居民点除外），因此可在航片上直接描绘出土地权属界线的情况。如有正射像片或立体正射像片，则可直接从中确定出土地利用类别和土地权属界线，并方便地测算出各土地利用类别的面积和土地权属单位的面积。借助数字摄影测量系统可制作出数字线划土地利用现状图和农村地籍图。

数字摄影测量可用于1∶500至1∶50000之间系列比例尺地籍图的测绘。如果要求调查区域界址点精度符合表2-2-12的要求，则采用解析法测量界址点。如果解析界址点与数字摄影测量的地物点实地为同一位置时，应以解析界址点坐标代替地物点坐标。采用数字摄影测量法图解界址点的方法见本节“图解界址点测量”。

采用数字摄影测量方法测绘地籍图的技术路线为：将解析法测量的界址点坐标文件导入数字摄影测量系统，根据工作底图、权属调查成果和地形要素调绘成果，编辑处理生成地籍图。地籍图的数据内容、数据质量、数据分层、要素代码等应符合数据库建设的要求。其中地形要素的外业调绘可参阅航空摄影测量外业调绘的相关知识和技术标准。

3. 数字编绘法成图

如果调查区域有现势性强的正射影像图或地形图，按地籍管理的要求采用数字编绘的方法编绘地籍图，不失为快速、经济、有效的方法。

数字编绘法的技术路线为：以工作底图为基础，采用野外调绘方法或全野外数字测量方法或数字摄影测量方法，调绘、修补测地形要素，如道路、水系、地类界等。对需要满足表2-2-12规定的界址点应采用解析法测量其坐标。

根据具体情况，编绘成图的方法有两种，一是基于解析界址点的数字编绘法，二是基于图解界址点的数字编绘法。

基于解析界址点的数字编绘法。利用GIS（地理信息系统）平台，以工作底图为基础，根据宗地草图和宗海草图的数据、解析界址点坐标和调绘修补测的地形要素，编辑处理生成地籍图。地籍图的数据内容、数据质量、数据分层、要素代码应符合数据库建设的要求。

基于图解界址点的数字编绘法。利用GIS平台，在工作底图上，采用宗地草图和宗海草图的数据，依影像纹理定位界址点，同时依调绘修补测的地形要素，编辑处理生成地籍图。地籍图的数据内容、数据质量、数据分层、要素代码应符合数据库建设的要求。

4. 测绘方法的选择

从经济效率和时间效率来讲，数字编绘法的效率最高，全野外数字测量法的效率最低；从测绘的总体精度来讲，全野外数字测绘法的精度最高，数字编绘法的精度最低。

应统筹考虑基础条件、工作需求、经济可行性和技术可能性，按照权属调查的结果，因地制宜，审慎科学地选择符合本地区实际的地籍图的测绘方法。

（1）对城镇、村庄、独立工矿等区域，宜采用全野外数字测绘。

（2）对农村区域，宜采用数字编绘法或数字摄影测量法；对经济发达的农村区域，也可采用全野外数字测绘。

（3）对海域，综合构（建）筑物的密度、规模及其离岸地远近等因素，分别选择全野外数字测绘方法、数字编绘法或数字摄影测量法。无居民海岛宜采用全野外数字测绘方法或数字摄影测量法。

应以地籍图为基础编制宗地图和宗海图。应以宗地图或宗海图为基础，利用房屋等构（建）筑物的权属调查成果和建筑面积测量成果编制房产图。

（六）地籍图的内容和表示方法

地籍图的内容包括行政区划要素、地籍要素、地形要素、数学要素和图廓要素。地籍图上，除下列内容或表示方法外，依不同的比例尺，分别按照《国家基本比例尺地图图式第1部分：1∶500 1∶1000 1∶2000地形图图式》（GB/T 20257.1—2017），以及GB/T 20257.2—2017和GB/T 20257.3—2017等技术标准执行。

1. 行政区划要素

行政区划要素主要指行政区界线和行政区名称。行政界线级别从高到低依次为省级界线、市级界线、县级界线和乡级界线，其表示的基本方法如下：

（1）不同等级的行政区界线相重合时应遵循高级覆盖低级的原则，只表示高级行政区界线，行政区界线在转折处不得间断，应在转折处绘出点或线。

（2）当按照标准分幅编制地籍图时，应在内外图廓线之间、乡（镇、街道办事处）与内图廓线的交会处的两边注记乡（镇、街道办事处）的名称。

（3）有海域的地籍图上还应表示海域行政界线（海域勘界线、大陆海岸线、有居民海岛岸线、无居民海岛岸线、领海基线和领海外部界限等）。

（4）地籍图上不注记行政区代码和邮政编码。

2. 地籍要素

地籍要素包括行政村界线、地籍区界线、地籍子区界线、土地权属界址线和界址点、图斑界线、地籍区代码、地籍子区代码、宗地号（含宗地特征码和宗地顺序号）、地类编码、坐落、幢号等，其表示的基本方法如下：

（1）界址线或行政村界线与行政区界线相重合时，只表示行政区界线，同时在行政区界线上标注土地权属界址点。

(2) 地籍区、地籍子区界线叠置于省级界线、市级界线、县级界线、乡级界线、行政村界线或土地权属界线之下；叠置后其界线仍清晰可见。当按照标准分幅编制地籍图时，应在内外图廓线之间、地籍区和地籍子区与内图廓线的交汇处的两边注记地籍区代码和地籍子区代码。

(3) 对于土地使用权宗地，宗地号及其地类编码用分式的形式标注在宗地内，分子注宗地号，分母注地类编码；对于集体土地所有权宗地，分子注集体土地所有权人名称，分母注宗地号，地类编码注记在图斑适中位置；宗地太小注记不下时，允许移注在空白处并以指示线标明。宗地的坐落可选择性注记。

(4) 按照标准分幅编制地籍图时，若地籍区、地籍子区、宗地被图幅分割，其相应的编号应分别在各图幅内按照规定注记；如分割的部分太小注记不下时，允许移注在空白处并以指示线标明。

(5) 地籍图上应注记单位名称和住宅小区名称；土地权利人为自然人时，不宜将其名称注记在分幅地籍图上。

(6) 可根据需要在地籍图上绘出土地级别界线，注记土地级别。

(7) 地籍图上的宗海号及其用海类型编码用分式的形式标注在宗海内，分子注宗海号，分母注用海类型编码；宗海太小注记不下时，允许移注在空白处并以指示线标明。宗海的坐落可选择性注记。

3. 地形要素

地籍图上主要地形要素包括房屋、构（建）筑物、道路、水系、植被、地理名称、高潮位线、低潮位线等；界址线依附的地形要素（地物、地貌）应表示，不可省略；可根据需要表示地貌要素，如等高线、高程注记、悬崖、斜坡、独立山头等。

地籍图上的海域部分，还应表示海岸线（海陆分界线）、水深渲染、明显标志物等。

4. 数学要素

数学要素包括内外图廓线、内图廓点坐标、坐标格网线、控制点、比例尺、坐标系统等。

5. 图廓要素

图廓要素包括分幅索引、密级、图名、图号、制作单位、测图时间、测图方法、图式版本、测量员、制图员、检查员等。

（七）不动产单元图的编制

不动产单元图包括宗地图、宗海图和房产图。

1. 宗地图的编制

以地籍图为基础，利用地籍数据编绘宗地图，其比例尺和幅面应根据宗地的大小和形状确定，比例尺分母以整百数为宜。宗地图内容及其表示方法如下：

（1）宗地代码、所在图幅号、宗地面积、地类号等，可不表示权利人的名称或姓名。

（2）本宗地界址点、界址点号、界址线、界址边长、门牌号码，其中门牌号码标注在宗地的大门处。

（3）以幢为单位的房屋要素，包括房屋的幢号、建筑结构、总层数等。其中幢号可用（1）（2）（3）…表示，也可用（0001）（0002）（0003）…表示，幢号标注在房屋轮廓线内的左下角。

（4）用加粗黑线表示建筑物区分所有权专有部分所在房屋的轮廓线。如果宗地内的建筑物，不存在区分所有权专有部分，则不表示。

（5）用地类界表示林木权属界线。在土地承包经营权宗地范围内用（1）（2）…（N）表示林木所有权地块的编号，并标注在地块范围内的适当位置。

（6）宗地内的地类界线、构（建）筑物及宗地外紧靠界址点、界址线的定着物、邻宗地的宗地号及相邻宗地间的界址分隔线。

（7）房屋的挑廊、阳台、架空通廊等以栏杆外围投影为准，用虚线表示。

（8）相邻的道路、街巷等名称。

（9）指北方向、比例尺、界址测量方法、制图者、制图日期、审核者、审核日期等。

（10）地籍调查材料中的宗地上表示测绘单位的名称并加盖印章，不动产权证书附的宗地图上表示不动产登记机构的名称并加盖印章。

2. 宗海图的编制

宗海图包括宗海位置图和宗海界址图。宗海位置图用于反映宗海的地理位置；宗海界址图用于反映宗海的形状及界址点分布。当宗海位置图无法清晰反映各宗海间相对位置关系时，应增加反映同一用海项目内多宗宗海之间平面布置、位置关系的宗海平面布置图。

1）底图编制

底图应采用最新的能反映毗邻海域与陆地要素（海岸线、地名、等深线等）的国家基础地理信息图件、遥感影像或海图。宗海位置图底图可采用数字线划图，或栅格格式的地形图、海图，或空间分辨率不低于 10m 的遥感影像图。宗海界址图底图与宗海平面布置图底图应采用数字线划图。

宗海图底图基础地理信息应包括海域、海岛、陆地、海岸线、等深线、水深点、河流、主要居民地、海域和陆地行政界线，以及海岛、海湾、河口、海峡、重要地名等注记。涉及国际光缆等项目的，宗海图底图还应包括领海外部界线。大陆海岸线采用国家、省批准的最新海岸线修测成果；海岛海岸线以实测为准；行政界线采用批准的陆地行政界线和海域行政界线。宗海位置图底图应标注等深线或水深点；宗海界址图底图和宗海平面布置图底图可根据实际情况，不标注等深线和水深点。

2）宗海位置图的编制

宗海位置图的主要内容包括项目用海地理位置与平面轮廓信息、底图、项目用海位置文字说明、坐标系、投影、测绘单位、图名、比例尺、图廓、经纬度注记及指北针等。宗海位置图编绘要求如下：

（1）项目用海位置与平面轮廓信息。以项目用海范围形成的图斑，清楚、准确地编绘出项目用海的地理位置、平面轮廓及其与区域中重要地物的相对位置关系。以箭头指引，突出标示一个或一个以上典型界址点的坐标，坐标可置于矩形图框中。

（2）项目用海位置文字说明。以简要的文字说明项目用海所处位置，一般不超过 40 字。项目用海位置文字说明置于矩形图框内，一般布置在图面左下角，矩形图框高宽比 1∶2，大小根据文字数量确定。

（3）制图信息列表、图名、比例尺、图廓、经纬度注记及指北针等成图要素参考宗海图版式说明部分。

3）宗海界址图

宗海界址图的主要内容包括宗海界址信息、底图、毗邻宗海信息、界址点坐标列表、宗海内部单元列表、坐标系、投影、测绘单位、图名、比例尺、图廓、经纬度注记及指北针等。宗海界址图编绘要求如下：

（1）界址点编绘。以界址点坐标为基础，通过计算机制图系统进行编绘。界址点原则上从每一用海单元左下角开始标注，界址点编号统一采用阿拉伯数字，从 1 开始逆时针方向连续顺编。不同宗海内部单元界址点编号按照海域使用方式二级类次序编排。对于界址点较多且连续编号的用海单元，以清晰反映宗海界址为原则，可只标注关键界址点；对于弧形界址区域，在弧形两端与顶点界址点编绘的基础上，应适当增加界址点数量，以反映弧形特征。对于圆形界址区域，可采用圆心坐标与圆半径来表达用海单元界址范围。

（2）界址线编绘。将宗海内部单元的界址点，按照逆时针方向进行顺序直线连线，形成闭合的界址线。

（3）宗海内部单元编绘。宗海内部单元以多边形图斑形式编绘。

（4）毗邻宗海信息。毗邻宗海信息包括周边毗邻宗海图斑、项目名称等信息。

（5）界址点坐标列表。宗海界址图应列置界址点坐标列表，界址点坐标单位采用度、分、秒，秒后保留 3 位小数，界址点编号与图中编号对应，顺序列表，如图 2-2-29 所示。如果界址点个数较多，列表空间不足时，可加附页列表填写界址点编号及坐标，并加注承接说明，在附页上签署测量人、绘图人和审核人的姓名，注明测绘单位并加盖单位印章。

界址点编号及坐标（北纬|东经）		
1	yy° yy′ yy.yyy″	xxx° xx′ xx.xxx″
2	yy° yy′ yy.yyy″	xxx° xx′ xx.xxx″
3	yy° yy′ yy.yyy″	xxx° xx′ xx.xxx″
4	…	…
5	…	…
6	…	…
7	…	…
8	yy° yy′ yy.yyy″	xxx° xx′ xx.xxx″

（列宽：10mm、30mm、30mm；行高：5mm）

图 2-2-29 界址点坐标列表

（6）宗海内部单元列表。宗海界址图应列置宗海内部单元列表，包括内部单元、用海方式、界址线和面积，如图 2-2-30 所示。内部单元按照单元具体用途填写。用海方式采用二级用海方式。界址线采用界址点编号加“—”表示，界址点编号首、尾相同。对于界址点较多的内部单元，为方便书写，连续编号部分可采取中间省略的方式，如：“1—2—…—79—80—1”。面积单位为公顷（hm^2），小数点后保留 4 位小数。

内部单元	用海方式	界址线	面积/hm^2
××	××	8–9–10–11–12–8	××.××
××	××	1–…–8–12–…–15–1	××.××
宗海		1–2–3–…–12–13–14–15–1	××.××

（列宽：15mm、15mm、23mm、17mm；行高：5mm、7mm）

图 2-2-30 宗海内部单元列表

（7）对于海上风电、跨海桥梁、海底电缆管道等平面布局比较复杂或所占用海域跨度较大的用海，为同时清晰反映宗海的形状以及界址点分布情况，宗海界址图可在整体反映宗海平面分布情况的基础上，对于典型、重要、复杂区域采用局部放大的方式编绘。采用局部放大方式编绘时，使用标注框形式；在标注框内右下角放置比例尺。标注框图幅及比例尺以能清晰反映宗海的形状及界址点分布为宜。

（8）对于海底电缆管道、跨海桥梁、道路等长宽尺寸相差悬殊的用海，可根据实际情况，采用局部不等比例方式移位编绘，以清楚反映宗海界址点分布为宜。

（9）对于立体确权用海，本宗海按照相关要求编绘，与本宗海发生重叠的宗海，按照毗邻宗海处理，重叠部分只体现本宗海图斑。

4）宗海平面布置图

宗海平面布置图应反映同一项目的各宗海及其内部单元之间的平面布置及位置关系。宗海平面布置图只编绘界址线和宗海内部单元图斑。宗海平面布置图的主要内容包括属于同一项目的各宗海及其内部单元平面布置信息、底图、坐标系、投影、测绘单位、图名、比例尺、图廓、经纬度注记及指北针等。

5）宗海图版式

（1）图幅。宗海位置图、宗海界址图、宗海平面布置图各自单独成图，一般采用A4幅面，满幅面设计；当A4幅面不能满足要求时，可调整图幅至A3，图中相关字号、线宽可随图幅适当调整。

（2）图面配置。宗海位置图、宗海平面布置图应将整个图面置于图幅框内，制图信息列表置于右下部。宗海界址图图幅左边为图面，右边从上向下依次配置界址点坐标列表，宗海内部单元列表，制图信息列表。图面一般应占到图幅区域的2/3以上。

（3）图廓。图廓由图幅图廓与图面图廓组成。

（4）宗海位置图、宗海平面布置图添加经纬网，并标注主要经纬度。根据图幅范围采用合适单位间隔进行等距标注，经度标注为“xxx°xx′xx″”，纬度标注为“yy°yy′yy″”，不跨度时中间标注经度可省略为“xx′xx″”，纬度可省略为yy′yy″。

（5）宗海界址图采用四角标注坐标，经度标注为“xxx°xx′xx″”，纬度标注为“yy°yy′yy″”。

（6）图名。宗海位置图的图名由“项目名+宗海位置图”构成，宗海界址图的图名由“项目名+宗海界址图”构成，宗海平面布置图的图名由“项目名+宗海平面布置图”构成，如果图名字数过多，可适当缩小字号。图名置于图幅上部。对于分宗编绘的宗海界址图，其项目名后加“（主体用途）”，主体用途相同的，可在主体用途后加数字区分。例如“×××项目（码头、栈桥及港池）宗海界址图”“×××项目（码头1）宗海界址图”。用于市场化出让方案制定等的宗海图，图名根据实际情况确定。

（7）比例尺。比例尺以数字方式表示，置于图框内，比例尺数值应归整。宗海位置图和宗海平面布置图的比例尺置于图面底部中间部位，以不影响图面要素表达为宜。宗海界址图的比例尺置于图面右下角位置，以不影响图面要素表达为宜，如图2-2-31所示。

（8）指北针。指北针采用箭头式图示，标注北方，黑白色显示，指北针箭头与标注“N”字母总体高1.0cm，宽0.50cm，一般置于图面右上角，分别距图面图廓上边界，右边界各2mm，如图2-2-32所示。如影响图面内容显示，可适当调整位置。

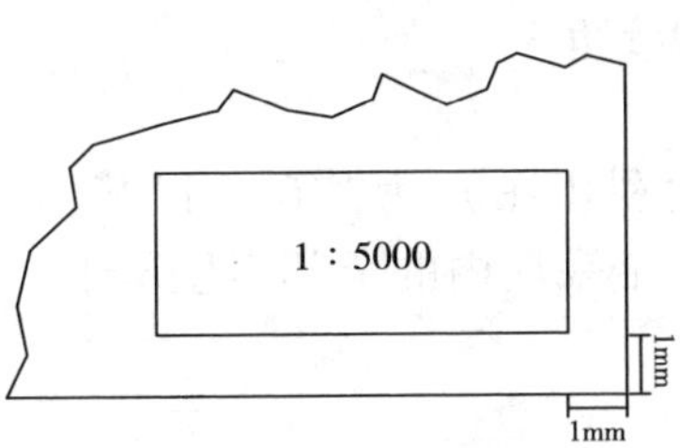

图 2-2-31　比例尺示意图

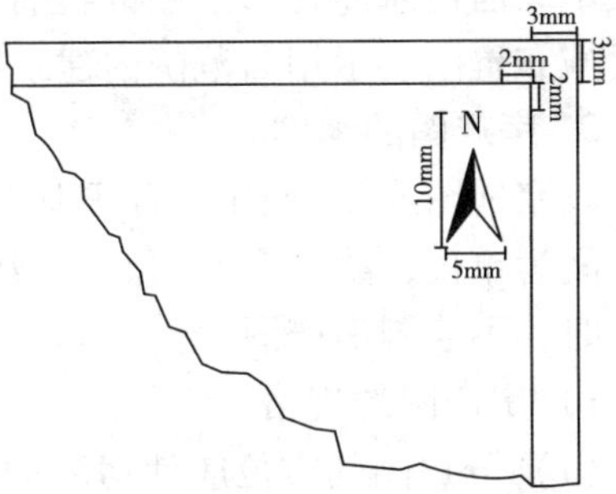

图 2-2-32　指北针示意图

（9）制图信息列表。制图信息列表主要包括成图基础数据以及测量单位信息，其中成图基础数据包括坐标系、投影、中央经线、高程基准和深度基准。测量单位信息包括测量单位、测量人、绘图人、绘制日期、审核人。制图信息采取列表形式表示，如图 2-2-33 和图 2-2-34 所示。

	15mm	25mm	15mm	25mm
7mm	坐标系		投影	投影名称（xxx° xx′）
5mm	高程基准		深度基准	
	测绘单位	（填写后须加盖资质单位印章）		
	测量人	（签名）	绘图人	（签名）
	绘制日期		审核人	（签名）
	15mm	25mm	15mm	25mm

图 2-2-33　宗海位置图、宗海平面布置图制图信息列表图示

	12mm	23mm	12mm	23mm
7mm	坐标系		投影	投影名称（xxx° xx′）
5mm	高程基准		深度基准	
	测绘单位	（填写后须加盖资质单位印章）		
	测量人	（签名）	绘图人	（签名）
	绘制日期		审核人	（签名）
	12mm	23mm	12mm	23mm

图 2-2-34　宗海界址图制图信息列表图示

无居民海岛开发利用图包括用岛范围图、建筑物和设施布置图。用岛范围

图表示无居民海岛在海区中的位置及用岛范围在无居民海岛上的位置；建筑物和设施布置图表示用岛范围内建筑物和设施的分布。

3. 房产图的编制

以宗地图或宗海图（含无居民海岛开发利用图）为基础，以幢，或层、套、间为单位，绘制房产图。一般情况下，一个宗地内的全部房屋属于一个权利人时，不绘制房产图。

1）房产图的规格

（1）分户图的方位应使房屋的主要边线与轮廓线平行，按房屋的朝向横放或竖放，分户图的方向应尽可能与分幅地籍图一致，如果不一致，需在适当位置加绘指北方向。

（2）可选用 A3、A4、A5，或 B5 等作为房产图的幅面。

（3）以地籍图、宗地图、宗海图（含无居民海岛）等为基础编绘房产图，可根据房屋的大小设计房产图的比例尺，比例尺分母以整百数为宜。

2）房产图的内容及其绘制方法

（1）以幢为单元的房产图，如果各层不一样，则按层分别绘制，不同层的空间投影范围一样，可只绘制一层的平面图，并注记“××层相同”；一张图纸上可绘制多层平面图。

（2）房屋轮廓线、房屋边长、专有部分权属界线、四面墙体的归属、比例尺、指北针、绘图员、绘制日期、绘制单位等按照相关规定绘制。

（3）坐落、宗地号、户号、幢号、结构、所在层次、总层数、专有建筑面积等标注在房产图框内。

（4）楼梯、走道等共有部位，需在范围内加简注名称及用途。

（5）存在周邻关系的房屋权属界线，包括墙体及其归属的表示按照相关规定绘制。

（6）房屋轮廓线、房屋所有权界线与土地使用权界线三者重合时，用土地使用权界线表示。

可将调查的房屋单元（幢、层、套、间）空间界限范围内的左下角部位空间坐标（X、Y、H）作为房屋坐落的附加注释在房产图上（空间标识）。

4. 不动产索引图的编制

为便于检索和使用，地籍调查工作结束后，应以县级行政辖区为单位编制不动产索引图。

不动产索引图主要表达本调查区内地籍区、地籍子区界线及其编号，不同比例尺测图区域的分区界线和主要道路、铁路、河流和地名等。

不动产索引图应以地籍图分幅结合表为基础编制；索引图的比例尺以一幅图能包含全调查区范围的标准确定。

六、土地、海域面积计算

（一）概述

1. 面积计算的方法

土地、海域面积计算是指土地、海域的水平投影面积计算，根据用于计算面积的坐标、边长、角度的获取方法不同，可分为解析法和图解法；根据计算公式的不同，又可分为坐标法和几何要素法。

（1）利用解析法获取的界址点坐标或界址点间距计算面积的方法称为解析法面积计算；利用图解法获取的界址点坐标或界址点间距计算面积的方法称为图解法面积计算。

（2）利用坐标计算面积的方法称为坐标法面积计算；利用边长、角度计算面积的方法称为几何要素法面积计算。

（3）解析法、图解法与坐标法、几何要素法相互组合，可综合得到四种面积计算方法，分别是解析坐标法、解析几何要素法、图解坐标法、图解几何要素法。

2. 面积计算中的投影面

边长、角度和坐标的投影面不一样，则面积值也不一样：

（1）如果边长、角度是从图上量取的，则计算的面积为地籍图的投影面水平面积。

（2）如果边长、角度是从实地量取的，则计算的面积为地表水平面面积。

（3）如果坐标是采用解析法测量的，并且计算坐标的边长未进行投影改正，则计算的面积为地表水平面面积，否则为所选平面坐标系统投影面上的水平面积。

（4）如果坐标是从图上量取的，则计算的面积为地籍图的投影面水平面积。

3. 面积计算的类型

土地、海域面积计算的类型有县级行政区面积、乡级行政区面积、行政村面积、地籍区面积、地籍子区面积、宗地面积、地类图斑面积、林木占地面积和宗海面积等。

4. 面积计算方法的选择

依据不同的区域可选择不同的土地、海域面积计算方法：

（1）对城镇、村庄、独立工矿等区域的建设用地，宜利用解析法测量的界址点坐标，采用坐标法计算宗地面积。

（2）对于分散、独立的建设用地，可利用解析法测量的界址点坐标，采用坐标法计算土地面积；如果界址点坐标是图解法测量的，则宜实地丈量界址边长采用几何要素法计算土地面积。

（3）对于海域和耕地、林地、园地、草地、水域、滩涂等用地，既可选择解析法也可选择图解法计算土地、海域的面积。

（4）图解法计算的宗地（海）面积，应在宗地调查表或宗海调查表中的说明栏注明："本宗地（海）面积为图解面积。"不动产登记时，应在不动产登记簿册和证书的说明栏注明："本面积为图解面积；条件许可时，应采用解析法计算的面积代替图解法计算的面积。"

（二）面积计算方法

计算土地、海域面积的方法主要有几何要素法和坐标法。

1. 几何要素法

几何要素法是指将多边形地块划分成若干简单的几何图形，如三角形、梯形、四边形、矩形等，在实地或图上测量边长和角度，以计算出各简单几何图形的面积，再计算出多边形地块总面积的方法。几何要素法计算面积的公式如下。

（1）三角形面积计算。如图 2-2-35 所示。

$$P = \frac{1}{2}ch_c = \frac{1}{2}bc\sin A = \sqrt{p(p-a)(p-b)(p-c)} \quad (2-2-27)$$

式中：$p=(a+b+c)/2$。

计算示例：一个三角形的三边的边长分别为 $a=15.64\text{m}$、$b=17.23\text{m}$、$c=14.32\text{m}$，求该三角形的面积。

$$p=(a+b+c)/2=23.595\text{m}$$

$$P=\sqrt{p(p-a)(p-b)(p-c)}=105.27\text{m}^2$$

（2）四边形面积计算。如图 2-2-36 所示。

$$P=(a\times d\times \sin A+b\times c\times \sin C)/2=(a\times b\times \sin B+c\times d\times \sin D)/2 \quad (2-2-28)$$

如果四边形为矩形，由于丈量时存在误差，则 $P=(a+c)(d+b)/4$。

计算示例：一块宅基地为近似矩形，丈量四条边的边长分别为 $a=15.34\text{m}$、$b=10.65\text{m}$、$c=15.29\text{m}$、$d=10.71\text{m}$，则此块宅基地的面积为：

$$P=(a+c)(d+b)/4=163.56\text{m}^2$$

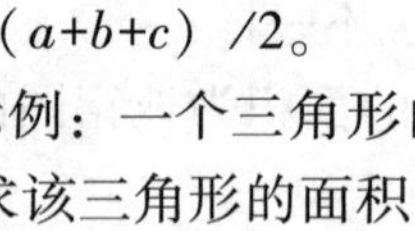

图 2-2-35　三角形面积

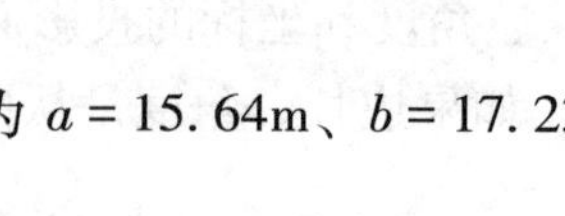

图 2-2-36　四边形面积

2. 坐标法

坐标法计算面积的公式见式（2-2-29）和式（2-2-30）。

$$P=\frac{1}{2}\sum_{1}^{n}X_i(Y_{i+1}-Y_{i-1}) \qquad (2-2-29)$$

$$P=\frac{1}{2}\sum_{1}^{n}Y_i(X_{i-1}-X_{i+1}) \qquad (2-2-30)$$

式中：P 为面积，m^2；X_i，Y_i 为第 i 个坐标点序号，m；n 为地块点个数。当 $i-1=0$ 时，$X_0=X_n$，$Y_0=Y_n$，当 $i+1=n+1$ 时，$X_{n+1}=X_1$，$Y_{n+1}=Y_1$。

计算示例：已知地块点个数为 4，坐标分别为 A（100. 00m，100. 00m），B（400. 00m，400. 00m），C（500. 00m，800. 00m），D（100. 00m，900. 00m），则该地块的面积为：

$$P=\frac{1}{2}\sum_{1}^{n}X_i(Y_{i+1}-Y_{i-1})=\frac{1}{2}[100\times(400-600)+400\times(800-100)+500\times(900-400)+100\times(600-800)]=205000.00m^2$$

（三）土地、海域面积精度估算

土地面积精度估算方法有两种，即坐标法面积计算精度估算和几何要素法面积计算精度估算。

1. 坐标法面积计算精度估算

如果采用坐标法计算宗地面积，其中误差的估算公式为：

$$M_s=\pm\frac{\sqrt{2}}{4}\times m_{界}\times\sqrt{\sum_{i=1}^{n}[(X_{i+1}-X_{i-1})^2+(Y_{i+1}-Y_{i-1})^2]} \qquad (2-2-31)$$

式中：M_s 为宗地面积中误差（限差取中误差的 2 倍），m^2；$m_{界}$ 为界址点中误差，m；（X_i，Y_i）为宗地第 i 个界址点的坐标，m；$i=1$，2，…，n；n 为界址点个数；当 $i-1=0$ 时，$X_0=X_n$，$Y_0=Y_n$，当 $i+1=n+1$ 时，$X_{n+1}=X_1$，$Y_{n+1}=Y_1$。

计算示例：已知某宗地界址点有 4 个，坐标分别为 A（100. 00m，100. 00m），B（400. 00m，400. 00m），C（500. 00m，800. 00m），D（100. 00m，900. 00m），其中 $m_{界}=\pm0.05m$，求该宗地面积中误差。

$$M_s=\pm\frac{\sqrt{2}}{4}\times m_{界}\times\sqrt{\sum_{i=1}^{n}[(X_{i+1}-X_{i-1})^2+(Y_{i+1}-Y_{i-1})^2]}=\pm\frac{\sqrt{2}}{4}\times m_{界}\times\sqrt{[(X_2-X_4)^2+(Y_2-Y_4)^2]+[(X_3-X_1)^2+(Y_3-Y_1)^2]+[(X_4-X_2)^2+(Y_4-Y_2)^2]+[(X_1-X_3)^2+(Y_1-Y_3)^2]}$$

$$=\pm\frac{\sqrt{2}}{4}\times m_{界}\times\sqrt{1980000}=\pm24.87m^2$$

2. 几何要素法面积计算精度估算

采用几何要素法计算的宗地面积，精度估算公式为：

$$M_s = 2 \times \sqrt{2} \times M_{界} \times \sqrt{S} \qquad (2-2-32)$$

式中：M_s 为宗地面积中误差（限差取中误差的 2 倍），m^2；$M_{界}$ 为界址边长中误差，m；S 为宗地面积，m^2。

计算示例：某宗地面积为 $200m^2$，界址边长中误差 $M_{界}=\pm 0.05m$，求该宗地的面积中误差。

$$M_s = 2 \times 1.414 \times 0.05 \times 1.414 \times 10 = \pm 2.00m^2$$

3. 土地面积精度估算方法说明

（1）当采用坐标法计算的宗地面积小于 1000 m^2 时，也可采用几何要素法面积计算精度估算公式计算中误差，限差取中误差的 2 倍。

（2）采用图解法计算面积时，两次独立计算的较差应满足下式的要求：

$$\Delta P \leqslant 0.0003 \times M \times \sqrt{P} \qquad (2-2-33)$$

式中：ΔP 为宗地面积中误差，m^2；M 为地籍图的比例尺分母；P 为计算面积，m^2。

计算示例：在 1∶5000 的比例尺大小中，某宗地面积为 $10000m^2$，求该宗地面积中误差的最大值。

$$\mathrm{Max}(\Delta P) = 0.0003 \times 5000 \times \sqrt{10000} = 150m^2$$

（四）面积的改正计算

采用坐标法计算的面积为投影面上的水平面积时，如果需要改正到地表水平面积或地表倾斜面面积，其改正的近似公式如下。

1. 投影面上的水平面积改正到地表水平面积的计算公式

$$S = S_0\left(1 + \frac{2H}{R}\right) \qquad (2-2-34)$$

式中：S 为地表面上的宗地水平面积，m^2；S_0 为投影面上的宗地水平面积，m^2；H 为地表面至投影面的距离，m；R 为地球平均半径，取 6370km。

计算示例：现有一块宗地在投影面上的面积为 $10000.00m^2$，地表面到投影面的距离为 2000.00m，求地表面上该宗地的水平面积。

$$S = S_0\left(1 + \frac{2H}{R}\right) = 10000 \times \left(1 + \frac{2 \times 2}{6370}\right) = 10006.28m^2$$

所以，该宗地地表面上宗地水平面积为 $10006.28m^2$。

2. 地表水平面积改正到地表倾斜面面积的计算公式

$$S_\alpha \approx S\left(1 + \frac{\alpha^2}{2}\right) \qquad (2-2-35)$$

式中：S_α 为地表面上的宗地倾斜面面积，m^2；S 为地表面上的宗地水平面面积，m^2；α 为坡度（取弧度）。

计算示例：现有一块宗地地表面上水平面积为 $10000m^2$，坡度为 $10°$，求该宗地的倾斜面面积。

$$S_\alpha = S\left(1+\frac{\alpha^2}{2}\right) = 10000\times\left(1+\frac{\left(\frac{10\times\pi}{180}\right)^2}{2}\right) = 10152.31m^2$$

所以，该宗地的倾斜面面积为 $10152.31m^2$。

（五）面积的控制与计算

面积的控制与计算的原则为“从整体到局部，层层控制，分级计算，块块检核”。进行面积控制与计算时，应进行“整体 = ∑部分”的面积逻辑检验。

（1）县级行政区域面积与内含乡（镇、街道办事处）的面积之和相等；县级行政区域的面积与内含地籍区的面积之和相等。

（2）乡（镇、街道办事处）的面积与内含行政村、居委会、社区的面积之和相等；地籍区面积与内含地籍子区面积之和相等。

（3）集体土地所有权宗地与内含地类图斑面积之和相等。

（4）宗海面积与宗海内部各单元的面积之和相等。

七、房屋建筑面积计算

（一）概述

房屋建筑面积包括房屋建筑面积和房屋建筑占地面积。

应采用解析几何要素法计算房屋建筑面积和建筑占地面积。形状不规则或直接丈量有困难的房屋，可实测房屋特征点坐标，采用坐标法计算房屋面积。实测房角点坐标的误差应满足表 2-2-12 的规定。

针对古建筑，可依据历史沿革的建筑面积计算方法计算建筑面积。

（二）房屋建筑面积计算项目

根据建设工程规划许可证及附图、附件的有关内容进行分类计算房屋面积。房屋面积计算是指水平投影面积的计算，计算的基本项目是幢建筑占地面积（也称基底面积）、不同功能区面积、幢建筑总面积、不同功能区总面积、总建筑面积和总建筑占地面积、专有部分建筑面积、共有部分建筑面积。具体的计算项目如下：

（1）以幢为单位的面积计算项目有幢建筑面积、幢专有建筑面积和幢共有建筑面积。幢建筑面积等于各层建筑面积之和；幢建筑面积等于幢专有建筑面积与幢共有建筑面积之和；幢专有建筑面积等于层专有面积之和，幢共有建筑面积等于层共有建筑面积之和。

（2）以层为基本单元的面积计算项目有层建筑面积、层不同功能部位的建筑面积、层专有建筑面积和层共有建筑面积。层建筑面积等于层专有建筑面积与层共有建筑面积之和。

（3）以套为基本单元的面积计算项目有套专有建筑面积（含套内使用面积、套内墙体面积、套内阳台面积）。

（4）以间为基本单元的面积计算项目有间专有建筑面积。

（5）宗地内的面积计算项目有总建筑面积、专有总建筑面积、共有总建筑面积等。总建筑面积等于幢建筑面积之和；总建筑面积等于专有总建筑面积与共有总建筑面积之和。

（三）房屋建筑面积计算的精度

房屋面积计算精度要求见表 2-2-25。

表 2-2-25　各级房屋面积计算精度表

房屋面积的精度等级	限差（ΔS）	中误差
一	$0.02\sqrt{S}+0.0006S$	$0.01\sqrt{S}+0.0003S$
二	$0.04\sqrt{S}+0.002S$	$0.02\sqrt{S}+0.001S$
三	$0.08\sqrt{S}+0.006S$	$0.04\sqrt{S}+0.003S$

注：①ΔS 为两组独立计算面积的限差，单位：m^2；S 为实量房屋面积，单位：m^2。②农村宅基地上房屋面积的精度可放宽到 1.5 倍。

计算示例：一套房屋的实量房屋面积为 $120m^2$，要求该房屋的面积计算精度达到二级，则该房屋测量的限差和中误差分别为多少？

限差：$\Delta S=0.04\sqrt{S}+0.002S=\pm0.68m^2$

中误差：$0.02\sqrt{S}+0.001S=\pm0.34m^2$

（四）建筑面积计算规则

1. 计算全部建筑面积的范围

（1）永久性结构的单层房屋，按一层计算建筑面积；多层房屋按各层建筑面积的总和计算。

（2）房屋内的夹层、插层、技术层及其梯间、电梯间等其高度在 2.20m 以上部位计算建筑面积。

（3）穿过房屋的通道，房屋内的门厅、大厅，均按一层计算面积。门厅、大厅内的回廊部分，层高在 2.20m 以上的，按其水平投影面积计算。

（4）楼梯间、电梯（观光梯）井、提物井、垃圾道、管道井等均按房屋自然层计算面积。

（5）房屋天面上，属永久性建筑，层高在 2.20m 以上的楼梯间、水箱间、电梯机房及斜面结构屋顶高度在 2.20m 以上的部位，按其外围水平投影面积计算。

（6）挑梯、全封闭的阳台按其外围水平投影面积计算。

（7）属永久性结构有上盖的室外楼梯，按各层水平投影面积计算。

（8）与房屋相连的有柱走廊，两房屋间有上盖和柱的走廊，均按其柱的外围水平投影面积计算。

（9）房屋间永久性的封闭的架空通廊，按外围水平投影面积计算。

（10）地下室、半地下室及其相应出入口，层高在 2.20m 以上的，按其外墙（不包括采光井、防潮层及保护墙）外围水平投影面积计算。

（11）有柱或在围护结构的门廊、门斗，按其柱或围护结构的外围水平投影面积计算。

（12）玻璃幕墙等作为房屋外墙的，按其外围水平投影面积计算。

（13）属永久性建筑有柱的车棚、货棚等按柱的外围水平投影面积计算。

（14）依坡地建筑的房屋，利用吊脚做架空层，有围护结构的，按其高度在 2.20m 以上部位的外围水平面积计算。

（15）有伸缩缝的房屋，若其与室内相通的，伸缩缝计算建筑面积。

2. 计算一半建筑面积的范围

（1）与房屋相连有上盖无柱的走廊、檐廊，按其围护结构外围水平投影面积的一半计算。

（2）独立柱、单排柱的门廊、车棚、货棚等属永久性建筑的，按其上盖水平投影面积的一半计算。

（3）未封闭的阳台、挑廊，按其围护结构外围水平投影面积的一半计算。

（4）无顶盖的室外楼梯按各层水平投影面积的一半计算。

（5）有顶盖不封闭的永久性的架空通廊，按外围水平投影面积的一半计算。

3. 不计算建筑面积的范围

（1）层高小于 2.20m 以下的夹层、插层、技术层和层高小于 2.20m 的地下室和半地下室。

（2）突出房屋墙面的构件、配件、装饰柱、装饰性的玻璃幕墙、垛、勒脚、台阶、无柱雨篷等。

（3）房屋之间无上盖的架空通廊。

（4）房屋的天面、挑台、天面上的花园、泳池。

（5）建筑物内的操作平台、上料平台及利用建筑物的空间安置箱、罐的平台。

（6）骑楼、过街楼的底层用作道路街巷通行的部分。

（7）利用引桥、高架路、高架桥、路面作为顶盖建造的房屋。

（8）活动房屋、临时房屋、简易房屋。

（9）独立烟囱、亭、塔、罐、池、地下人防干、支线。

（10）与房屋室内不相通的房屋间伸缩缝。

（五）成套房屋建筑面积计算

成套房屋的专有部分建筑面积由套内房屋使用面积、套内墙体面积、套内阳台建筑面积三部分组成。

1. 套内房屋使用面积

套内房屋使用面积为套内房屋使用空间的面积，以水平投影面积按以下要求计算：

（1）套内使用面积为套内卧室、起居室、过厅、过道、厨房、卫生间、厕所、贮藏室、壁柜等空间面积的总和。

（2）套内楼梯按自然层数的面积总和计入使用面积。

（3）不包括在结构面积内的套内烟囱、通风道、管道井均计入使用面积。

（4）内墙面装饰厚度计入使用面积。

2. 套内墙体面积

套内墙体面积是套内使用空间周围的维护或承重墙体或其他承重支撑体所占的面积，其中各套之间的分隔墙和套与公共建筑空间的分隔墙以及外墙（包括山墙）等共有墙，均按水平投影面积的1/2计入套内墙体面积。套内自有墙体按水平投影面积全部计入套内墙体面积。

3. 套内阳台建筑面积

套内阳台建筑面积均按阳台外围与房屋外墙之间的水平投影面积计算。其中封闭的阳台按水平投影全部计算建筑面积，未封闭的阳台按水平投影的1/2计算建筑面积。

（六）共有建筑面积计算

1. 共有建筑面积处理原则和分摊公式

（1）共有建筑面积处理原则，一是产权各方有合法权属分割文件或协议的，按文件或协议要求执行；二是无产权分割文件或协议的，可按相关房屋的建筑面积按比例进行分摊。

（2）共有建筑面积按比例分摊的计算公式。按建筑面积进行共有建筑面积分摊，计算公式如下：

$$\Delta S_i = K \times S_i \qquad (2-2-36)$$

$$K = \frac{\sum \Delta S_i}{\sum S_i} \qquad (2-2-37)$$

式中：K 为面积的分摊系数；S_i 为各单元参加分摊的建筑面积，m^2；ΔS_i 为各单元参加分摊所得的分摊面积，m^2；$\sum \Delta S_i$ 为需要分摊的分摊面积总和，m^2；$\sum S_i$ 为参加分摊的各单元建筑面积总和，m^2。

计算示例：现有三个单元进行面积分摊，各个单元参加分摊的建筑面积 $S_1 = 125m^2$，$S_2 = 140m^2$，$S_3 = 180m^2$，需要分摊的分摊面积总和为 $50m^2$，求分摊系数及各单元参加分摊所得的分摊面积。

$$\sum S_i = S_1 + S_2 + S_3 = 445m^2$$

分摊系数：

$$K = \frac{\sum \Delta S_i}{\sum S_i} = \frac{50}{445} = 0.112360$$

各单元参加分摊所得的分摊面积：

$$\Delta S_1 = K \times S_1 = 14.05m^2$$

$$\Delta S_2 = K \times S_2 = 15.73m^2$$

$$\Delta S_3 = K \times S_3 = 20.22m^2$$

2. 共有建筑面积分摊规则

1）共有建筑面积的范围

（1）共有建筑面积的内容包括电梯井、管道井、楼梯间、垃圾道、变电室、设备间、公共门厅、过道、地下室、值班警卫室等，以及为整幢服务的公共用房和管理用房的建筑面积，以水平投影面积计算。

（2）共有建筑面积还包括套与公共建筑之间的分隔墙，以及外墙（包括山墙）水平投影面积一半的建筑面积。

（3）不计入共有建筑面积的空间范围为独立使用的地下室、车棚、车库，以及为多幢服务的警卫室、管理用房、人防工程等。

2）共有建筑面积的计算方法

整幢建筑物的建筑面积扣除整幢建筑物各套套内专有部分建筑面积之和，并扣除已作为独立使用的地下室、车棚、车库及为多幢服务的警卫室、管理用房，以及人防工程等建筑面积，即为整幢建筑物的共有建筑面积。

3）共有建筑面积的分摊方法

（1）住宅楼共有建筑面积的分摊方法。住宅楼以幢为单元，根据各套房屋的套内专有部分建筑面积，求得各套房屋分摊所得的共有分摊建筑面积。

（2）商住楼共有建筑面积的分摊方法。首先根据住宅和商业等的不同使用功能按各自的建筑面积将全幢的共有建筑面积分摊成住宅和商业两部分，即住宅部分分摊得到的全幢共有建筑面积和商业部分分摊得到的全幢共有建筑面积。然后住宅和商业部分将所得的分摊面积再各自进行分摊。

住宅部分。将分摊得到的整幢共有建筑面积，加上住宅部分本身的共有建筑面积，按各套的建筑面积分摊计算各套房屋的分摊面积。

商业部分。将分摊得到的整幢共有建筑面积，加上商业部分本身的共有建筑面积，按各层套内的建筑面积依比例分摊至各层，作为各层共有建筑面积的一部分，加至各层的共有建筑面积中，得到各层总的共有建筑面积，然后再根据层内各套房屋的套内专有部分建筑面积按比例分摊至各套，求出各套房屋分摊得到的共有建筑面积。

（3）多功能综合楼共有建筑面积的分摊方法。多功能综合楼共有建筑面积按照各自的功能，参照商住楼的分摊计算方法进行分摊。

（七）建筑占地面积计算

（1）按其外墙勒脚以上外围水平投影面积计算；无勒脚的应按其室外地面0.90m以上外围水平投影面积计算。

（2）建筑物底层有柱走廊、门廊和门斗应按其柱或围护结构勒脚以上外围水平投影面积计算。

（3）建筑物局部悬挑部分，其结构板底（或梁底）至室外地面的净高在3.00m及以下的，应按其外围水平投影面积计算。

（4）建筑底层阳台按其围护设施水平投影面积计算，建筑物有柱或突出外墙的墙体落地的阳台、设备平台、飘窗，应按其柱或墙体的勒脚以上外围水平投影面积计算。

（5）建筑物挑廊或挑檐的底层，不封闭、有围护设施或两端有墙体落地的，应按其围护设施或墙体外围水平投影面积计算。

（6）至室外地坪净高在3.00m及以下的无柱雨篷宽度（雨篷外缘至外墙结构外缘的最大水平距离）2.10m及以上的，应按其水平投影面积的1/2计算。

（7）多排柱的棚结构建筑、底层架空的建筑，应按其柱的勒脚以上外围水平投影面积计算。

（8）单排柱、独立柱的棚结构建筑，应按其顶盖外围水平投影面积的1/2计算。

（9）建筑物外墙外倾的，应按其至室外地坪的净高3.00m处的外围水平投影面积计算；建筑物外墙内倾的，应按其底板面的外墙外围水平投影面积计算。

（10）建设用地范围内的骑楼，应按其柱的勒脚以上外围水平投影面积计算。建设用地范围内的过街楼、架空连廊和人行天桥，净高在4.50m及以下的应按其围护结构或围护设施的外围水平投影面积计算。

（11）建筑物室外楼梯，应按其结构外围水平投影面积计算。高于室外地坪1.50m以上的且其下方有设计利用的建筑空间的室外台阶，应按其计算建筑面积部分的水平投影纳入建筑占地面积。

（12）建筑物的外墙向内凹进，且至室外地坪净高在4.50m内有顶盖的，按凹进部位与顶盖的重叠部分水平投影计算基底面积。

（13）与房屋室内相通的伸缩缝计入建筑占地面积。

（14）地下室、半地下室出地面的各类井道及出入口（楼梯间、汽车坡道和自行车坡道），其顶盖高于室外地坪 1.50m 以上的，应计算基底面积。

（15）坡地建筑物设有一层或多层吊脚层的，应按其接触地面各层的勒脚以上外围水平投影面积的并集计算。

（16）下列建筑不计算建筑占地面积：①高度在 1.50m 及以下的建筑物，以及建筑的附属构件、外墙附着物；②建筑物的内天井，建筑物底层附属围墙，无顶盖的构架；③建设用地内净高在 4.50m 以上的过街楼、架空连廊和人行天桥；④市政道路内的骑楼、跨越市政道路的过街楼、架空连廊；⑤集中绿地内的小品、雕塑和假山等；⑥建筑物外墙外的勒脚、附墙柱、垛、台阶、保温层、墙面抹灰、装饰面、镶贴块料面层等；⑦独立的烟囱、烟道、油（水）罐、气柜、水塔、贮油（水）池、贮仓等构筑物；⑧室外爬梯、室外专用消防钢楼梯和钢筋砼悬臂一字形平板式踏步楼梯。

八、无居民海岛面积、体积和长度计算

（一）无居民海岛面积计算

按照下列规定计算无居民海岛用岛面积。

1. 数字高程模型构建

依据地形图构建比例尺不小于 1∶5000 的数字高程模型。格网尺寸、高程精度和接边精度按《基础地理信息数字成果 1∶5000、1∶10000、1∶25000、1∶50000、1∶100000 数字高程模型》（CH/T 9009.2—2010）执行。

2. 用岛面积计算

用岛面积指的是无居民海岛开发利用范围内的自然表面形态面积，按照下列规定计算：

（1）基于构建的数字高程模型，计算用岛范围自然表面形态面积。海岛自然表面形态面积小于海岛投影面积的，用岛面积按海岛投影面积计算。

（2）用岛范围涉及海岛岸线的部分，以海岛岸线为用岛范围边界。海岛岸线通过实际测量或者有效图件提取获得，测量精度不低于构建的数字高程模型精度。

（3）单位为平方米（m^2），结果取整数。

3. 海岛投影面积计算

海岛投影面积根据海岛岸线围成区域的水平投影面，采用平面解析法计算得到。单位为平方米（m^2），结果取整数。

（二）建筑物和设施占岛面积计算

按照本节土地、海域面积计算的方法，采用几何要素法或坐标法计算建筑物和设施占岛外缘线围成区域的水平投影面面积，单位为平方米（m^2），结果取整数。

（三）其他数值计算

无居民海岛的体积和图示采挖量计算方法按照下列规定执行：

1. 岛体体积和土石采挖量计算

利用构建的数字高程模型，与岛体、土石采挖范围准确叠置，计算岛体体积、土石采挖量。涵洞式或坑道式采挖，按实际土石采挖量计算。岛体体积和土石采挖量单位为立方米（m^3），结果取整数。

2. 岸滩和植被面积及减少面积计算

岸滩和植被（含乔木、灌木、草地三种类型）面积、减少范围应当现场实测获取。面积较大不能实测获取的，按构建的数字高程模型，与岸滩和植被覆盖范围、减少范围叠置，分别计算岸滩和植被覆盖的自然表面形态面积、减少范围自然表面形态面积。单位为平方米（m^2），结果取整数。

3. 海岛岸线长度及改变长度计算

海岛岸线（含自然岸线和人工岸线两种类型）长度及改变长度应当依据现场实测数据计算。海岛岸线实测范围为多年平均大潮高潮时海洋与海岛分界的痕迹线。确实不能实测的，按照相关要求获取或使用高分辨率卫星或航空遥感影像获取。长度单位为米（m），结果取整数。

（四）无居民海岛用岛测量成果表

1. 界址点坐标测量成果表

具体见表 2-2-26。

表 2-2-26　界址点坐标测量成果表

无居民海岛名称			用岛项目名称		
委托方名称			测量单位名称（单位公章）		
坐标系			测量时间		
编号	北纬（yy°yy′ yy. yyy″）	东经（xxx°xx′ xx. xxx″）	编号	北纬（yy°yy′ yy. yyy″）	东经（xxx°xx′ xx. xxx″）

测量员：　　　　　　　　　　　　　　审核人：

2. 建筑物和设施测量成果表

具体见表 2-2-27。

表 2-2-27　建筑物和设施测量成果表

编号	名称	占岛面积/m^2	建筑面积/m^2	高度/m	备注

测量员：　　　　　　　　　　　　　　　　　　　　审核人：

3. 其他数值计算成果表

具体见表 2-2-28。

表 2-2-28　其他数值计算成果表

类　别	数　值
土石采挖量/m^3	
岸滩减少面积/m^2	
乔木减少面积/m^2	
灌木减少面积/m^2	
草地减少面积/m^2	
海岛自然岸线改变长度/m	
海岛人工岸线改变长度/m	

测量员：　　　　　　　　　　　　　　　　　　　　审核人：

第三节　地籍调查成果与要求

一、地籍调查成果分类

1）按照介质分

按照介质分，地籍调查成果包括纸质成果和电子数据。

2）按照类型分

按照类型分，地籍调查成果包括文字、图件、簿册和电子数据等成果。

（1）文字成果包括工作方案、技术方案、工作报告、技术报告、质检报告等。

（2）图件成果包括工作底图、地籍图、不动产单元图等。

（3）簿册成果包括地籍调查外业记录手簿、控制测量原始记录与平差成果、不动产测绘原始记录、地籍调查表册、各级质量控制检查记录等。

（4）电子数据包括数字地籍图、数字不动产单元图、影像数据、电子表格数据、文本数据、界址点坐标数据、土地（海域）分类面积统计汇总数据、房屋和构（建）筑物分类面积统计数据、不动产单元表、各类数字扫描件及其地籍数据库等。

二、地籍调查表的组成与填写

（一）地籍调查表的组成

地籍调查表由封面、宗地调查表、土地（承包）经营权与农用地的使用权调查表、集体土地所有权宗地分类面积调查表、房屋调查表、构（建）筑物调查表、林权调查表、宗海调查表或无居民海岛调查表及其不动产单元表等组成。

针对不同的不动产单元，按照下列要求组织地籍调查表：

（1）表格采用活页的形式，对整页无内容的，可不归入成果。

（2）如原表格式与《地籍调查规程》规定的表格式一致，并且内容没有任何变化的，其复印件加盖“复印件”印章后，可直接利用归入成果。

（3）可根据本地的实际情况，针对调查、确权、登记、管理的需要，可统一调整改造地籍调查技术标准中的表格格式，但是表中的内容只能增加，不能减少；如果增加的内容较多，可增加附表；增加的内容应该是管理工作需要的，并且符合“权属清楚、界址清晰、面积准确”的原则；调整后的表格和增加内容的附页，应上报省、市不动产登记机构备案。

（二）地籍调查表的填写

1. 不同的不动产单元，应填写不同的调查表

（1）对集体土地所有权宗地，填写宗地调查表和集体土地所有权宗地分类面积调查表。

（2）对建设用地使用权宗地和宅基地使用权宗地，填写宗地调查表；如果其上存在房屋，则需填写房屋调查表；如果其上存在构（建）筑物，则需填写构（建）筑物调查表。

（3）对土地（承包）经营权宗地、水域滩涂养殖权宗地和非承包方式取得的林地使用权宗地、草原使用权宗地，填写宗地调查表和土地（承包）经营权、农用地的使用权调查表；如果土地（承包）经营权宗地（林地）或林地使用权宗地上存在森林、林木，还需填写林权调查表。

（4）对海域使用权宗海（含无居民海岛），填写宗海调查表（无居民海岛调查表）；如果其上存在房屋，则需填写房屋调查表；如果其上存在构（建）筑物，则需填写构（建）筑物调查表。

（5）对无居民海岛开发利用情况，填写无居民海岛调查表；如果其上存在房屋，则需填写房屋调查表；如果其上存在构（建）筑物，则需填写构（建）筑物调查表。

2. 地籍调查表封面

（1）宗地、宗海（含无居民海岛）代码，填写按照《不动产单元设定和代码编制规则》规定编制的代码。

（2）调查单位（机构），填写负责承担地籍调查任务的单位（机构）全称。

（3）调查时间，按照“××××年××月××日”的形式填写调查的日期。

3. 地籍调查表的填写要求

（1）地籍调查表必须做到图表内容与实地一致，表达准确无误，字迹清晰整洁。

（2）表中填写的项目不得涂改，每一处只允许划改一次，划改符号用“\”表示，并在划改处由划改人员签字或盖章；全表划改不超过2处。

（3）表中各栏目应填写齐全，不得空项；确属不填的栏目，使用“/”符号填充。

（4）文字内容使用蓝黑钢笔或黑色签字笔填写表格；除签名签字部分需本人手写外，也可利用计算机软件填写打印输出；不得使用谐音字、国家未批准的简化字或缩写名称。

（5）地籍调查表中需要采用语言叙述方式填写的栏目，填写不下的可另加附页，如说明栏、记事栏、审核栏等；宗地草图或宗海草图/宗地图或宗海图（含无居民海岛开发利用图）可以附贴；凡附页和附贴的，应加盖相关单位或部门印章。

（三）不动产单元表

不动产单元表包括宗地表、宗地内房屋自然幢汇总表、房屋定着物单元汇总表、建筑物区分所有权业主共有部分汇总表、宗海表、林木表、构（建）筑物表和无居民海岛表等组成。

根据不动产单元类型，提取地籍数据库中经检查入库后的相应地籍调查成果或部门共享信息生成不动产单元表。

三、地籍调查成果要求

根据相关标准规范，地籍调查成果应当符合下列要求：

(1) 权利人身份证明材料和权属来源材料齐全规范，符合政策法规规定。

(2) 地籍调查材料齐全规范，并且符合地籍调查技术标准的要求。

(3) 宗地、宗海及其房屋、林木等定着物单元的划分设定及其不动产单元代码的编制符合《不动产单元设定和代码编制规则》的规定。

(4) 地籍材料中图形信息、属性信息与实地现状之间的时空逻辑关系正确，能够相互印证或校核。

(5) 对履行了指界程序的不动产单元，地籍调查材料中的界址标示、说明、签章等内容清楚并与实地一致。

(6) 地籍调查材料中的权属要素及其控制点坐标、控制点边长、界址边长、界址点坐标、房屋边长、面积等检核说明完整，其检核结果符合地籍调查技术标准的要求。

(7) 房屋、构（建）筑物、森林林木等定着物单元与所属宗地、宗海之间的权利关系和空间关系正确。

(8) 地籍图、宗地图、宗海图、房产图等图件上的要素清晰、可读并与实地一致，有坐标系统说明，且与权属来源材料中的图件可进行有效对比转换。

(9) 将地籍调查材料中不动产单元的坐标、边长或图形转换到地籍图上，与相邻的宗地、宗海、定着物及其地物、地貌的空间位置关系正确，没有空间矛盾。

附　录

附录一　地籍调查表封面

地籍调查表

宗地/宗海代码：

调查单位（机构）：

调查时间：　　　年　　月　　日

附录二　宗地调查表

一、宗地调查表及填写要求

（一）宗地调查表

<table>
<tr><td colspan="6">宗地基本信息表</td></tr>
<tr><td rowspan="5">□权利人
□实际使用人</td><td>所有权</td><td colspan="4"></td></tr>
<tr><td rowspan="4">使用权</td><td rowspan="4"></td><td>权利人或实际使用人类型</td><td colspan="2"></td></tr>
<tr><td>证件种类</td><td colspan="2"></td></tr>
<tr><td>证件号</td><td colspan="2"></td></tr>
<tr><td>通讯地址</td><td colspan="2"></td></tr>
<tr><td>权利类型</td><td></td><td>权利性质</td><td></td><td>土地权属来源证明材料</td><td></td></tr>
<tr><td>坐落</td><td colspan="5"></td></tr>
<tr><td rowspan="2">法定代表人
或负责人姓名</td><td rowspan="2"></td><td>证件种类</td><td></td><td rowspan="2">电话</td><td rowspan="2"></td></tr>
<tr><td>证件号</td><td></td></tr>
<tr><td rowspan="2">代理人姓名</td><td rowspan="2"></td><td>证件种类</td><td></td><td rowspan="2">电话</td><td rowspan="2"></td></tr>
<tr><td>证件号</td><td></td></tr>
<tr><td>权利设定方式</td><td colspan="5"></td></tr>
<tr><td>国民经济行业分类代码</td><td colspan="5"></td></tr>
<tr><td>预编宗地代码</td><td colspan="2"></td><td>宗地代码</td><td colspan="2"></td></tr>
<tr><td>不动产单元代码</td><td colspan="5"></td></tr>
<tr><td rowspan="2">所在图幅号</td><td>比例尺</td><td colspan="4"></td></tr>
<tr><td>图幅号</td><td colspan="4"></td></tr>
<tr><td rowspan="4">宗地四至</td><td colspan="5">北：</td></tr>
<tr><td colspan="5">东：</td></tr>
<tr><td colspan="5">南：</td></tr>
<tr><td colspan="5">西：</td></tr>
<tr><td>等级</td><td colspan="2"></td><td colspan="2">价格/元</td><td></td></tr>
<tr><td rowspan="2">批准用途</td><td colspan="2"></td><td rowspan="2">实际用途</td><td colspan="2"></td></tr>
<tr><td>地类编码</td><td></td><td>地类编码</td><td></td></tr>
<tr><td rowspan="2">批准面积/m²</td><td rowspan="2"></td><td rowspan="2">宗地
面积/m²</td><td rowspan="2"></td><td>建筑占地总面积/m²</td><td></td></tr>
<tr><td>建筑总面积/m²</td><td></td></tr>
<tr><td>土地使用期限</td><td colspan="5"></td></tr>
<tr><td>共有 / 共用权利人情况</td><td colspan="5"></td></tr>
<tr><td>说明</td><td colspan="5"></td></tr>
</table>

填表人：　　　　　　　　　　　　　　　　　　填表时间：　　　年　月　日

界址标示表																		
界址点号	界标类型					界址间距	界址线类别								界址线位置			说明
	钢钉	水泥桩	喷涂				道路	沟渠	围墙	围栏	田埂	坎			内	中	外	

填表人：　　　　　　　　　　　　　　　　填表时间：　　年　月　日

界址签章表						
界址线			邻宗地		本宗地	日期
起点号	中间点	终点号	相邻宗地权利人（宗地代码）	指界人姓名（签章）	指界人姓名（签章）	

填表人：　　　　　　　　　　　　　　　　　　　　填表时间：　　年　月　日

宗地草图

北

丈量者		丈量日期		绘制者	
检查者		检查日期		概略比例尺	

界址说明表	
界址点位说明	
界址线走向说明	

填表人： 填表时间： 年 月 日

调查审核表	
权属调查记事	调查员签名： 日期： 年 月 日
不动产测绘记事	测量员签名： 日期： 年 月 日
审核意见	审核人签名： 审核 日期： 年 月 日

（二）填写要求

1. 宗地基本信息表的填写要求

1）权利人或实际使用人状况

当无地籍材料时，打“√”选择实际使用人，否则选择权利人。

（1）所有权。属于国家所有的，填写国家；属于集体所有的，填写××农民集体。

（2）使用权。填写权利人或实际使用人的姓名或名称。权利人或实际使用人为自然人的，填写身份证件上的姓名；权利人或实际使用人为法人或其他组织的，填写身份证件上的名称。①权利人或实际使用人类型。填写个人，或企业，或事业单位，或国家机关，或其他。②证件种类。填写权利人或实际使用人的身份证件种类。境内自然人，填写居民身份证，无居民身份证的，填写户口簿或军官证等；法人或其他组织，填写社会信用代码；港澳同胞，填写港澳居民来往内地通行证或港澳同胞回乡证，或居民身份证；台湾同胞，填写台湾居民来往大陆通行证或其他有效旅行证件，或在台湾地区居住的有效身份证件，或经确认的身份证件；外籍人士，填写护照或中国政府主管机关签发的居留证件。③证件号。填写权利人或实际使用人身份证件上的编号。④通信地址。填写权利人或实际使用人的通信地址及邮政编码。

2）法定代表人或负责人姓名

法人单位的，填写法定代表人姓名、身份证号码和联系电话；非法人单位的，填写负责人相关信息；个人的，填充“ /”符号。

（1）证件种类。填写法定代表人或负责人的身份证件种类。境内自然人，填写居民身份证，无居民身份证的，填写户口簿或军官证等；港澳同胞，填写港澳居民来往内地通行证或港澳同胞回乡证，或居民身份证；台湾同胞，填写台湾居民来往大陆通行证或其他有效旅行证件，或在台湾地区居住的有效身份证件，或经确认的身份证件；外籍人士，填写护照或中国政府主管机关签发的居留证件。

（2）证件号。填写法定代表人或负责人身份证件上的编号。

3）代理人姓名

填写代理人姓名、身份证号码和联系电话。无代理人的，填充“ /”符号。

（1）证件种类。填写权利人身份证件的种类。境内自然人，填写居民身份证，无居民身份证的，填写户口簿或军官证等；港澳同胞，填写港澳居民来往内地通行证或港澳同胞回乡证，或居民身份证；台湾同胞，填写台湾居民来往大陆通行证或其他有效旅行证件，或在台湾地区居住的有效身份证件，或经确认的身份证件；外籍人士，填写护照或中国政府主管机关签发的居留证件。

（2）证件号。填写代理人身份证件上的编号。

4）权属状况的填写

（1）权利类型。填写具体的权利类型，即集体土地所有权或国家土地所有权，或国有建设用地使用权，或宅基地使用权，或集体建设用地使用权，或土地承包经营权，或林地使用权，或草原使用权，或水域滩涂养殖权等。其中，土地承包经营权包括耕地、林地、草地、水域滩涂等承包经营权。

（2）权利性质。国有土地的，填写划拨或出让，或作价出资（入股），或国有土地租赁，或授权经营，或家庭承包，或其他方式承包等；集体土地的，填写家庭承包或其他方式承包，或批准拨用，或入股，或联营等。

（3）权利设定方式。填写地上或地表，或地下。

（4）土地权属来源证明材料。填写土地权属来源证明材料的名称和编号。

（5）批准用途和地类代码。填写土地权属来源材料中的地类名称和地类代码。地类名称和地类代码为《土地利用现状分类》（GB/T 21010—2017）的二级类。

（6）实际用途和地类编码。填写按照《土地利用现状分类》、《国土空间调查、规划、用途管制用地用海分类指南（试行）》（自然资办发〔2020〕51号）等相关标准确定的地类名称和地类编码；当涉及多种地类时，填写主要地类名称和地类代码，其他地类名称和地类代码在说明栏中进行填写。

（7）国民经济行业分类代码。根据《国民经济行业分类与代码》（GB/T 4754—2017）大类，填写类别名称及编码。没有的，填充“／”符号。

（8）土地使用期限。填写土地权属来源材料中规定的使用期限，例如：××××年××月××日起××××年××月××日止；只有起始时间而无终止时间的，填写××××年××月××日起；宗地内有多用途、多种使用期限的，则分别填写。土地所有权宗地填充“／”符号。

（9）共有/共用权利人情况。填写共有/共用权利人的名称（全称）、权利人类型、证件种类、证件号、通信地址以及共有/共用情况。无共有/共用情况的，填充“／”符号。如因权利人过多填写不下时，可根据申请书编号顺序填写第一个权利人名称，后面加“等几人”，将详细情况填写至共有/共用宗地面积分摊表。

（10）等级。填写根据土地分等定级的成果确定的土地等别或级别。

（11）价格。填写公开交易的实际成交价格。没有实际成交价的填写基准地价或标定地价。

5）宗地位置与代码的填写

（1）坐落。填写土地所在的地理位置。

（2）预编宗地代码。填写根据工作底图预编的宗地代码。

（3）宗地代码。填写根据《不动产单元设定与代码编制规则》（GB/T 37346—2019）编制的宗地代码。

（4）不动产单元代码。填写根据《不动产单元设定与代码编制规则》编制的不动产单元代码。若宗地上有定着物，填充“／”符号。

（5）所在图幅号。按下列规定填写。

比例尺。填写1：500，或1：1000、1：2000、1：5000、1：10000、1：50000。

图幅号。填写宗地所在对应比例尺地籍图的图幅号。当宗地被多幅图分割时，则宗地各部分地块所在地籍图的图幅号都要填写。

（6）宗地四至。有相邻宗地的，填写相邻宗地权利人或实际使用人的名称。与道路、河流等线型地物相邻的，填写线型地物名称；与空地、荒山、荒滩、地类等未确定使用权的土地相邻的，填写相应地物、地貌、地类的名称，不得空项。

6）面积情况的填写

（1）批准面积。填写土地权属来源材料中的宗地面积，如包含有代征地、代管地面积的，应在说明栏内说明清楚。

（2）宗地面积。填写经测量得到的宗地面积。此项由测量单位在测量完成时提供，由调查人员填写。

（3）建筑占地总面积。填写宗地内总建筑占地面积。

（4）建筑总面积。填写宗地内总建筑面积。宗地内若有地下建筑物，地上建筑物与地下建筑物应分别填写总建筑面积。用“/”作为分隔符。如“1000.00/300.00”，其中，“1000.00”表示宗地地上总建筑面积，“300.00”表示地下总建筑面积。

7）说明栏的填写

地籍总调查时，在本栏目填写土地权属来源证明材料的情况说明。针对实际使用人与地籍材料不一致，或无地籍材料的情形，应按照时间节点详细说明实际使用人及其不动产的历史沿革，如填写不下，可附页，实际使用人应在附页上手工签字并加盖印章或按手印。对于集体土地所有权宗地，还可说明宗地被国有或其他农民集体土地分割的情况，需详细说明宗地代码及如何被分割。实际用途涉及多种地类时，应在此栏目列举其他地类的信息。

日常地籍调查时需要说明原土地权利人、土地坐落、宗地代码的变更原因等内容，可在地籍调查报告的权属调查部分进行说明。

2. 界址标示表的填写要求

（1）界址点号。从宗地某界址点开始按顺时针编列。例如：1、2、…、23、1。

（2）界标类型。根据实际埋设的界标类型在相应位置画“√”；表中没有明示的界标类型，补充在“界标类型”栏空白格中，如“石灰桩”等。

（3）界址间距。界址边长小于等于2个尺段的，填写实地丈量的界址边长；界址边长大于2个尺段并采用解析法测量界址点坐标的，可填写坐标法反算界址边长，并在说明栏标注“反算”二字；图解界址边长不填写。

（4）界址线类别。根据界线实际依附的地物和地貌在相应位置画“√”。表中没有明示的界址线类别，补充在“界址线类别”栏空白格中，如：“山脊线、山谷线”等。

（5）界址线位置。界标物自有、共有、借用的分别在“外”处画“√”、“内”处画“√”、“中”处画“√”；分别自有的在“外”处画“√”，并在“说明”栏中注明，例如“各自有墙”或“双墙”。

3. 界址签章表的填写要求

（1）界址线起点号、中间点号、终点号。如某条界址线的界址点包括J1、J2、J3、J4、J5、J24、J25、J6，则：起点号填J1，终点号填J6，中间点号填J2、J3、J4，J5、J24、J25。

（2）相邻宗地权利人（宗地代码）。填写相邻宗地权利人名称（或姓名）及相邻宗地的宗地代码。与道路、河流等线型地物以及与空地、荒山、荒滩等未确定使用权的土地相邻的，参考“宗地四至”填写。填写按照《不动产单元设定与代码编制规则》编制的宗地代码。

（3）指界人姓名（签章）。指界人签字、盖章或按手印。集体土地所有权调查时，应加盖集体土地所有权人或代理人（如村委会）印章。与未确定使用权的土地相邻时，邻宗地“指界人姓名（签章）”栏可不填写。

（4）日期。填写外业调查指界日期。

4. 界址说明表的填写要求

如果界址标示无法说明清楚全部或部分界址点、界址线的情况，则需要填写此表，填写要求如下：

（1）界址点位说明。利用工作底图和宗地草图，主要说明所依附地物的类型及其位置（内、中、外）及其与周围明显地物地貌的关系。如，2 号点位于两沟渠中心线的交点上；5 号界址点位于××山顶最高处；3 号界址点位于××工厂围墙西北角处；8 号界址点位于农村道路与××公路交叉点中心；10 号界址点位于××承包田西南角等。

（2）主要权属界线走向说明。以两个相邻界址点为一节，叙述界线所依附的地物地貌名称及其与周围宗地和地物地貌的关系。例如 1—2，由 1 沿××公路中央走向至 2，是直线；4—5，由 4 沿山脊线至 5，是曲线；9—10，由 9 沿××学校东侧围墙至 10，是直线；6—7—8，由 6 沿围墙的外则至 8，是弧线；等等。

5. 调查审核表的填写要求

地籍总调查时，按照下列规定填写调查审核表。日常地籍调查不填写调查审核表，直接编制地籍调查报告。

1）权属调查记事栏的填写要求

（1）现场核实申请书有关栏目填写是否正确，不正确的作更正说明。

（2）界线有纠纷时，要记录纠纷原因（含双方各自认定的界址），并尽可能提出处理意见。

（3）指界手续履行等情况。

（4）界址设置、边长丈量等技术方法、手段。

（5）说明确实无法丈量界址边长、界址点与邻近地物的相关距离和条件距离的原因。

2）不动产测绘记事栏的填写要求

（1）测量前界标检查情况。

（2）根据需要，记录测量界址点及其他要素的技术方法、仪器。

（3）遇到的问题及处理的方法。

（4）提出遗留问题的处理意见。

3）审核意见栏的填写要求

调查单位（机构）的质量负责人对宗地调查结果进行全面审核，并给出审核意见，签字后加盖单位印章，签署日期。

二、土地承包经营权、农用地的使用权调查表及填写要求

（一）土地承包经营权、农用地的使用权调查表

土地承包经营权、农用地的使用权调查表

宗地代码					
不动产单元号					
发包方	名称				
	负责人姓名		联系电话		
	负责人地址		邮政编码		
	证件种类		证件号		
承包方	承包方（代表）				
	有无承包合同		承包合同编号		
	有无经营权证		经营权证编号		
	取得（承包）方式	□家庭承包　□招标　□公开协商 □拍卖　□转让　□互换　□其他			
	注：本部分信息仅供家庭承包方式填写		家庭成员总数		
	成员姓名	与户主关系	身份证号码	成员备注	
土地用途	□种植业　□林业　□畜牧业　□渔业　□其他				
地力等级		是否是基本农田	□是　□否		
水域滩涂类型					
养殖业方式					
适宜载畜量					
草原质量	草层高度/cm				
	草地覆盖度/%				
	建群				
	优势种				
调查记事	调查员：　日期：　年　月　日				
审核意见	审核人：　日期：　年　月　日				

（二）填写要求

1. 不动产单元代码的填写要求

按照《不动产单元设定与代码编制规则》编制的宗地代码填写。

2. 发包方的填写要求

（1）名称。以家庭承包或其他方式取得承包经营权的，填写承包合同的发包方全称。

（2）负责人姓名/联系电话。填写发包方当前负责人的姓名、联系电话。

（3）负责人地址/邮政编码。填写发包方负责人的通信地址及对应的邮政编码。

（4）证件种类。填写负责人身份证件的种类。境内自然人，填写居民身份证，无居民身份证的，填写户口簿或军官证等；港澳同胞，填写港澳居民来往内地通行证或港澳同胞回乡证，或居民身份证；台湾同胞，填写台湾居民来往大陆通行证或其他有效旅行证件，或在台湾地区居住的有效身份证件，或经确认的身份证件；外籍人士，填写护照或中国政府主管机关签发的居留证件。

（5）证件号。填写身份证件上的编号。

3. 承包方的填写要求

（1）承包方（代表）。填写承包方代表的姓名（家庭承包）或承包方姓名、名称（其他方式承包）。

（2）有无承包合同/承包合同编号。根据实际情况说明农村土地承包合同情况，在对应选项前画"√"。选择"有"时，填写相应承包合同编号；选择"无"时，编号栏以"/"符号填充。

（3）有无经营权证/经营权证编号。根据实际情况说明土地承包经营权证情况，在对应选项前画"√"。选择"有"时，填写相应经营权证编号；选择"无"时，编号栏以"/"符号填充。

（4）取得（承包）方式。选择承包方取得农村土地承包经营权的方式，在对应选项前画"√"。选择"其他"方式时，注明取得（承包）的具体方式。

（5）家庭成员总数。填写农户家庭成员的总数。

成员姓名。填写家庭成员姓名，户主填在第一顺序位。

与户主关系。以《家庭关系代码》（GB/T 4761—2008）为依据，填写该家庭成员与本户户主的关系。

身份证号码。填写家庭成员身份证号码，无身份证的可填写其他有效证件号码并予以注明。

成员备注。视需要填写相应信息，如"××××年外嫁""××××年入赘"

“××××年入学的在校学生”“国家公职人员”“军人（军官/士兵）”“××××年新生儿”“××××年去世”等。

4. 土地利用状况的填写要求

（1）土地用途。根据土地当前的实际用途在对应选项前画“√”。选择“其他”时，说明具体用途。

（2）地力等级。按照土地分等定级的成果或土地发包时当地的实际情况填写地力等级。

（3）是否基本农田。根据具体情况在对应选项前画“√”。如无法确定该地块是否为基本农田，应在“调查记事”栏予以注明，相应栏目由农业主管部门会同地籍管理部门确定后填写。

（4）水域滩涂类型。填写水域滩涂的类型，包括淡水水域滩涂或其他水域滩涂。

（5）养殖业方式。填写批准养殖的方式，包括池塘、大水面放养、围栏、工厂化、筏吊式、滩涂底播、网箱等养殖方式。

（6）适宜载畜量。填写草地管理部门按照草原的面积、牧草产量和家畜日采食量核定适宜畜养的家畜数量。

（7）草原质量。填写草地管理部门按照草原评价体系确定的草原质量情况，包括草层高度、草地覆盖度、建群种、优势种。

草层高度。每种植物测量5~10株植物个体。记录平均数，单位用厘米表示。

草地覆盖度。指植被垂直投影面积覆盖地表面积的百分比，一般用针刺法测定。

建群种。建群种在个体数量上不一定占绝对优势，但决定着群落内部的结构和特殊环境条件。建群种是群落的创造者、建设者。

优势种。是指群落中占优势的种类，它包括群落每层中在数量、体积上最大，以及对生态环境影响最大的种类。各层的优势种可以不止一个种即共优种。

5. 其他内容的填写要求

（1）调查记事/调查员。由调查员填写承包地块调查的情况。主要包括：非承包地块的说明；土地用途、土地利用类型的变更说明；农村土地地力等级、是否基本农田的说明；农村土地承包经营纠纷情况；其他需要说明或注明的情况。由全体调查员签字或盖章确认。

（2）审核意见/审核人。调查单位（机构）的质量负责人对调查结果进行全面审核，并给出审核意见，签字后加盖单位印章。

（3）日期。以阿拉伯数字填写日期，年份应填写完整年份。

三、集体土地所有权宗地分类面积调查表及填写要求

（一）集体土地所有权宗地分类面积调查表

集体土地所有权宗地分类面积调查表　　　单位：m^2/hm^2/亩

<table>
<tr><td colspan="3">权利人</td><td></td></tr>
<tr><td colspan="3">宗地代码</td><td></td></tr>
<tr><td colspan="3">不动产单元号</td><td></td></tr>
<tr><td rowspan="7">分类面积</td><td colspan="2">农用地</td><td></td></tr>
<tr><td rowspan="4">其中</td><td>耕地</td><td></td></tr>
<tr><td>林地</td><td></td></tr>
<tr><td>草地</td><td></td></tr>
<tr><td>其他</td><td></td></tr>
<tr><td colspan="2">建设用地</td><td></td></tr>
<tr><td colspan="2">未利用地</td><td></td></tr>
<tr><td colspan="3">调查记事</td><td>调查员：　　　　日期：　　年　月　日</td></tr>
<tr><td colspan="3">审核意见</td><td>审核人：　　　　日期：　　年　月　日</td></tr>
</table>

注：集体土地所有权宗地调查时需填写此表。

（二）填写要求

（1）权利人。填写集体土地所有权利人名称，应和《地籍调查表》所有权权利人保持一致。

（2）宗地代码。按照《不动产单元设定与代码编制规则》编制的宗地代码填写。

（3）不动产单元号。按照《不动产单元设定与代码编制规则》编制的宗地代码填写。

（4）农用地。填写宗地内农用地总面积，并分别填写耕地、林地、草地和其他用地分类面积。农用地总面积与分类面积之和需相等。

（5）建设用地。填写宗地内建设用地面积。

（6）未利用地。填写宗地内未利用地面积。

（7）调查记事/调查员。由调查员填写其他有关情况说明，调查员签字或盖章确认。

（8）审核意见/审核人。调查单位（机构）的质量负责人对调查结果进行全面审核，并给出审核意见，签字后加盖单位印章。

面积单位默认为平方米，如果需要采用公顷或者亩，填写方式为×××. ××m^2/×××. ××hm^2/×××. ××亩。

附录三 宗海调查表

一、宗海调查表

宗海基本信息表

<table>
<tr><td colspan="3">预编宗海（含
无居民海岛）代码</td><td colspan="2"></td><td colspan="2">宗海
（含无居民海岛）代码</td><td></td></tr>
<tr><td colspan="3">不动产单元号</td><td colspan="5"></td></tr>
<tr><td rowspan="7">□权
利人
□实际
使用人</td><td colspan="2">权利人或实际
使用人类型</td><td colspan="5"></td></tr>
<tr><td colspan="2" rowspan="3">单位/个人</td><td rowspan="3"></td><td>联系电话</td><td colspan="3"></td></tr>
<tr><td>邮编</td><td colspan="3"></td></tr>
<tr><td>地址</td><td colspan="3"></td></tr>
<tr><td colspan="2">证件种类</td><td></td><td>证件号</td><td colspan="3"></td></tr>
<tr><td colspan="2">法定代表人</td><td></td><td>身份证号</td><td colspan="3"></td></tr>
<tr><td colspan="2">联系/代理人</td><td></td><td>身份证号</td><td colspan="3"></td></tr>
<tr><td rowspan="4">项目
用海</td><td colspan="2">项目名称</td><td colspan="2"></td><td>项目性质</td><td colspan="2"></td></tr>
<tr><td colspan="2">等级</td><td colspan="2"></td><td rowspan="3">构（建）
筑物类型</td><td colspan="2" rowspan="3"></td></tr>
<tr><td rowspan="2">用海类型</td><td>用海类型 A</td><td colspan="2"></td></tr>
<tr><td>用海类型 B</td><td colspan="2"></td></tr>
<tr><td rowspan="9">宗海
测绘</td><td colspan="2">宗海面积</td><td colspan="2">hm^2</td><td colspan="3" rowspan="7">宗海位置（文字说明）</td></tr>
<tr><td colspan="2">用海总面积</td><td colspan="2">hm^2</td></tr>
<tr><td rowspan="4">用
海
方
式</td><td></td><td colspan="2">hm^2</td></tr>
<tr><td></td><td colspan="2">hm^2</td></tr>
<tr><td></td><td colspan="2">hm^2</td></tr>
<tr><td></td><td colspan="2">hm^2</td></tr>
<tr><td colspan="2">占用岸线</td><td colspan="2">m</td></tr>
<tr><td colspan="2">使用金总额/万元</td><td colspan="2">使用金标准依据</td><td colspan="3"></td></tr>
<tr><td colspan="2">使用金缴纳情况</td><td colspan="5"></td></tr>
<tr><td rowspan="4">权属
核查</td><td colspan="2">使用期限</td><td colspan="5"></td></tr>
<tr><td colspan="2">相邻用海</td><td>东</td><td>西</td><td colspan="2">南</td><td>北</td></tr>
<tr><td colspan="2">使用人（签字）</td><td></td><td></td><td colspan="2"></td><td></td></tr>
<tr><td colspan="2">共有情况</td><td></td><td></td><td colspan="2"></td><td></td></tr>
</table>

续表

<table>
<tr><td rowspan="3">记事</td><td>权属核查记事：

核查人：　　　　　　　　　　　　　　日期：　　　年　月　日</td></tr>
<tr><td>测量记事：

测量员：　　　　　　　　　　　　　　日期：　　　年　月　日</td></tr>
<tr><td>审核意见：

审核人：　　　　　　　　　　　　　　日期：　　　年　月　日</td></tr>
<tr><td>备注</td><td></td></tr>
</table>

<table>
<tr><td colspan="6">宗海及内部单元记录表</td></tr>
<tr><td colspan="4">宗海界址线：</td><td colspan="2">宗海总面积/hm^2</td></tr>
<tr><td rowspan="2">用海方式</td><td rowspan="2">内部单元
（按用途）</td><td rowspan="2">内部单元
界址线</td><td rowspan="2">使用金
数额</td><td colspan="2">用海面积/hm^2</td></tr>
<tr><td>内部单元面积</td><td>合计</td></tr>
<tr><td rowspan="3"></td><td></td><td></td><td></td><td></td><td rowspan="3"></td></tr>
<tr><td></td><td></td><td></td><td></td></tr>
<tr><td></td><td></td><td></td><td></td></tr>
<tr><td rowspan="3"></td><td></td><td></td><td></td><td></td><td rowspan="3"></td></tr>
<tr><td></td><td></td><td></td><td></td></tr>
<tr><td></td><td></td><td></td><td></td></tr>
<tr><td rowspan="3"></td><td></td><td></td><td></td><td></td><td rowspan="3"></td></tr>
<tr><td></td><td></td><td></td><td></td></tr>
<tr><td></td><td></td><td></td><td></td></tr>
</table>

（表格行数可调整，可附页）

测量员：　　　　　　　　　　　　审核人：

<table>
<tr><td colspan="4">宗海现场测量记录表（宗海草图）</td></tr>
<tr><td colspan="4">现场测量示意图</td></tr>
<tr><td>项目名称</td><td colspan="3"></td></tr>
<tr><td>测量单元</td><td colspan="2">标志点编号及坐标</td><td>用海设施/构筑物</td></tr>
<tr><td></td><td colspan="2"></td><td></td></tr>
<tr><td></td><td colspan="2"></td><td></td></tr>
<tr><td></td><td colspan="2"></td><td></td></tr>
<tr><td></td><td colspan="2"></td><td></td></tr>
<tr><td>测量单位</td><td></td><td>坐标系</td><td></td></tr>
<tr><td>测量员</td><td></td><td>测量日期</td><td></td></tr>
</table>

二、填写要求

（一）宗海基本信息表的填写要求

1. 不动产单元代码（号）

按照《不动产单元设定与代码编制规则》编制的不动产单元代码填写。

2. 权利人或实际使用人状况

当无地籍材料时，打“√”选择实际使用人；否则选择权利人。

3. 权利人或实际使用人

（1）权利人或实际使用人类型。填写个人或企业，或事业单位、国家机关，或其他。

（2）单位/个人。填写权利人或实际使用人的姓名或名称，权利人或实际使用人为自然人的，填写身份证明上的姓名；权利人或实际使用人为法人或其他组织的，填写身份证明上的名称。

（3）地址、邮编。填写申请单位地址或个人住址、邮政编码。如果申请者是非法人单位或单位地址不明确，填写负责人通信地址。

（4）证件种类。填写权利人或实际使用人身份证件的种类。填写权利人或实际使用人的身份证件种类。境内自然人，填写居民身份证，无居民身份证的，填写户口簿或军官证等；法人或其他组织，填写社会信用代码；港澳同胞，填写港澳居民来往内地通行证或港澳同胞回乡证，或居民身份证；台湾同胞，填写台湾居民来往大陆通行证或其他有效旅行证件，或在台湾地区居住的有效身份证件，或经确认的身份证件；外籍人士，填写护照或中国政府主管机关签发的居留证件。

（5）证件号。填写权利人或实际使用人身份证件上的编号。

（6）法定代表人、身份证号。填写申请单位法定代表人的姓名、身份证号码。如果申请者是非法人单位，填写负责人的姓名、身份证号码并注明。

（7）联系/代理人、身份证号、联系电话。填写负责处理本宗海海域使用权相关问题的授权代表人的姓名、身份证号码和联系电话。

4. 项目用海

（1）项目名称。填写用海用岛的项目名称。

（2）项目性质。根据用海、用岛项目总体情况，填写公益性或经营性。

（3）等级。填写海洋主管部门按要求确定的海域等级。

（4）用海类型。按照《海域使用分类》和《国土空间调查、规划、用途管制用地用海分类指南（试行）》（自然资办发〔2020〕51号）中规定的用海类型，填写本宗海的一级和二级使用类型。

（5）构（建）筑物类型。填写构（建）筑物的类型，即透水构筑物、非透水构筑物，或跨海桥梁、海底隧道等。

5. 不动产测绘

（1）宗海面积。填写宗海总面积。

（2）用海总面积。填写用海项目批准使用的全部海域面积。

（3）用海方式。按照《海域使用分类》和《财政部 国家海洋局印发〈关于调整海域无居民海岛使用金征收标准〉的通知》（财综〔2018〕15号）中规定的二级用海方式，填写本宗海存在的用海方式及其对应内部单元的面积。

（4）占用岸线。填写本宗海占用的岸线长度。

（5）宗海位置。填写宗海的地理方位、与明显标志物的相对位置等。

（6）使用金总额。填写项目用海、用岛的使用金总额。

（7）使用金标准依据。填写确定项目用海、用岛使用金的标准依据、文件名称。

（8）使用金缴纳情况。填写海域使用人向海域管理部门缴纳海域使用金的方式，即一次性或逐年，或分期等。逐年、分期缴纳的，逐年、逐期分别记载。可以另加页记载。

6. 权属核查

（1）使用期限。填写海域权属来源材料中要求的使用期限，例如：××××年××月××日起××××年××月××日止；只有起始时间而无终止时间的，填写××××年××月××日起；宗海内有多用途、多种使用期限的，则分别填写。

（2）相邻用海的使用人。由本宗海毗邻用海的业主对双方共有界址点、界址线位置进行确认，并签字。无毗邻用海的，填“无”；有毗邻用海但业主未签字的，填“未签”。

（3）共有情况。填写单独所有或按份共有、共同共有。属于按份共有的，还要填写共有的份额。

7. 无居民海岛状况

（1）海岛名称、海岛代码。填写国家发布的全国海岛名称及代码。

（2）用岛范围。填写整岛利用或局部利用。

（3）用岛面积。填写批准用岛的面积。

（4）海岛位置。注明管辖区域，并描述海岛与周边大陆或海岛的相对位置和距离。

（5）用途。填写旅游娱乐或交通运输，或工业、仓储、渔业、农林牧业、可再生能源利用、城乡建设、公共服务等。能够与《土地利用现状分类》衔接的，在备注栏同时记载二级类。

8. 记事

（1）权属核查记事。填写权属核查中发现的问题和需要说明的情况，例如尚未确权的毗邻用海及与本宗海的具体关系等，并由完成权属核查的人员签署姓名和日期。针对实际使用人与地籍材料不一致或无地籍材料的情形，应按照时间节点详细说明实际使用人及其不动产的历史沿革；如填写不下，可附页，实际使用人应在附页上手工签字并加盖印章或按手印。

（2）不动产测绘记事：简要填写测量采用的技术方法和使用的仪器；测量中遇到的问题和解决办法。若存在遗留问题，应填写问题及可行的解决方案，并由完成不动产测绘的人员签署姓名和日期。

（3）审核意见。调查单位（机构）的质量负责人对宗海调查结果进行全面审核，并给出审核意见，签字后加盖单位印章，签署日期。

9. 备注

填写其他需要说明的问题。

10. 调查单位（章）

填写负责承担宗海调查任务的单位全称，并加盖印章。

（二）宗海及内部单元记录表的填写要求

（1）宗海界址线。填写以“ * - * -…- * - * ”方式表示的界址线，“ * ”代表界址点编号。首尾界址点编号应相同，以表示界址线闭合。

（2）宗海总面积。填写宗海总面积。

（3）用海方式。按照《海域使用分类》和《财政部 国家海洋局印发〈关于调整海域无居民海岛使用金征收标准〉的通知》（财综〔2018〕15 号）的规定，填写本宗海的用海方式。

（4）内部单元。填写对应用海方式的宗海内部单元名称，按用途取名，如码头、港池等。

（5）内部单元界址线。填写各宗海内部单元的界址线，要求同“宗海界址线”。

（6）使用金数额。按照用海方式填写其对应的使用金数额。

（7）内部单元面积。填写宗海内部单元的面积。

（8）合计。填写每种用海方式的面积合计数。

（9）测量人、审核人。测量人员、审核人员签署姓名。

本表中对应各用海方式的宗海内部单元记录行数应根据实际情况进行调整，填写空间不足时可加附页。

附录四 无居民海岛调查表

一、无居民海岛调查表

无居民海岛调查表

预编宗海（含无居民海岛）代码					
不动产单元代码					
□权利人 □实际使用人	权利人或实际使用人类型				
	单位/个人		联系电话		
			邮编		
			地址		
	证件种类		证件号		
	法定代表人		身份证号		
	联系/代理人		身份证号		
项目用岛	项目名称		项目性质		
	海洋及相关产业分类		类别名称		
无居民海岛状况	海岛名称		海岛代码		
	用岛范围		用岛面积/hm^2		
	海岛位置		无居民海岛等别		
	用岛类型		用岛方式		
	使用金总额/万元		使用金标准依据		
权属状况	使用期限				
	四至关系	东	西	南	北
	使用人(签字)				
	共用情况				
记事	权属调查记事： 调查员： 日期： 年 月 日				
	测量记事： 测量员： 日期： 年 月 日				
	审核意见： 审核人： 日期： 年 月 日				
备注					

二、填写要求

1. 宗海（含无居民海岛）代码和不动产单元代码

按照《不动产单元设定与代码编制规则》规定编制的代码填写。

2. 实际使用人或权利人状况

当无地籍材料时，画“√”选择实际使用人；否则选择权利人。

3. 权利人或实际使用人

（1）权利人或实际使用人类型。填写个人、企业、事业单位、国家机关、其他等。

（2）单位/个人。权利人或实际使用人身份证件上的姓名或名称。如用岛范围是共用的，填写全部权利人或实际使用人身份证件上的姓名或名称，如因权利人或实际使用人过多填写不下时，则填写“×××等”，并附加页填写全部权利人或实际使用人身份证件上的姓名或名称。

（3）地址、邮编。填写申请单位地址或个人住址、邮政编码。如果申请者是非法人单位，或单位地址不明确，填写负责人通信地址。

（4）证件种类。填写权利人或实际使用人身份证件的种类。境内自然人，填写居民身份证，无居民身份证的，填写户口簿、军官证等。法人或其他组织，填写营业执照、法人证书。港澳同胞，填写港澳居民来往内地通行证、港澳同胞回乡证、居民身份证；台湾同胞，填写台湾居民来往大陆通行证、其他有效旅行证件、在台湾地区居住的有效身份证件、经确认的身份证件。外籍人士，填写护照或中国政府主管机关签发的居留证件。

（5）证件号。填写权利人或实际使用人身份证件上的编号。

（6）法定代表人、身份证号。填写申请单位法定代表人的姓名、身份证号码。如果申请者是非法人单位，填写负责人的姓名、身份证号码并注明。

（7）联系/代理人、身份证号、联系电话。填写负责处理本用岛相关问题的授权代表人的姓名、身份证号码和联系电话。

4. 项目用岛

（1）项目名称。填写用岛的项目名称。

（2）项目性质。根据用岛项目总体情况，填写公益性或经营性。

（3）海洋及相关产业分类。包括类别名称和类别代码，按照《海洋及相关产业分类》（GB/T 20794—2021）的规定填写。

5. 无居民海岛状况

（1）海岛名称、海岛代码。填写国家发布的全国海岛名称及代码。

（2）用岛范围。填写整岛利用或局部利用。

（3）用岛面积。填写批准用岛的面积。

（4）海岛位置。注明管辖区域，并描述海岛与周边大陆或海岛的相对位置和距离。

（5）无居民海岛等别。填写海洋主管部门按规定确定的无居民海岛等别。

（6）用岛类型。填写旅游娱乐、交通运输、工业仓储、渔业、农林牧业、可再生能源、城乡建设、公共服务和国防用岛等。

（7）用岛方式。填写原生利用式、轻度利用式、中度利用式、重度利用式、极度利用式和填海连岛等。

（8）使用金总额。填写项目用岛中该海岛的使用金总额。

（9）使用金标准依据。填写确定项目用岛使用金的标准依据、文件名称。

6. 权属状况

（1）使用期限。填写无居民海岛权属来源材料中规定的使用期限，例如：××××年××月××日起××××年××月××日止；只有起始时间而无终止时间的，填写××××年××月××日起；用岛范围内有多用途、多种使用期限的，则分别填写。

（2）相邻使用人。由本无居民海岛用岛范围毗邻的业主对双方共有界址点、界址线位置进行确认，并签字。无毗邻业主的，填“无”；有毗邻但业主未签字的，填“未签”。

（3）共用情况。填写按份共用、共同共用，并填写全部权利人的名称、权利人类型、证件种类、证件号、份额等，填写不下时可附页。

7. 记事

（1）权属调查记事。填写权属调查中发现的问题和需要说明的情况，例如尚未确权的毗邻无居民海岛或宗海及与本无居民海岛的具体关系等，并由完成权属调查的人员签署姓名和日期。无权属来源材料的，按照时间节点详细说明实际使用人及其不动产的历史沿革；如填写不下，可附页，实际使用人应在附页上手工签字并加盖印章或按手印。

（2）测量记事。简要填写测量采用的技术方法和使用的仪器；测量中遇到的问题和解决办法。若存在遗留问题，应填写问题及可行的解决方案，并由完成无居民海岛测量的人员签署姓名和日期。

（3）审核意见。调查单位（机构）的质量负责人对无居民海岛调查结果进行全面审核，并给出审核意见，签字后加盖单位印章，签署日期。

8. 备注

填写其他需要说明的问题。

9. 调查单位（章）

填写负责承担无居民海岛调查任务的单位全称，并加盖印章。

附录五 无居民海岛用岛类型与用岛方式界定

一、无居民海岛用岛类型界定

根据无居民海岛开发利用项目主导功能定位，将用岛类型划分下列九类。

1. 旅游娱乐用岛

用于游览、观光、娱乐、康体等旅游娱乐活动及相关设施建设的用岛。

2. 交通运输用岛

用于港口码头、路桥、隧道、机场等交通运输设施及其附属设施建设的用岛。

3. 工业仓储用岛

用于工业生产、工业仓储等的用岛，包括船舶工业、电力工业、盐业等。

4. 渔业用岛

用于渔业生产活动及其附属设施建设的用岛。

5. 农林牧业用岛

用于农、林、牧业生产活动的用岛。

6. 可再生能源用岛

用于风能、太阳能、海洋能、温差能等可再生能源设施建设的经营性用岛。

7. 城乡建设用岛

用于城乡基础设施及配套设施等建设的用岛。

8. 公共服务用岛

用于科研、教育、监测、观测、助航导航等非经营性和公益性设施建设的用岛。

9. 国防用岛

用于驻军、军事设施建设、军事生产等国防目的的用岛。

二、无居民海岛用岛方式界定

根据用岛活动对海岛自然岸线、表面积、岛体和植被等的改变程度，将无居民海岛用岛方式划分下列六种。

1. 原生利用式

不改变海岛岛体及表面积，保持海岛自然岸线和植被的用岛行为。

2. 轻度利用式

造成海岛自然岸线、表面积、岛体和植被等要素发生改变，且变化率最高的指标符合以下任一条件的用岛行为：

（1）改变海岛自然岸线属性≤10%。

（2）改变海岛表面积≤10%。

（3）改变海岛岛体体积≤10%。

（4）破坏海岛植被≤10%。

3. 中度利用式

造成海岛自然岸线、表面积、岛体和植被等要素发生改变，且变化率最高的指标符合以下任一条件的用岛行为：

（1）改变海岛自然岸线属性>10%且<30%。

（2）改变海岛表面积>10%且<30%。

（3）改变海岛岛体体积>10%且<30%。

（4）破坏海岛植被>10%且<30%。

4. 重度利用式

造成海岛自然岸线、表面积、岛体和植被等要素发生改变，且变化率最高的指标符合以下任一条件的用岛行为：

（1）改变海岛自然岸线属性≥30%且<65%。

（2）改变岛体表面积≥30%且<65%。

（3）改变海岛岛体体积≥30%且<65%。

（4）破坏海岛植被≥30%且<65%。

5. 极度利用式

造成海岛自然岸线、表面积、岛体和植被等要素发生改变，且变化率最高的指标符合以下任一条件的用岛行为：

（1）改变海岛自然岸线属性≥65%。

（2）改变岛体表面积≥65%。

（3）改变海岛岛体体积≥65%。

（4）破坏海岛植被≥65%。

6. 填海连岛与造成岛体消失的用岛

附录六 各方式用海范围界定方法

一、填海造地用海

填海造地用海是指筑堤围割海域填成土地，并形成有效岸线的用海。

（1）建设填海造地用海。指通过筑堤围割海域，填成建设用地用于工业、交通运输、渔业基础设施、城镇建设等的用海。工业、交通运输、渔业基础设施等填海是指主导用途用于工业、交通运输、渔业基础设施、旅游娱乐、海底工程、特殊用海等的填海造地用海；城镇建设填海是指除工业、交通运输、渔业基础设施等填海以外的其他填海造地用海。

（2）农业填海造地用海。指通过筑堤围割海域，填成农用地用于农、林、牧业生产的用海。

二、构筑物用海

构筑物用海是指采用透水或非透水等方式构筑海上各类设施的用海。

（1）透水构筑物用海。指采用透水方式构筑码头、平台、海面栈桥、高脚屋、塔架、潜堤、人工鱼礁等构筑物的用海。

（2）非透水构筑物用海。指采用非透水方式构筑不形成有效岸线的码头、突堤、引堤、防波堤、路基、设施基座等构筑物的用海。

（3）跨海桥梁、海底隧道用海。指占用海面空间或底土用于建设跨海桥梁、海底隧道、海底仓储等的用海。

三、围海用海

围海用海是指通过筑堤或其他手段，以完全或不完全闭合形式围割海域进行海洋开发活动的用海。

（1）港池、蓄水用海。指通过修筑海堤或防浪设施圈围海域，用于游艇、帆板、冲浪、潜水、水下观光、垂钓等水上娱乐活动的海域。

（2）盐田用海。指通过筑堤圈围海域用于盐业生产的用海。

（3）围海养殖用海。指通过筑堤圈围海域用于养殖生产的用海。

（4）围海式游乐场用海。指通过修筑海堤或防浪设施圈围海域，用于游艇、帆板、冲浪、潜水、水下观光、垂钓等水上娱乐活动的海域。

（5）其他围海用海。指上述围海用海以外的围海用海。

四、开放式用海

开放式用海是指不进行填海造地、围海或设置构筑物，直接利用海域进行开发活动的用海。

（1）开放式养殖用海。指采用筏式、网箱、底播或以人工投苗、自然增殖海洋底栖生物等形式进行增养殖生产的用海。

（2）浴场用海。指供游人游泳、嬉水，且无固定设施的用海。

（3）开放式游乐场用海。指开展游艇、帆板、冲浪、潜水、水下观光、垂钓等娱乐活动，且无固定设施的用海。

（4）专用航道、锚地用海。指供船舶航行、锚泊的用海。

（5）其他开放式用海。指上述开放式用海以外的开放式用海。

五、其他用海

其他用海是指上述用海方式之外的用海。

（1）人工岛式油气开采用海。指采用人工岛方式开采油气资源的用海。

（2）平台式油气开采用海。指采用固定式平台、移动式平台、浮式储油装置及其他辅助设施开采油气资源的用海。

（3）海底电缆管道用海。指铺设海底通信光（电）缆及电力电缆，输水、输气、输油及输送其他物质的管状输送设施的用海。

（4）海砂等矿产开采用海。指开采海砂及其他固体矿产资源的用海。

（5）取、排水口用海。指抽取或排放海水的用海。

（6）污水达标排放用海。指受纳指定达标污水的用海。

（7）温、冷排水的用海。指受纳温、冷排水的用海。

（8）倾倒用海。指向海上倾倒区倾倒废弃物或利用海床在水下堆放疏浚物等的用海。

（9）种植用海。指种植芦苇、翅碱蓬、人工防护林、红树林等的用海。

附录七　房屋和构（建）筑物调查表

一、房屋和构（建）筑物调查表

（一）房屋调查表

房屋调查表

<table>
<tr><td>不动产
单元代码</td><td colspan="16">县级行政区代码　　地籍区　　地籍子区　　宗地号
定着物（房屋）代码</td></tr>
<tr><td>房地坐落</td><td colspan="11"></td><td colspan="1">邮政
编码</td><td colspan="4"></td></tr>
<tr><td rowspan="2">□所有权人
□实际使用人</td><td colspan="6" rowspan="2"></td><td colspan="2">证件种类</td><td colspan="8"></td></tr>
<tr><td colspan="2">证件号</td><td colspan="8"></td></tr>
<tr><td>电话</td><td colspan="3"></td><td colspan="3">住址</td><td colspan="2"></td><td colspan="2" rowspan="3">共有情况</td><td colspan="6" rowspan="3"></td></tr>
<tr><td>房屋所有权人或实际使用人类型</td><td colspan="3"></td><td colspan="3">规划用途</td><td colspan="2"></td></tr>
<tr><td>房屋性质</td><td colspan="3"></td><td colspan="3">实际用途</td><td colspan="2"></td></tr>
<tr><td rowspan="8">房屋状况</td><td rowspan="2">幢号</td><td rowspan="2">户号</td><td rowspan="2">总套数</td><td rowspan="2">总层数</td><td rowspan="2">所在层</td><td rowspan="2">房屋结构</td><td rowspan="2">竣工时间</td><td rowspan="2">占地面积/m^2</td><td rowspan="2">建筑面积/m^2</td><td rowspan="2">专有建筑面积/m^2</td><td rowspan="2">分摊建筑面积/m^2</td><td rowspan="2">产权来源</td><td colspan="4">墙体归属</td></tr>
<tr><td>东</td><td>南</td><td>西</td><td>北</td></tr>
<tr><td></td><td></td><td></td><td></td><td></td><td></td><td></td><td></td><td></td><td></td><td></td><td></td><td></td><td></td><td></td><td></td></tr>
<tr><td></td><td></td><td></td><td></td><td></td><td></td><td></td><td></td><td></td><td></td><td></td><td></td><td></td><td></td><td></td><td></td></tr>
<tr><td></td><td></td><td></td><td></td><td></td><td></td><td></td><td></td><td></td><td></td><td></td><td></td><td></td><td></td><td></td><td></td></tr>
<tr><td></td><td></td><td></td><td></td><td></td><td></td><td></td><td></td><td></td><td></td><td></td><td></td><td></td><td></td><td></td><td></td></tr>
<tr><td></td><td></td><td></td><td></td><td></td><td></td><td></td><td></td><td></td><td></td><td></td><td></td><td></td><td></td><td></td><td></td></tr>
<tr><td></td><td></td><td></td><td></td><td></td><td></td><td></td><td></td><td></td><td></td><td></td><td></td><td></td><td></td><td></td><td></td></tr>
<tr><td rowspan="2">房产
草图</td><td colspan="6" rowspan="2"></td><td colspan="2">附加说明</td><td colspan="8"></td></tr>
<tr><td colspan="2">调查意见</td><td colspan="8"></td></tr>
</table>

调查员：　　　　　　　　　　　　　　　　　　　　　　日期：　　年　月

（二）建筑物区分所有权业主共有部分调查表

建筑物区分所有权业主共有部分调查表

宗地代码：		项目名称：		总幢数：	
幢号	户号	所在层	共有部分名称	共有建筑面积/m^2	共有部分说明
F0001		1	半墙	20.33	整幢共有
……					
F0001	0001	1	物业用房	37.54	全体业主共有
……					

填表人：　　　　　　　　　　　　　　　　　　　　　　日期：　　年　　月　　日

（三）房产图

房产图

（四）构（建）筑物调查表

构（建）筑物调查表

宗地（海）代码		坐落	
不动产单元号			
构（建）筑物 □所有权人 □实际使用人		证件种类	
		证件号	
权利人类型			
构（建）筑物类型			
构（建）筑物规划用途			
构（建）筑物面积/m^2			
竣工时间			
共有情况			
备注			
审核意见			
附图 构（建）筑物平面图，可附页			

调查人：　　　　　　　　　　　　　　　　　　　日期：　　年　月　日

二、填写要求

（一）房屋调查表的填写要求

（1）市区名称或代码。填写房屋所在市区的名称或代码。

（2）地籍区、地籍子区。按照《不动产单元设定与代码编制规则》编制的代码填写。

（3）宗地号、定着物代码。按照《不动产单元设定与代码编制规则》编制的代码填写。

（4）不动产单元代码。按照《不动产单元设定与代码编制规则》编制的代码填写。

（5）房地坐落。填写依法确定的房地坐落，如街道名称、门牌号、幢号、楼层号、房号等。可根据需要将调查的房屋单元（幢、层、套、间）空间界限范围内的左下角部位空间坐标（X、Y、H）作为房屋坐落的附加注释。

（6）邮政编码。填写该区（县）的邮政编码。

（7）所有权人或实际使用人状况。当无地籍材料时，打"√"选择实际使用人；否则选择权利人。

（8）所有权人或实际使用人。填写权利人或实际使用人的姓名或名称，权利人或实际使用人为自然人的，填写身份证明上的姓名；权利人或实际使用人为法人或其他组织的，填写身份证明上的名称。

（9）证件种类。填写房屋所有权人或实际使用人身份证件的种类。境内自然人，填写居民身份证，无居民身份证的，填写户口簿、或军官证等；法人或其他组织，填写社会信用代码；港澳同胞，填写港澳居民来往内地通行证或港澳同胞回乡证、居民身份证；台湾同胞，填写台湾居民来往大陆通行证或其他有效旅行证件、在台湾地区居住的有效身份证件，或经确认的身份证件；外籍人士，填写护照或中国政府主管机关签发的居留证件。

（10）证件号。填写权利人或实际使用人身份证件上的编号。

（11）电话、住址。填写房屋所有权人的电话号码和现住地的详细地址。

（12）所有权人或实际使用人类型。填写个人或企业、事业单位、国家机关，或其他。

（13）共有情况。填写单独所有、按份共有或共同共有。属于按份共有的，还要填写共有的份额。

（14）项目名称。按幢填写项目名称。如一幢中存在多个项目，可在后面追加1、2、3等序号区分。

（15）房屋性质。填写商品房或房改房、经济适用住房、廉租住房、共有产权住房，或自建房等。

（16）实际用途。填写按照表2-1-4所确认的用途。一幢房屋有两种以上用途，应分别注明。

（17）规划用途。填写建设工程规划许可文件及其所附图件上确定的房屋用途。

（18）房屋状况。

幢号：按照《不动产单元设定与代码编制规则》编制的幢号填写。

户号：按照《不动产单元设定与代码编制规则》编制的户号填写。

总层数：填写幢的总层数。

所在层：填写户所在的自然层数。地上层用自然数表示，地下层以负整数表示。

房屋结构：填写按照《地籍调查规程》要求所确认的结构。

竣工时间：填写幢的实际竣工年份。一幢房屋有两种以上竣工时间，应分别注明。

占地面积：填写户分摊到的建筑占地面积。

建筑面积：填写户建筑面积。

专有部分建筑面积：填写户的专有部分建筑面积。

分摊建筑面积：填写户的共有部分分摊建筑面积。

产权来源：填写权利人取得房屋所有权的时间和方式，取得房屋所有权的方式为继承、或分割、买受、受赠、交换、新建、重建、征用、收购、调拨、价拨、拨用等。产权来源有两种以上的，应全部注明。

墙体归属：填写自有墙或共有墙、借墙。

（19）房产草图。以权属单元为单位绘制的略图，表示房屋及其相关位置、权界线、共有共用房屋权界线，以及与邻户相连墙体的归属，并注记房屋边长。对有争议的权界线应标注部位。房屋权界线是指房屋权属范围的界线，包括共有共用房屋的权界线，以产权人的指界与邻户认证来确定，对有争议的权界线，应作相应记录。

（20）附加说明。在调查中对产权不清或有争议的，以及设有典当权、抵押权等他项权利的，应做出记录。

（二）建筑物区分所有权业主共有部分调查表的填写要求

按照下列规定填写建筑物区分所有权业主共有部分调查表：

（1）宗地代码。填写根据《不动产单元设定与代码编制规则》的规定编制的宗地代码。

（2）项目名称。根据建筑工程许可文件中的项目名称填写。

（3）总幢数。填写宗地范围内的总幢数。

（4）幢号、户号。填写根据《不动产单元设定与代码编制规则》的规定编制的幢号和户号。

（5）所在层。填写所在层，如1、2、3…。

（6）共有部分名称。如半墙、物业用房、架空空间、电梯、楼梯、变电房、水泵房等。

（7）共有建筑面积。填写共有部分的建筑面积。

（8）共有部分说明。如整幢共用、全体业主共用等。

（三）构（建）筑物调查表填写要求

（1）宗地（海）代码。根据《不动产单元设定与代码编制规则》的要求填写。

（2）不动产单元号。根据《不动产单元设定与代码编制规则》的要求填写。

（3）坐落。填写构（建）筑物的坐落。

（4）所有权人或实际使用人状况。当无地籍材料时，打“√”选择实际使用人；否则选择所有权人。

（5）所有权人或实际使用人。填写所有权人或实际使用人的姓名或名称，所有权人或实际使用人为自然人的，填写身份证明上的姓名；权利人或实际使用人为法人或其他组织的，填写身份证明上的名称。

（6）证件种类。填写所有权人或实际使用人身份证件的种类。境内自然人，填写居民身份证，无居民身份证的，填写户口簿或军官证等；法人或其他组织，填写社会信用代码；港澳同胞，填写港澳居民来往内地通行证或港澳同胞回乡证，或居民身份证；台湾同胞，填写台湾居民来往大陆通行证或其他有效旅行证件、在台湾地区居住的有效身份证件，或经确认的身份证件；外籍人士，填写护照或中国政府主管机关签发的居留证件。

（7）证件号。填写所有权人或实际使用人身份证件上的编号。

（8）权利人或实际使用人类型。填写个人、企业、事业单位、国家机关、其他。无法归类为个人、企业、事业单位、国家机关的，填写其他。

（9）构筑物类型。填写构筑物的类型，包括隧道、桥梁、水塔等地上构筑物；透水构筑物、非透水构筑物、跨海桥梁、海底隧道等海上构筑物。

（10）构（建）筑物规划用途。填写构（建）筑物规划许可文件及其所附图件上确定的用途。

（11）构（建）筑物面积。填写构（建）筑物的测量面积。

（12）竣工时间。填写构（建）筑物竣工验收文件确定的竣工时间。

（13）共有情况。填写单独所有、按份共有或共同共有。属于按份共有的，还要填写共有的份额。

（14）备注。填写本表各栏目没有说明清楚的情况。

（15）审核意见。调查单位（机构）的质量负责人对房屋调查结果进行全面审核，并给出审核意见，签字后加盖单位印章，签署日期。

附录八　林权调查表

一、林权调查表

林权调查表

<table>
<tr><td>宗地代码</td><td colspan="2"></td><td colspan="2">定着物代码</td><td></td></tr>
<tr><td>不动产单元号</td><td colspan="5"></td></tr>
<tr><td rowspan="2">森林、林木
☐所有权人
☐实际使用人</td><td colspan="2" rowspan="2"></td><td colspan="2">证件种类</td><td></td></tr>
<tr><td colspan="2">证件号</td><td></td></tr>
<tr><td rowspan="2">森林、林木
☐使用权人
☐实际使用人</td><td colspan="2" rowspan="2"></td><td colspan="2">证件种类</td><td></td></tr>
<tr><td colspan="2">证件号</td><td></td></tr>
<tr><td rowspan="2">代理人</td><td rowspan="2"></td><td>证件类型</td><td></td><td rowspan="2">电话</td><td rowspan="2"></td></tr>
<tr><td>证件编号</td><td></td></tr>
<tr><td>权利人或实际使用人类型</td><td colspan="5"></td></tr>
<tr><td>坐落</td><td colspan="5"></td></tr>
<tr><td>造林年度</td><td colspan="5"></td></tr>
<tr><td>小地名</td><td colspan="5"></td></tr>
<tr><td>林班</td><td></td><td colspan="2">小班</td><td colspan="2"></td></tr>
<tr><td>面积/m^2</td><td></td><td colspan="2">起源</td><td colspan="2"></td></tr>
<tr><td>株数</td><td></td><td colspan="2">主要树种</td><td colspan="2"></td></tr>
<tr><td>林种</td><td colspan="5">☐防护林　☐用材林　☐经济林
☐薪炭林　☐特种用途林　☐其他</td></tr>
<tr><td>共有情况</td><td colspan="5"></td></tr>
<tr><td>审核意见</td><td colspan="5">审核人：　　　　日期：　年　月　日</td></tr>
<tr><td>备注</td><td colspan="5"></td></tr>
</table>

调查员：　　　　　　　　日期：　年　月　日

二、林权调查表填写要求

（1）宗地代码、定着物代码。按照《不动产单元设定与代码编制规则》编制的宗地代码和定着物代码填写。

（2）森林、林木所有权人或实际使用人状况。当无地籍材料时，打“√”选择实际使用人；否则选择所有权人或使用权人。

（3）森林或林木所有权人或实际使用人。填写所有权人或实际使用人的姓名或名称，所有权人或实际使用人为自然人的，填写身份证明上的姓名；权利人或实际使用人为法人或其他组织的，填写身份证明上的名称。

（4）森林或林木使用权人或实际使用人。填写使用权人或实际使用人的姓名或名称，使用权人或实际使用人为自然人的，填写身份证明上的姓名；使用权人或实际使用人为法人和其他组织的，填写身份证明上的名称。

（5）证件种类。填写所有权人、使用权人或实际使用人身份证件的种类。境内自然人，填写居民身份证，无居民身份证的，填写户口簿、或军官证等；法人或其他组织，填写社会信用代码；港澳同胞，填写港澳居民来往内地通行证或港澳同胞回乡证、居民身份证；台湾同胞，填写台湾居民来往大陆通行证或其他有效旅行证件、在台湾地区居住的有效身份证件，或经确认的身份证件；外籍人士，填写护照或中国政府主管机关签发的居留证件。

（6）证件号。填写所有权人、使用权人或实际使用人身份证件上的编号。

（7）代理人姓名、证件类型和证件编号。姓名填写代理人姓名、身份证号码和联系电话。无代理的，填充“ /”符号。证件类型填写居民身份证或军官证、护照等。证件编号填写代理人的居民身份证号码、军官证号码，或护照号码等。

（8）权利人或实际使用人类型。填写个人或企业、事业单位、国家机关，或其他。

（9）坐落。填写调查的森林、林木所在的具体地理位置。

（10）造林年度。填写森林、林木权属来源文件确定的造林年度。

（11）小地名。填写地形图上标注的地名，地形图上没有的或记载有误的，用当地群众普遍认可的地名。

（12）林班、小班。根据森林资源规划设计调查所确认的林班和小班数据填写。

（13）面积。填写经测量得到的林地面积。此项由测绘单位在测量完成时提供，由调查人员填写。

（14）起源。填写天然林或人工林。

（15）株数。填写零星树木，或四旁树木，或农田林网等的株数。

（16）主要树种。填写宗地内森林、林木的主要树木种类，填写的树木种类数最多为 3 种。

（17）林种。填写防护林或用材林、经济林、薪炭林，或特种用途林等。

（18）共有情况。填写单独所有、按份共有或共同共有。属于按份共有的，还要填写共有的份额。

（19）审核意见。调查单位（机构）的质量负责人对林木调查结果进行全面审核，并给出审核意见，签字后加盖单位印章，签署日期。

附录九　不动产单元表

不动产单元表（宗地表）

制作单位名称（签章）：

<table>
<tr><td>项目名称</td><td></td><td>项目坐落</td><td colspan="4"></td><td colspan="2">权利人名称</td><td></td></tr>
<tr><td>宗地代码</td><td></td><td>竣工时间</td><td colspan="2"></td><td>是否已抵押/查封/异议</td><td colspan="2"></td><td>权利设定方式</td><td></td></tr>
<tr><td>是否已登记</td><td></td><td>权利性质</td><td colspan="2"></td><td>权利类型</td><td colspan="2"></td><td>土地等级</td><td></td></tr>
<tr><td>宗地面积/m²</td><td></td><td>建筑总面积/m²</td><td colspan="2"></td><td>建筑占地总面积/m²</td><td colspan="2"></td><td>土地价格</td><td></td></tr>
<tr><td>批准用途</td><td></td><td>实际用途 1</td><td colspan="2"></td><td>起始日期</td><td colspan="2"></td><td>终止日期</td><td></td></tr>
<tr><td>共有/共用情况</td><td></td><td>实际用途 2</td><td colspan="2"></td><td>起始日期</td><td colspan="2"></td><td>终止日期</td><td></td></tr>
<tr><td colspan="10">土地（承包）经营权、农用地的使用权等增加填写以下信息</td></tr>
<tr><td>发包方姓名或名称</td><td></td><td>承包方姓名或名称</td><td colspan="2"></td><td>受让方姓名或名称</td><td colspan="2"></td><td>取得（承包）方式</td><td></td></tr>
<tr><td>土地用途</td><td></td><td>水域滩涂类型</td><td colspan="2"></td><td>养殖方式</td><td colspan="2"></td><td>适宜载畜量</td><td></td></tr>
<tr><td>草层高度</td><td></td><td>草地覆盖度</td><td></td><td>建群种</td><td></td><td>优势种</td><td></td><td>是否永久基本农田</td><td></td></tr>
<tr><td colspan="10">数据来源：地籍调查表。</td></tr>
</table>

不动产单元表（宗地内房屋自然幢汇总表）

制作单位名称（签章）：

宗地代码					坐落											分用途建筑面积/m^2				
幢号	权利人名称	逻辑幢号	总单元数	总层数	地上层数	地下层数	幢高度/m	房屋性质	房屋结构	建筑占地面积/m^2	建筑面积/m^2	专有建筑面积/m^2	分摊建筑面积/m^2	共有建筑面积/m^2	竣工时间	住宅	工业交通仓储	商业金融信息	办公	……
数据来源：地籍调查表。																				

不动产单元表（房屋定着物单元汇总表）

制作单位名称（签章）：

宗地代码																				
幢坐落																				
定着物单元代码	权利人名称	幢名称	坐落	房屋用途	房屋结构	房屋性质	所在实际层	户型	朝向	共有情况	建筑面积/m^2	专有建筑面积/m^2	分摊建筑面积/m^2	共有建筑面积/m^2	有无电梯	产权来源	所在名义层	层高/m	是否已登记	是否抵押/查封/异议
数据来源：地籍调查和项目业主提供。																				

不动产单元表（建筑物区分所有权业主共有部分汇总表）

制作单位名称（签章）：

不动产单元代码				权利人名称		
序号	幢号	户号	所在层	共有部分名称	共有建筑面积/m^2	附记
1						
2						
…						
数据来源：地籍调查表和项目业主提供。						

不动产单元表（林木表）

制作单位名称（签章）：

不动产单元代码			权利人名称					
坐落		小地名		共有情况				
造林年度		林班		小班				
面积/m^2		起源		是否已登记				
株数		主要树种		林种				
数据来源：地籍调查表。								

不动产单元表（宗海表）

制作单位名称（签章）：

宗海代码		项目名称				项目性质	
权利人名称		海域等级		用海类型 A		用海类型 B	
海洋及相关产业分类名称/代码		起始日期		终止日期		共用情况	
占用岸线长度/m		使用金额/万元		是否已登记			
宗海面积/m^2		用海总面积/m^2		宗海位置（文字说明）			
不同用海方式的面积							
序号	1	2	3	4	5		
用海方式名称							
用海面积/m^2							
数据来源：地籍调查表。							

不动产单元表［构（建）筑物表］

制作单位名称（签章）：

宗地(海)代码					权利人名称		
定着物代码	构(建)筑物类型	构(建)筑物用途	建筑占地面积/m^2	建筑面积/m^2	竣工时间	共有情况	是否已登记
数据来源：地籍调查表。							

不动产单元表（无居民海岛表）

制作单位名称（签章）：

不动产单元代码		权利人名称			
海岛名称		海岛代码		海岛用途	
用岛范围		用岛面积/m^2		是否已登记	
使用期限		共用情况			
数据来源：地籍调查表。					

第三章　不动产单元设定与代码编制规则

《不动产登记暂行条例》规定，不动产以不动产单元为基本单位进行登记，不动产单元具有唯一编码。地籍调查是为不动产登记获取界址点、界址线、面积等相关材料，以确保要登记的不动产单元权属清楚、界址清晰、面积准确，因此地籍调查的单元也即不动产单元。

不动产单元是权属界线固定封闭，且具有独立使用价值的空间，是由定着物单元和其所在宗地（宗海）共同组成的不动产登记基本单位。定着物是指固定于土地（海域）且功能完整、具有独立使用价值的房屋等建筑物、构筑物以及森林、林木等不能移动的物。定着物单元是指权属界线固定封闭、功能完整且具有独立使用价值的房屋等建筑物、构筑物以及森林、林木等定着物，是定着物所有权登记的基本单位。宗地是土地权属界线封闭的地块或者空间，宗海是权属界线封闭的同类型用海单元。不动产单元代码是按一定的规则赋予不动产单元的唯一和可识别的标识码，也可称为不动产单元编码或不动产单元号，是每个不动产单元唯一的“身份证号”。

第一节　不动产单元设定

一、地籍区与地籍子区的划分

（一）地籍区与地籍子区的概念

依据《地籍调查规程》规定，在地籍总调查之前，应首先划分地籍区、地籍子区。

地籍区是在县级行政辖区内，以乡（镇）、街道界线为基础结合明显线性地物首级划分的地籍管理区域。在地籍区范围内，根据实际情况，可以行政村、居委会或街坊界线为基础，结合明显线性地物将地籍区再划分为若干个地籍子区。即将原有的城镇地籍管理区域“街道”和农村地籍管理区域“乡（镇）”统一为地籍区，将原有的城市地籍管理区域“街坊”和农村地籍管理区域“村”统一为地籍子区。其主要目的，一是建立城乡一体化地籍管理空间层次模型，将原有城乡分离的地籍调查模式统一为城乡一体化地籍调查空间层次模型；二是为了保持地籍管理区域相对稳定，地籍区、地籍子区划定后，其数量和界线应保持稳定，原则上不随所依附界线或线性地物的变更而调整。

（二）地籍区与地籍子区划分规则

1. 地籍区划分规则

1）在县级行政辖区内，以乡（镇）、街道界线为基础结合明显线性地物划分地籍区

（1）一个乡（镇）、街道可划分为多个地籍区。

（2）多个相邻的乡（镇）、街道也可划分为一个地籍区。

（3）同一乡（镇、街道）由多片不相邻的行政辖区组成时，每片行政辖区宜分别单独划分地籍区。

（4）整建制的乡（镇）、街道级的“飞地”，宜在“飞入地”所在行政区划范围内单独划分地籍区。

（5）开发区、经济新区等跨两个以上县级行政辖区的特殊区域，宜分别在所在县级行政区划内划分地籍区。

（6）在县级行政区划内，公路、铁路等线性地物可单独划分线性地物地籍区。

2）海域（含无居民海岛）可不划分地籍区

2. 地籍子区划分规则

1）在地籍区内，以行政村、居委会或街坊级界线为基础，结合明显线性地物划分地籍子区

（1）一个行政村、居委会或街坊可划分为多个地籍子区。

（2）多个相邻的行政村、居委会或街坊可划分为一个地籍子区。

（3）一个行政村、居委会或街坊由多片不相邻的区域组成时，每片区域宜分别单独划分地籍子区。

（4）行政村、居委会或街坊级的“飞地”，宜在“飞入地”所在的地籍区内划分地籍子区。

（5）线性地物地籍区可不划分地籍子区。

2）海域（含无居民海岛）可不划分地籍子区

（三）地籍区与地籍子区划分要求

1. 地籍区划分要求

（1）交通、水系等线性地物的中心线（或边界线）、乡（镇）、街道级界线以及土地权属界线可作为地籍区界线。

（2）地籍区宜基本保持乡（镇）、街道级行政辖区的完整性。

（3）地籍区应覆盖整个县级行政辖区，地籍区界线不应切分宗地。

（4）县级行政界线切分宗地的，可根据宗地界线微调地籍区界线。

（5）县级行政辖区之间，地籍区应相互接边与衔接。

（6）线性地物地籍区可不在空间上表达，不分割其他地籍区（地籍子区）。

2. 地籍子区划分要求

（1）交通、水系等线性地物的中心线（或边界线）、行政村、居委会或街坊级界线以及土地权属界线可作为地籍子区界线。

（2）地籍子区宜基本保持行政村、居委会或街坊辖区的完整性。

（3）地籍子区应覆盖整个地籍区，地籍子区界线不应切分宗地。

（四）地籍区与地籍子区划分方法

1. 地籍区划分方法

以最新年度国土变更调查数据库和城镇地籍数据库为基础，提取县级行政区界线、乡（镇）、街道级界线等，并将提取的界线和最新高分辨率的数字正射影像图叠加，形成划分地籍区的工作底图。

（1）结合行政区划资料、乡（镇）、街道级建设规划资料和最新影像资料，以乡（镇）、街道级界线为基础，结合公路、河流等线性地物的中心线（或边界线）以及土地权属界线，初步划分地籍区界线。

（2）依据地籍区划分规则和要求，结合宗地及房屋等建筑物、构筑物的分布和数量，合理确定地籍区的数量和范围。

2. 地籍子区划分方法

以最新年度土地变更调查数据库和城镇地籍数据库为基础，提取村界、街坊界等界线，并将提取的界线和最新高分辨率的数字正射影像图叠加，形成划分地籍子区的工作底图。

（1）结合行政村、居委会或街坊级建设规划资料，以行政村、居委会或街坊级界线为基础，结合次要道路、支流、渠道等线性地物的中心线（或边界线）和土地权属界线，初步确定地籍子区界线。

（2）依据地籍子区划分规则，结合宗地及房屋等建筑物、构筑物的分布和数量，合理确定地籍子区的数量和范围，精细调整地籍子区界线。

二、宗地的划分

（一）宗地划分规则

在地籍子区内，按照以下情形划分宗地：

（1）依据土地权属证书、土地出让合同、划拨决定书、土地承包合同以及符合土地确权规定的资料等权属来源材料，结合土地使用现状和相邻权利人的确认，划分国有土地使用权宗地和集体土地所有权宗地。其中，国有土地使用权宗地包括国有建设用地使用权宗地（地表、地上、地下）、土地承包经营权宗地（耕地、林地、草地）、林地使用权宗地（承包经营以外的）、农用地的使用权宗地（承包经营以外的、非林地）以及其他土地使用权宗地等。

（2）农民集体经济组织所有的土地，应划分集体土地所有权宗地。

（3）在集体土地所有权宗地内，划分集体建设用地使用权宗地、宅基地使用权宗地、土地承包经营权宗地（耕地、林地、草地）、林地使用权宗地（承包经营以外的）、农用地的使用权宗地（承包经营以外的、非林地）以及其他使用权宗地等。

（4）两个或两个以上农民集体共同所有的地块，且土地所有权界线难以划清的，应设为共有宗。

（5）两个或两个以上权利人共同使用的地块，且土地使用权界线难以划清的，应设为共用宗。

（6）土地权属未确定或有争议的地块可设为一宗地。

（7）县级行政界线分割宗地的，原则上宜保持宗地的完整性，并将县级行政区面积、名称、行政界线等作为宗地图的要素，也可按照县级行政界线分割宗地。

（8）结建的地下空间，宜与其地表部分一并划分为国有建设使用权宗地（地表）。

（9）单建的地下空间，依据土地出让合同等相关权源材料确定的范围，可设立国有建设使用权宗地（地下）。

（二）宗地划分要求

宗地划分时，应当满足以下要求：

（1）宗地不得跨越地籍子区。

（2）宗地界址线应封闭。

（3）宗地界址线互不交叉。

（三）宗地划分方法

宗地划分方法如下：

（1）依据土地权利人的申请以及集体土地征收、农转用、集体建设用地、宅基地的审批资料，国有建设用地的出让、划拨等土地供应资料，土地及房屋等定着物的登记、变更、转移、抵押、查封、租赁、地役权和土地权利限制等不动产登记资料，相邻土地权利人的基本情况，界址设立的基本情况，按照土地确权登记的法律、法规、政策的规定以及《地籍调查规程》的技术要求，结合宗地划分的原则，划分集体土地所有权宗地、国有建设用地使用权宗地（地表、地上、地下）、集体建设用地使用权宗地、宅基地使用权宗地、林地使用权宗地（承包经营以外的）、农用地的使用权宗地（承包经营以外的、非林地）

以及其他使用权宗地等。

(2) 依据土地承包合同、土地承包经营权登记簿等记载的承包地块名称、面积、四至、位置、界址等基本情况，按照农村土地承包经营权确权登记的法律、法规和政策的规定以及《农村土地承包经营权调查规程》（NY/T 2537—2014）的技术要求，结合宗地划分的原则，划分土地承包经营权宗地。

三、宗海（含无居民海岛）划分

（一）宗海（含无居民海岛）划分规则

在县级行政辖区内，按下列情形划分宗海和无居民海岛使用权范围：

(1) 依据宗海的权属来源，划分海域使用权宗海。

(2) 依据无居民海岛的权属来源，划分无居民海岛使用权范围。

（二）宗海（含无居民海岛）划分要求

宗海划分时，应满足以下要求：

(1) 宗海（含无居民海岛）界址线应封闭。

(2) 宗海（含无居民海岛）界址线互不交叉。

（三）宗海（含无居民海岛）划分方法

依据海域（含无居民海岛）的使用现状资料或设计方案、宗海（含无居民海岛）确权登记资料、相邻宗海的权属与界址资料以及所在海域的基础地理资料，按照宗海（含无居民海岛）确权登记的法律、法规和政策的规定以及《海籍调查规范》、《无居民海岛开发利用测量规范》的技术要求，结合宗海界址、用海类型与方式等基本情况，划分海域使用权宗海（无居民海岛使用权海岛）。

四、定着物单元划分

在使用权宗地（宗海）内，应将房屋、林木等定着物划分为不同的定着物单元。

（一）定着物单元划分规则

1. 房屋等建筑物、构筑物的定着物单元划分规则

(1) 一幢房屋等建筑物、构筑物（包括该幢房屋的车库、车位、储藏室等）归同一权利人所有的，宜划分为一个定着物单元，如别墅、工业厂房等。

(2) 一幢房屋内多层（间）等归同一权利人所有的，应按照权属界线固定封闭、功能完整且具有独立使用价值的空间，划分定着物单元，如写字楼、商场、门面等。

(3) 地下车库、商铺等具有独立使用价值的特定空间，或者码头、油库、

隧道、桥梁、塔状物等构筑物，宜各自独立划分定着物单元。

（4）成套住宅（包括不单独核发不动产权证书与房屋配套的车库、车位、储藏室等）应以套为单位划分定着物单元；当同一权利人拥有多套（层、间等）权属界线固定且具有独立使用价值的成套房屋时，每套（层、间等）房屋宜各自独立划分定着物单元。

（5）非成套住宅，可以间为单位划分定着物单元；当同一权利人拥有连续多间房屋时（非成套），可一并划分为一个定着物单元。

（6）全部房屋等建筑物、构筑物归同一权利人所有的，该宗地（宗海）内全部房屋等建筑物、构筑物可一并划分为一个定着物单元，如大学、机关、企事业单位、农民宅基地内的房屋及配套设施等。

2. 森林、林木的定着物单元划分规则

（1）成片森林、林木（或单株林木）归同一权利人所有的，宜划分为一个定着物单元。

（2）全部森林、林木归同一权利人所有的，该宗地（宗海）内全部森林、林木可一并划分为一个定着物单元。

3. 其他类型定着物的定着物单元划分规则

（1）定着物为其他类型的，宜依据定着物的类型和权属，各自独立划分定着物单元。

（2）当地上全部同一其他类型的定着物归同一权利人所有的，可一并划分为一个定着物单元。

（3）集体土地所有权宗地、土地承包经营权宗地（耕地）、土地承包经营权宗地（草地）、农用地的使用权宗地（承包经营以外的、非林地）等不应划分定着物单元。

（二）定着物单元划分要求

定着物单元的划分，应满足以下要求：

（1）定着物单元的权属界线应封闭。

（2）定着物单元的权属界线互不交叉。

（3）定着物为房屋等建筑物、构筑物，应符合相关设计、施工规范，以及规划、验收标准和确权登记的要求。

（4）定着物为森林、林木等，应符合森林、林木等确权登记的相关要求。

（三）定着物单元划分方法

1. 房屋等建筑物、构筑物的定着物单元划分方法

定着物为房屋等建筑物、构筑物的，依据建设工程规划许可证、建筑施工许可证（图）、竣工验收材料、房产调查或测绘报告等，将权属界线固定、功能完整、用途明确、可独立使用的空间划分为一个定着物单元；其中自然幢一般是相对独立的建筑单体，范围线应当是地籍图上所表达的房屋等建筑物、构筑物的基底范围线。自然幢的划分方法如下：

（1）建设用地使用权宗地（地表）内，宜按照建筑物单体划分自然幢。

（2）地表和地下结建的房屋等建筑物、构筑物共同组成一个自然幢；地下单建的房屋等建筑物、构筑物，宜独立划分为一个自然幢。其中，依据土地出让合同（划拨决定书）等权属来源资料分层设立建设用地使用权宗地（地上、地下）的，在该建设用地使用权宗地（地上、地下）内，房屋等建筑物、构筑物可按建筑单体划分自然幢。

（3）特大型地下车库等难以确定建筑单体的，可按总平面图、建设工程规划许可证、建筑施工许可证（图）、竣工验收材料、房产调查或测绘报告以及相关设计规范的要求等，合理划分自然幢。

2. 森林、林木的定着物单元划分方法

定着物为森林、林木的，依据森林、林木权利人的申请及合法有效的森林、林木、林地权属证明文件，结合林权登记台账等材料和有关政策文件规定，划分森林、林木定着物单元。

3. 其他类型定着物的定着物单元划分方法

定着物为其他类型的，依据权利人的申请及定着物类型、权属界线，划分定着物单元。

五、不动产单元设定规则

不动产单元设定的规则如下：

（1）一宗土地所有权宗地应设为一个不动产单元。

（2）无定着物的一宗使用权宗地（宗海）应设为一个不动产单元。

（3）有定着物的一宗使用权宗地（宗海），宗地（宗海）内的每个定着物单元与该宗地（宗海）应设为一个不动产单元。

第二节　不动产单元代码编制

一、不动产单元代码结构

按照每个不动产单元应具有唯一代码的基本要求，依据《信息分类和编码的基本原则与方法》（GB/T 7027—2002）规定的信息分类原则和方法，不动产单元代码采用 7 层 28 位层次码结构，由宗地（宗海）代码与定着物单元代码构成，具体如下：

宗地（宗海）代码为5层19位层次码，按层次分别表示县级行政区划代码、地籍区代码、地籍子区代码、宗地（宗海）特征码、宗地（宗海）顺序号，其中宗地（宗海）特征码和宗地（宗海）顺序号组成宗地（宗海）号。

定着物单元代码为2层9位层次码，按层次分别表示定着物特征码、定着物单元号。

不动产单元代码结构如图3-2-1所示：

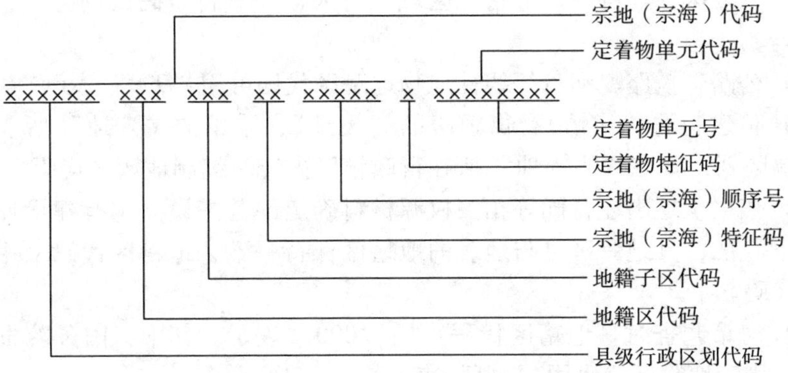

图3-2-1　不动产单元代码结构图

二、不动产单元编码方法

依据《不动产登记操作规范（试行）》规定，不动产单元应当按照《不动产单元设定与代码编制规则》的规定进行设定与编码。不动产登记机构（自然资源主管部门）负责本辖区范围内的不动产单元代码编制、变更与管理工作，确保不动产单元编码的唯一性。

（一）县级行政区划代码编码方法

不动产单元代码的第一层次为县级行政区划代码，码长为6位，采用《中华人民共和国行政区划代码》规定的行政区划代码。其中：

（1）国务院确定的重点国有林区的森林、林木和林地，行政区划代码应采用所在地县级行政区划代码；对于跨行政区的，行政区划代码可采用共同的上一级行政区划代码；跨省级行政区的，行政区划代码可采用“860000”表示。

（2）国务院批准的项目用海、用岛，行政区划代码采用所在地县级行政区划代码；对于跨行政区的，行政区划代码可采用共同的上一级行政区划代码；跨省级行政区的，行政区划代码可采用“860000”表示。

（二）地籍区代码编码方法

不动产单元代码的第二层次为地籍区代码，码长为 3 位，码值为 000~999，不足 3 位时，用前导“0”补齐。

（1）地籍区代码在同一县级行政区划内应保持唯一性。

（2）地籍区代码宜在县级行政区划内，从西北角开始，按照自左至右、自上而下的顺序编制。

（3）开发区、经济新区等特殊区域，可采取设置特定码段的方式，编制地籍区代码。

（4）公路、铁路、河流等线性地物地籍区代码可用“999”表示。

（5）整建制的乡（镇）、街道级的“飞地”，采用“飞入地”所在行政辖区的行政区划，宜在“飞入地”所在行政辖区内统一编制地籍区代码。

（6）依据土地出让合同等相关权源材料确定的范围设立国有建设使用权宗地（地下）的，其地籍区可与地表的地籍区保持一致，地籍区代码采用地表的地籍区代码。

（7）海籍调查时，地籍区代码可用“000”表示。其中，国务院批准的项目用海、用岛地籍区代码用“111”表示。

（8）国务院确定的重点国有林区的森林、林木和林地，地籍区代码用“900”表示。

（三）地籍子区代码编码方法

不动产单元代码的第三层次为地籍子区代码，码长为 3 位，码值为 000~999，不足 3 位时，用前导“0”补齐。

（1）地籍子区代码在同一地籍区内应保持唯一性。

（2）地籍子区代码宜在地籍区内从西北角开始，按照自左至右、自上而下的顺序编制。

（3）线性地物地籍子区代码可用“000”补齐。

（4）村（居委会、街坊）级的“飞地”，宜在“飞入地”所在地籍区内统一编制地籍子区代码。

（5）依据土地出让合同等相关权源材料确定的范围设立国有建设使用权宗地（地下）的，其地籍子区可与地表的地籍子区保持一致，地籍子区代码采用地表的地籍子区代码。

（6）海籍调查时，地籍子区代码可用“000”表示。其中，国务院批准的项目用海、用岛地籍子区代码用“111”表示。

（7）国务院确定的重点国有林区的森林、林木和林地，地籍子区代码用“900”表示。

（四）宗地（宗海）特征码编码方法

不动产单元代码的第四层次为宗地（宗海）特征码，码长为2位，具体见表3-2-1。

表3-2-1 宗地（宗海）特征代码表

代码		含义
第1位	G	国家土地（海域）所有权
	J	集体土地所有权
	Z	土地（海域）所有权未确定或有争议
第2位	A	土地所有权宗地
	B	建设用地使用权宗地（地表）
	S	建设用地使用权宗地（地上）
	X	建设用地使用权宗地（地下）
	C	宅基地使用权宗地
	D	土地承包经营权宗地（耕地）
	E	土地承包经营权宗地（林地）
	F	土地承包经营权宗地（草地）
	L	承包经营以外的林地的使用权宗地
	N	承包经营以外的农用地的使用权宗地（非林地）
	H	海域使用权宗海
	G	无居民海岛使用权海岛
	W	使用权未确定或有争议的宗地（宗海、无居民海岛）
	Y	其他土地使用权宗地

注："Y"可用于宗地特征扩展。

（1）第1位用G、J、Z表示。"G"表示国家土地（海域）所有权；"J"表示集体土地所有权；"Z"表示土地（海域）所有权未确定或有争议。

（2）第2位用A、B、S、X、C、D、E、F、L、N、H、G、W、Y表示。"A"表示土地所有权宗地；"B"表示建设用地使用权宗地（地表）；"S"表示建设用地使用权宗地（地上）；"X"表示建设用地使用权宗地（地下）；"C"表示宅基地使用权宗地；"D"表示土地承包经营权宗地（耕地）；"E"表示土地承包经营权宗地（林地）；"F"表示土地承包经营权宗地（草地）；"L"表示林地使用权宗地（承包经营以外的）；"N"表示农用地使用权宗地（承包经营以外的、非林地）；"H"表示海域使用权宗海；"G"表示无居民海岛使用权海岛；"W"表示使用权未确定或有争议的宗地（宗海、无居民海岛）；"Y"表示其他土地使用权宗地，可用于宗地特征扩展。

（五）宗地（宗海）顺序号编码方法

不动产单元代码的第五层次为宗地（宗海）顺序号，码长为5位，码值为00001~99999，在相应的宗地（宗海）特征码后顺序编号。

（六）定着物特征码编码方法

不动产单元代码的第六层次为定着物特征码，码长为1位，用F、L、Q、W表示。“F”表示房屋等建筑物、构筑物；“L”表示森林或林木；“Q”表示其他类型的定着物；“W”表示无定着物。

（七）定着物单元号编码方法

不动产单元代码的第七层次为定着物单元号，码长为8位。

（1）定着物为房屋等建筑物、构筑物的，定着物单元在使用权宗地（宗海）内应具有唯一编号。前4位表示幢号，幢号在使用权宗地（或地籍子区）内统一编号，码值为0001~9999；后4位表示户号，户号在每幢房屋内统一编号，码值为0001~9999。其中，全部房屋等建筑物、构筑物归同一权利人所有，该宗地（宗海）内全部房屋等建筑物、构筑物可一并划分为一个定着物单元的，定着物单元代码的前5位可采用“F9999”作为统一标识，后4位户号从“0001”开始首次编号。每幢房屋等建筑物、构筑物的基本信息可在房屋调查表中按幢填写。

（2）定着物为森林、林木的，定着物单元在使用权宗地（宗海）内应具有唯一的编号，码值为00000001~99999999。

（3）定着物为其他类型的，定着物单元在使用权宗地（宗海）内应具有唯一的编号，码值为00000001~99999999。

（4）集体土地所有权宗地以及使用权宗地（宗海）内无定着物的，定着物单元代码用“W00000000”表示。

（八）过渡期编码

未完全实现房地信息挂接的过渡期内，对于不涉及界址界线变化且需要即时办结的变更、转移、查封、抵押、注销等不动产登记业务，可以采用不动产单元过渡期编码，不动产单元过渡期编码与不动产单元编码具有相同的功能和效力。同时，应尽快开展不动产地籍调查与不动产登记数据整合，按照不动产单元设定与代码编制相关技术规定，统一编制不动产单元代码，建立不动产单元过渡期编码与不动产单元代码的一一对应关系，并记录在电子登记簿和不动产登记信息数据库以及不动产地籍调查成果数据库中。不动产单元过渡期编码方法如下：

（1）房屋等建筑物、构筑物暂时不能落在自然幢但能落宗的，不动产单元编码的幢号暂可按逻辑幢进行编码，户号在幢内统一编制，编制不动产单元过渡期编码。

（2）房屋等建筑物、构筑物以及森林、林木等定着物暂时不能落宗但能落在地籍区（地籍子区）内的，宗地顺序号可暂使用“00000”标识，定着物单元从“00000001”起编号，编制不动产单元过渡期编码。

（九）不动产单元代码表示方法

不动产单元代码可采用分段表示（图 3-2-2），具体方法如下：

（1）第一段表示县级行政区划代码。

（2）第二段表示地籍区代码与地籍子区代码。

（3）第三段表示宗地（宗海）号，由宗地（宗海）特征码和宗地（宗海）顺序号共同组成。

（4）第四段表示定着物单元代码，由定着物特征码和定着物单元号共同组成。

（5）不动产单元代码在表示时，段与段之间可用全角字符“空格”进行分隔，“空格”不占用不动产单元代码的位数。不动产单元代码在数据库中存储时，不应包含任何形式的“空格”。

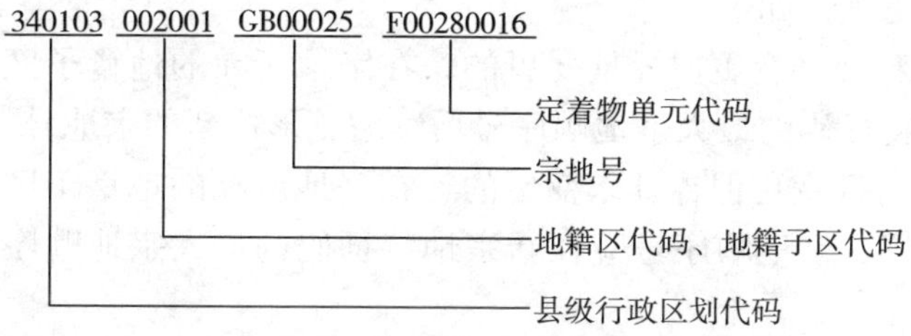

图 3-2-2　不动产单元代码分段示意图

三、不动产单元代码变更规则

县级行政区划代码按照《中华人民共和国行政区划代码》的规定变更。不动产单元代码的变更应按地籍区代码、地籍子区代码、宗地（宗海）号、定着物单元代码的顺序依次变更。

（一）地籍区（地籍子区）代码变更规则

1. 一般规定

（1）地籍区（地籍子区）的变更不应分割宗地，宜保持地籍区（地籍子区）的数量和代码不变。

（2）因城乡建设活动导致地籍区（地籍子区）边界变化的，宜调整地籍区（地籍子区）的边界，并保持已有地籍区（地籍子区）的代码不变。

（3）新设宗地跨地籍区（地籍子区）的，可依据土地权属界线对地籍区（地籍子区）界线进行微调，地籍区（地籍子区）代码不变。

2. 县级行政区划调整引起的地籍区代码的变更

（1）地籍区整体变更的，新划入地籍区应作为划入行政区的新增地籍区，新增地籍区代码应在划入行政区内最大地籍区代码后续编。

（2）地籍区分割变更的，宜在划出或划入行政区形成独立新地籍区的，新地籍区代码在所在行政区内最大地籍区代码后续编。

3. 县级行政区划调整引起的地籍子区代码的变更

（1）地籍区整体变更的，该地籍区内地籍子区代码不变。

（2）地籍区分割变更的，地籍子区代码的变更规则如下：①地籍子区整体划入分割后地籍区的，且分割后地籍区在所在行政区内为独立地籍区的，地籍子区代码不变。②地籍子区分割划入相邻地籍区，宜在相邻地籍区内形成独立地籍子区，地籍子区代码在所在地籍区内最大地籍子区代码后续编。

（二）宗地号变更规则

宗地号变更规则如下：

（1）宗地特征未变更但界址变更的，在宗地所在的地籍子区内，宗地顺序号在相应宗地特征码的最大宗地顺序号后续编，形成新的宗地号。

（2）宗地特征变更但界址未变更的，在宗地所在的地籍子区内，首先确定新的宗地特征码，宗地顺序号应在新宗地特征码的最大宗地顺序号后续编，形成新的宗地号。

（3）宗地特征变更且界址变更的，在宗地所在的地籍子区内，首先确定新的宗地特征码和宗地界址，宗地顺序号应在新宗地特征码的最大宗地顺序号后续编，形成新的宗地号。

（三）宗海（含无居民海岛）号变更规则

宗海（含无居民海岛）号变更规则如下：

（1）宗海（含无居民海岛）特征未变更但界址变更的，宗海（含无居民海岛）顺序号在相应宗海（含无居民海岛）特征码的最大宗海（含无居民海岛）顺序号后续编，形成新的宗海（含无居民海岛）号。

（2）宗海（含无居民海岛）特征变更但界址未变更的，首先确定新的宗海（含无居民海岛）特征码，宗海（含无居民海岛）顺序号应在新宗海（含无居民海岛）特征码的最大宗海（含无居民海岛）顺序号后续编，形成新的宗海（含无居民海岛）号。

（3）宗海（含无居民海岛）特征变更且界址变更的，首先确定新的宗海（含无居民海岛）特征码和宗海（含无居民海岛）界址，宗海（含无居民海岛）顺序号应在新宗海（含无居民海岛）特征码的最大宗海（含无居民海岛）顺序号后续编，形成新的宗海（含无居民海岛）号。

（四）定着物单元代码变更规则

1. 房屋等建筑物、构筑物的定着物单元代码的变更

（1）幢号在宗地内统一编号的，因使用权宗地合并，并入宗地的定着物单元幢号在被并入宗地内最大幢号后续编，户号不变。

（2）定着物单元发生变化的，代码变更规则如下：①幢内层、套、间界线变更的，幢号不变，户号在幢内最大户号后续编，原户号不再使用。②幢界线变更的，幢号在宗地（地籍子区）内最大幢号后续编，幢内保留部分的户号不变，新增户号在幢内最大户号后续编。③新增整幢房屋等建筑物的，幢号在宗地（地籍子区）内最大幢顺序号后续编，户号在该幢房屋内统一编号。④构筑物界线变更的，幢号在宗地（地籍子区）内的最大幢号后续编，户号使用“0001”表示。⑤同一权利人拥有的整宗地（宗海）内全部房屋等建筑物、构筑物一并划分为一个定着物单元的，该宗地（宗海）内房屋等建筑物、构筑物增加或减少且权利人不变时，幢号不变，户号在宗地（宗海）内最大户号后续编。⑥同一权利人拥有整个宗地（宗海）内全部房屋等建筑物、构筑物共同划分为一个定着物单元的，房屋等建筑物、构筑物发生部分转移时，权利人发生变更的定着物单元号宜重新编码，未发生变更的定着物单元的幢号不变，户号在原宗地（宗海）内最大户号后续编。

2. 森林、林木的定着物单元代码的变更

（1）因使用权宗地合并，并入宗地的定着物单元号应在被并入宗地内最大定着物单元号后续编。

（2）同一权利人拥有整个宗地（宗海）内全部森林、林木共同划分为一个定着物单元的，发生部分转移时，定着物单元号应重新编码。

3. 其他类型定着物的定着物单元代码的变更

（1）因使用权宗地合并，并入宗地的定着物单元号应在被并入宗地内最大定着物单元号后续编。

（2）同一权利人拥有整个宗地（宗海）内全部其他同一类型定着物，共同划分为一个定着物单元的，发生部分转移时，定着物单元号应重新编码。

第四章 地籍总调查

第一节 概 述

地籍总调查（systematic cadastral survey）是指在特定的时间段内，对县级行政辖区内或特定区域内的全部土地、海域（含无居民海岛）及其定着物或某类型不动产开展的全面地籍调查。这项工作涉及司法、税务、财政、规划、房产等多方面，规模大，范围广，内容浩繁而复杂，费用巨大，既是一项政策性、法律性和社会性很强的具体工作，又是一项集科学性、技术性、实践性、统一性、严密性于一体的基础工作。

针对特定区域内的全部土地、海域（含无居民海岛）及其定着物，或某类型不动产，需要开展地籍总调查的情形有：一是未开展过总登记或总调查的；二是已有地籍资料陈旧且散乱的；三是国家或地方有新的需求的。

2008—2009 年第二次全国土地调查部署开展的城镇地籍调查，2010—2012 年开展的集体土地所有权地籍调查，2015—2020 年开展的房地一体的集体建设用地使用权和宅基地使用权地籍调查等，都属于地籍总调查。

一、地籍总调查的目的

地籍总调查的目的就是在某一时期内，依照有关法律程序获取调查区内某类或全部不动产单元的权属、用途、位置、界址（或界限）、面积等信息，并把它们记载于地籍调查表中和标注在地籍图上，建立一套准确、完整的地籍簿、册、图和数据库，形成地籍档案。调查成果最基本和最直接的应用就是不动产登记，并满足不动产税费征收、地籍管理、用地管理、用途管制、国土空间规划、自然资源统计、自然资源动态监测，以及其他国民经济各部门的需要。所以，地籍总调查是一项非常重要的基础工作，从根本上讲是为维护国家不动产制度，保护不动产权利人的合法权益服务的，并为制定不动产的政策与自然资源开发、利用、保护的计划等提供基础资料。

二、地籍总调查的工作内容

地籍总调查的工作内容包括权属调查和不动产测绘。其中，权属调查包括土地权属调查、海域（含无居民海岛）权属调查、房屋等构（建）筑物权属调查和森林、林木权属调查等。不动产测绘包括控制测量、界址测量、房屋等构（建）筑物测量、地籍图测绘、面积测算与量算等。

三、地籍总调查的基本要求

地籍总调查的基本单位是不动产单元。

应充分利用已有地籍调查、国土调查、土地征收、用地审批、规划许可、不动产交易、不动产登记、建设或整治项目（含填海项目）竣工验收、用海审批、用岛审批等成果资料，选择已有地籍图、地形图、正射影像图等图件为基础图件制作工作底图，以“权属清楚、界址清晰、面积准确”为目标，采用内业核实与外业调查相结合的方法完成权属调查；依据权属调查的成果，开展不动产测绘。

调查成果经检查入库后，利用地籍数据库生成不动产单元表。

四、地籍总调查的程序

宜参照图4-1-1所示的流程图开展地籍总调查，主要工作内容包括准备工作、工作底图测制、权属调查、不动产测绘、编制不动产单元表、检查验收、成果材料整理与归档、生成不动产单元表、数据库与管理系统建设等。其中数据库与管理系统建设的内容和方法见第八章。根据地籍总调查选择的工作内容，可对图4-1-1进行修改。

第二节 准备工作

地籍总调查（本节以下简称总调查）是一项综合性的系统工程，在开展调查前，应做好充分的准备工作，以便确保工作的顺利进行，并使调查成果质量符合要求。

一、组织准备

（一）成立调查领导小组

总调查由县级以上地方人民政府组织实施。县级以上地方人民政府应成立以市、县领导为组长，各有关部门负责人参加的调查领导小组，负责组织实施。

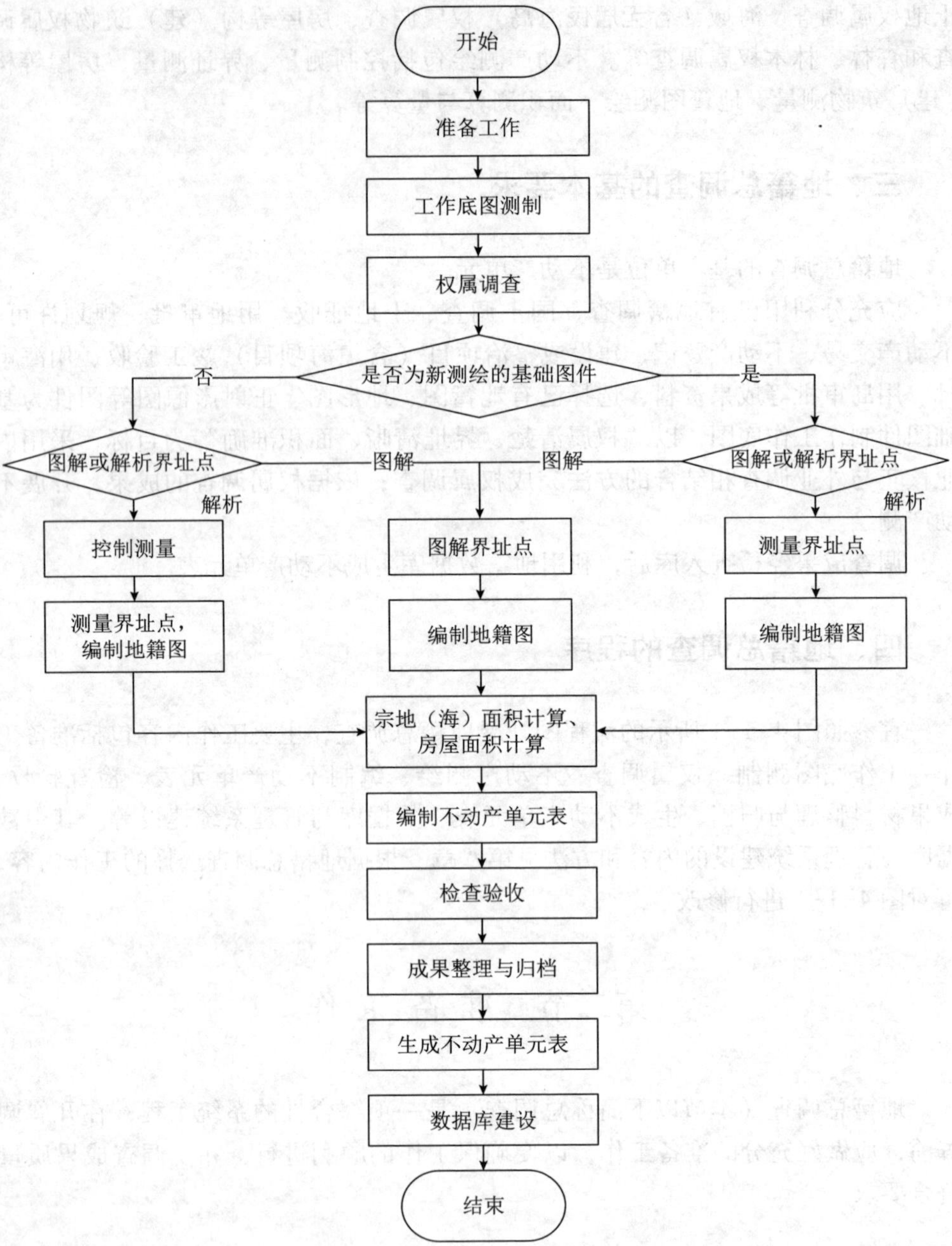

图 4-1-1　地籍总调查流程图

调查领导小组应责成调查辖区内各级自然资源主管部门成立相应的工作机构，负责本辖区内总调查工作的实施，对辖区内的总调查工作进行技术指导、组织协调及检查验收。各级组织机构要选定负责人，职责明确，分工有序，以确保总调查的成果质量。

总调查工作开展之前，领导小组负责组织制订工作计划、编制实施方案和技术设计书、宣传调查目的和意义、培训技术人员和开展前期试点等工作。科学的计划可以加速工作的进程，同时节省人力、物力、财力，并可减少不必要的浪费。总调查工作是否顺利开展，调查队伍是关键。调查队伍应由管理、法律、测绘、计算机等专业人员组成。其中，工作计划的主要内容包括调查的范围、任务、方法、经费、时间、步骤、人员和组织等。技术设计书的主要内容包括调查区概况、技术路线和程序、技术要求、成果质量控制、应提交的成果资料等。

（二）宣传工作

总调查工作牵涉千家万户，需要权利人的密切配合。为了得到广大群众对这项工作的理解和支持，要充分利用新闻媒体进行宣传、报道。各级政府应召开本辖区内的动员大会，要求用地单位派专人协助总调查工作。通过宣传发动工作，使用地单位对总调查的意义及重要性有较为深刻的理解，并给予大力支持。

二、技术准备

由于总调查涉及许多方面的法规政策，各地区情况有不同的特殊性，同时总调查工作涉及不同专业，为使调查工作在行政管理、技术标准上统一，开展总调查工作前，应进行资料收集、现场踏勘、试验试点、编制技术设计书、技术培训等工作，为顺利开展总调查工作提供技术准备。

（一）资料准备

总调查需要准备的材料包括地籍材料、测绘材料等。应根据总调查的目的和内容，到不同部门分别有选择地收集整理下列材料。

1. 收集、整理地籍材料

下列地籍材料中包括权利人证明材料、权属来源材料和地籍调查材料等：

（1）土地征收、用地审批、农用地转用以及土地整治、勘测定界等材料。

（2）历史形成的各类不动产登记材料。

（3）履行指界程序形成的调查表、权属界线协议书等地籍调查成果。

（4）县级以上人民政府或相关行政主管部门的权属争议调解书或裁定书。

（5）县级以上人民政府或相关行政主管部门的批准文件、处理决定。

（6）县级以上司法机关的判决书、裁定书或调解书。

（7）用海项目设计、审批材料和无居民海岛使用设计、审批材料等。

（8）房屋等构（建）筑物的竣工验收资料、普查资料、买卖合同、登记资料和森林林木的普查资料、买卖合同、登记资料等定着物的地籍材料。

(9) 身份证、户口簿、社会信用代码证等权利人身份证明材料。

2. 收集、整理测绘材料

包括航空正射影像、航天正射影像、地形图、控制网点和其他已有图件等。

3. 收集、整理历史上的调查、普查、规划等材料

包括文字报告、图件（如现状图、地籍图、房产图、林权图等)、数据库等。

4. 收集、整理其他材料

包括行政区划、自然地理、社会经济、标准地名地址等材料。

5. 针对住宅小区，可收集物业、水、电、燃气等缴费人员信息

（二）现场踏勘

在收集整理分析资料的基础上，应开展现场踏勘，即根据调查区域范围和资料收集情况，实地了解调查区域内的自然、社会、经济情况及其控制网点的分布情况，为调查技术设计书的编制打下坚实的基础。

（三）试验试点

通过试验试点取得开展总调查的经验，为编制技术设计书打下坚实基础。在试点获得一定经验并通过验收后，方可全面开展工作。试点区域大小以一个乡镇或街道或专门划定调查范围为宜。试点区内的不动产权利类型、土地利用分类应比较丰富，能反映当地的不动产特点。

（四）编制技术设计书

总调查技术设计书的合理与否，直接关系着总调查的成果质量。因此，要在总结试验试点的基础上认真地编写总调查的技术设计书。

1. 技术设计书的编写单位

总调查领导小组负责组织技术设计书编制，由承担调查任务的实施单位负责编写。

2. 技术设计书的大纲

技术设计书的大纲包括调查区概况、技术路线和程序、技术要求、成果质量控制、应提交的成果资料等。

1）调查区概况

包括调查区域的地理位置、范围、行政隶属、用地权属情况、用地类型情况等。

2）技术路线和程序

包括开展总调查的技术路线、程序框图等。

3）技术要求

主要阐述调查的技术、方法。主要内容包括资料收集分析整理、工作底图制作、权属调查和不动产测绘等。

（1）权属调查。确权的规定（依据）、工作底图编制、调查区的划分、不动产单元设定与代码编制的要求、权属状况调查的方法和要求、界址调查的方法和要求、宗地草图的绘制方法及要求等。

（2）不动产测绘。已有控制点及其成果资料的分析和利用、控制网采用的坐标系统、控制网的布设方案、控制网的精度指标、控制网的观测方法与平差计算方法、数据采集的软硬件设施、界址点的观测方法及精度要求、地籍图比例尺的选择、地籍图的成图方法、面积量算方法及精度要求等。

4）成果质量控制

主要阐述调查过程中成果质量控制的方法、检查验收方法等。

5）应提交的成果

主要阐述总调查的成果内容、成果类型及其成果档案整理与归档等。

3. 技术设计书的审批与实施

总调查技术设计书应由总调查领导小组批准后实施。在实施过程中，若有重大的变动、修改时，须经总调查领导小组批准。

（五）技术培训

总调查工作政策性、技术性强，专业面广。因此在总调查工作开始前，应对调查技术人员进行业务培训，使其熟悉有关法律、法规和政策；熟悉调查程序；熟悉掌握调查技术和方法；能正确处理作业过程中出现的特殊情况。

应采用理论与实际相结合的方式开展技术培训工作。将理论学习与实地作业穿插进行，同时采用由上级到下级逐步培训的方式对调查技术人员进行培训。

培训内容包括技术设计书，及其与地籍调查有关的政策法规、规范性文件、技术标准等，以及仪器的操作技能和作业要求等。

三、工作底图准备

工作底图是指开展总调查所需要的工作图件。主要利用收集或测绘得到的调查区基础图件，采用实测、修补测、编绘相结合的方法测制。宜按照如图 4-2-1 所示的流程测制工作底图。

当调查范围区内的调查基础图件现势性强且精度满足要求，可以根据权属调查结果进行补测，以工作底图为基础编制地籍图。

（一）基础图件的选择与测绘

1. 基础图件的选择

确定调查区域后，收集调查区内的相关基础图件来制作总调查的工作底图。

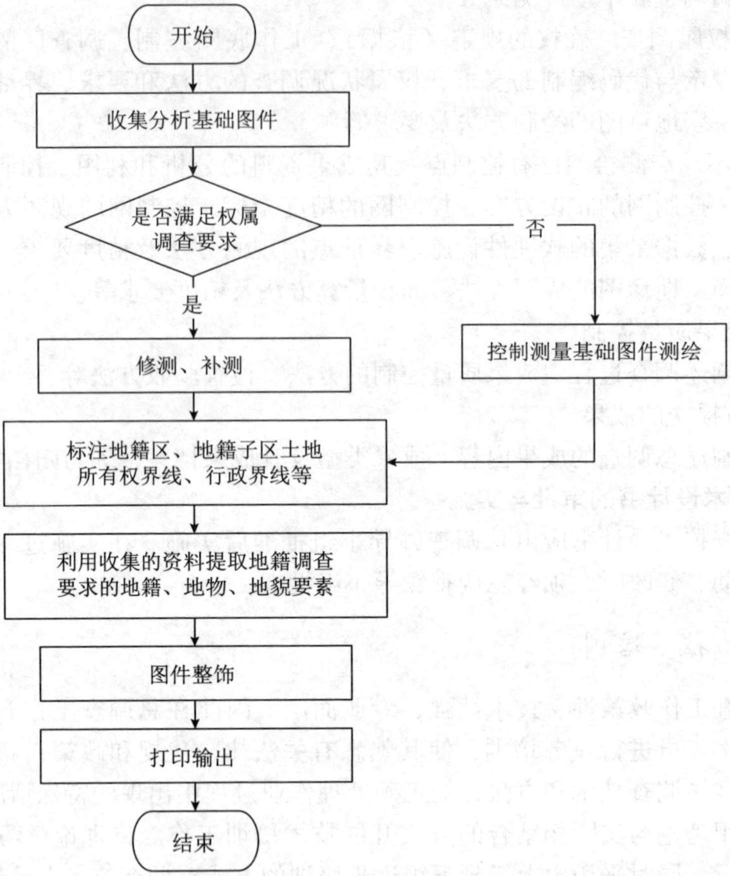

图 4-2-1　工作底图测制流程图

基础图件包括：航空正射影像、航天正射影像、地形图、控制网点和其他已有图件等及已有的土地利用现状图、地籍图、房产图、林权图等地籍图和数据库等。其作用主要是为了按计划正确地指导调查工作，避免调查工作中的重漏现象。应根据具体的调查任务，按照下列要求做出合理的选择：

（1）基础图件比例尺宜与测绘制作的地籍图成图比例尺一致。

（2）宜选择现势性强的图件。

（3）宜优先选择数字图件。

2. 基础图件的测绘

当调查范围区内的工作底图现势性及精度不能满足要求或没有相应的基础图件，不能够满足权属调查时，可根据总调查的目的和内容编制调查区域的基础图件测绘技术设计书，并测绘基础图件，其比例尺宜与需要测绘制作的地籍图的比例尺相同。

（二）工作底图的制作

以基础图件为底图并结合总调查的具体任务制作工作底图。制作的技术要求如下：

（1）如果是纸质图件，应对其数字化。

（2）依收集的材料，应在基础图件上套合地籍区、地籍子区界线和集体土地所有权界线。

（3）依收集的材料，宜在基础图件上标注便于开展权属调查工作的地籍、地物、地貌等要素。

（4）如果基础图件的现势性不强，可对基础图件进行地形要素调绘或修、补测，基本技术要求如下：①通过野外调绘对基础图件上地物、地貌进行确认和取舍，标注地理名称，对新增或标示有误的地形要素进行修、补测。②基础图件的调绘和修、补测可与界址调查同步进行。

四、调查表格准备

总调查需要准备的表格，包括地籍调查表、指界委托书、法定代表人（或负责人或实际使用人）身份证明书、指界通知书、违约缺席定界通知书等。在实际工作中根据具体的调查对象［土地、海域（含无居民海岛）、房屋等构（建）筑物、林木］选择不同的地籍调查表。

五、其他准备

（一）调查通知准备

为了保证权利人在权属调查时能按时到现场指界，必须按照调查计划、工作进度，确定实地调查时间，通知权利人及相邻宗地权利人按时到现场指界。通知可采用亲自登门送达或挂号邮寄“地籍调查通知书”，送达的通知书，应由权利人签名并留存根备查；也可以采用电话通知，电话通知须有电话记录；也可根据实际情况，采用公告的方式通知。对单位的不动产，在通知权利人到现场指界的同时，必须将“指界委托书”“指界通知书”“法人代表身份证明书”送至权利人手中。

（二）仪器设备和工具准备

根据当地的财力、物力和人力，尽可能地使用先进的仪器设备。准备的仪器设备和工具包括 GNSS 接收机、全站仪、钢尺、测距仪、计算机等硬件和数字测量系统、数字摄影测量系统、遥感影像处理系统等软件。

第三节 权属调查

一、土地权属调查

（一）调查准备工作

调查人员在实地核实调查前，应仔细阅读每一宗地的地籍材料，特别是对权属状况复杂、有权属争议的宗地，要认真研究，做好调查准备工作，包括标绘工作底图、预编宗地代码和调查路线、表格及工具的准备等。

1. 标绘工作底图

按照收集的地籍材料是否完整齐全、地籍材料之间是否能够相互印证、地籍材料现势性的强弱进行分析，评价选择权属调查方法（内业核实或外业调查），并在工作底图上进行标注。如无地籍材料，则需要外业调查，并在工作底图上进行标注。

2. 预编宗地代码

在地籍子区范围内，如果原宗地代码不符合《不动产单元设定与代码编制规则》的要求，或原宗地无代码，或需要外业调查的新宗地，则在地籍子区最大宗地号后，按照从西到东、从北到南的顺序，统一预编宗地代码，并填写到地籍调查表上。待地籍子区范围内的宗地全部调查完成后，正式确定宗地代码。

3. 调查路线、表格及工具的准备

外业调查前，要安排好调查路线，以便节省时间、提高工作效率。调查人员要带好调查工作底图、地籍调查表、丈量工具等，按指界通知书要求的时间，准时到达现场。采用电话通知的，还要携带地籍调查通知书、法人代表身份证明书及指界委托书。

（二）调查程序和基本要求

土地权属调查的单元是宗地，其主要工作内容包括标绘工作底图、预编宗地代码、土地权属状况调查、界址调查、绘制宗地草图或土地权属界线协议书附图、填写地籍调查表、编制土地权属界线协议书或编制不动产权属争议原由书、编制不动产单元表等。应按照图 4-3-1 所示的流程开展调查工作，其基本要求如下：

（1）根据地籍材料，内业核实土地的权属、界址和用途等状况，如满足不动产登记的要求，依其原调查表格式和内容与《地籍调查规程》要求的调查表

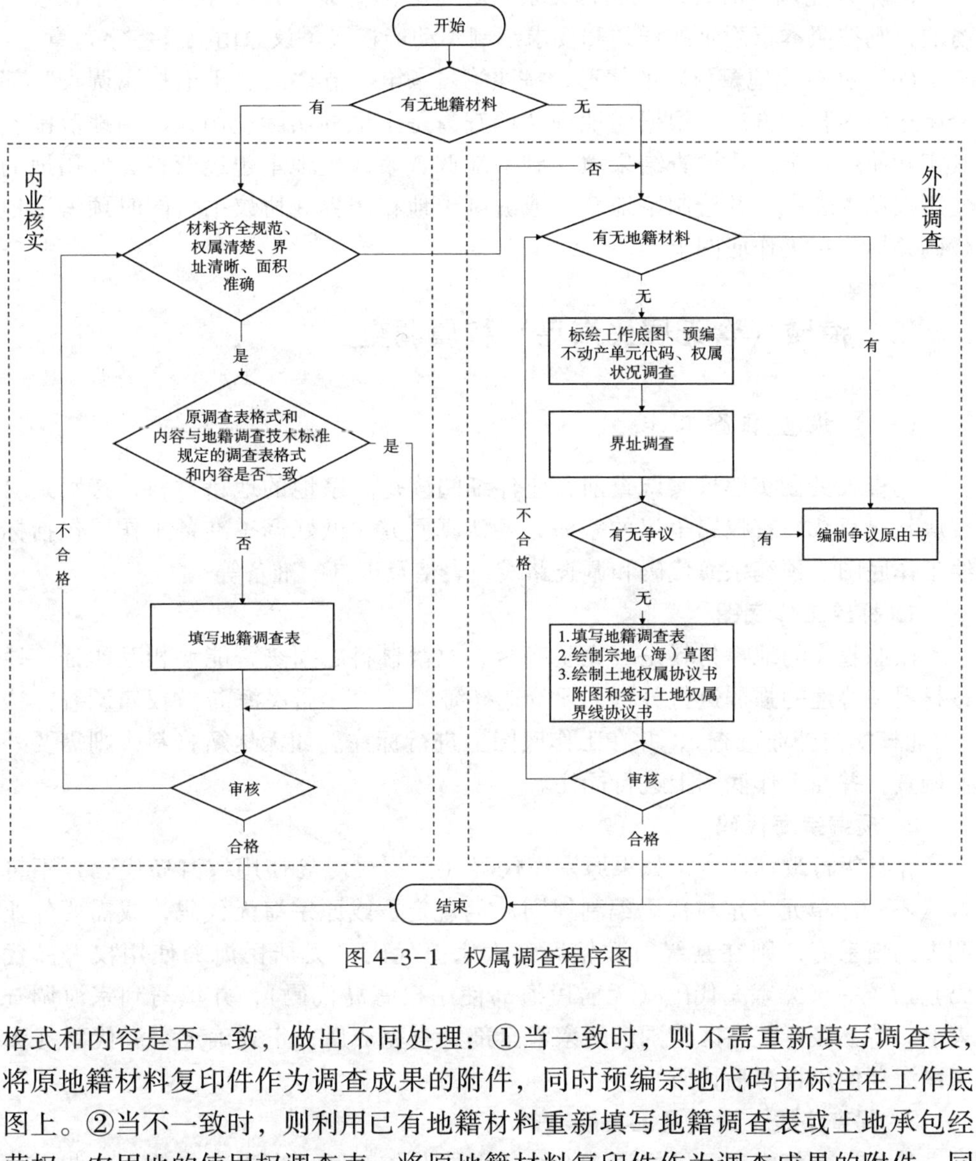

图 4-3-1　权属调查程序图

格式和内容是否一致，做出不同处理：①当一致时，则不需重新填写调查表，将原地籍材料复印件作为调查成果的附件，同时预编宗地代码并标注在工作底图上。②当不一致时，则利用已有地籍材料重新填写地籍调查表或土地承包经营权、农用地的使用权调查表，将原地籍材料复印件作为调查成果的附件，同时预编宗地代码并标注在工作底图上。

（2）根据地籍材料，按照第二章第一节“二、土地权属调查”部分所述的内容和方法，内业核实土地的权属、界址和用途等状况，如不满足不动产登记的要求，则需要开展外业调查，即：到实地查清土地的权属、界址、用途等状况，将调查结果填写到宗地调查表或土地承包经营权、农用地的使用权调查表中，并绘制宗地草图或编制土地权属界线协议书。地籍材料复印件作为调查成果的附件，同时预编宗地代码并标注在工作底图上。

（3）外业调查时，发现利害关系人对地籍材料提出异议导致权属争议或纠纷的，则按照本章附录的样式和要求编制不动产权属争议原由书并签字盖章。

（4）针对无地籍材料的情形，按照第二章第一节“二、土地权属调查”部分所述的内容和方法，根据用地现状调查清楚土地的实际使用人、用地范围及其实际使用状况，将调查结果填写到宗地调查表或土地承包经营权、农用地的使用权调查表中，并绘制宗地草图或编制土地权属界线协议书，同时预编宗地代码并标注在工作底图上。

二、海域（含无居民海岛）权属调查

（一）调查准备工作

调查人员在实地核实调查前，应仔细阅读每一宗地的地籍材料，特别是对权属状况复杂、有权属争议的宗海，要认真研究，做好调查准备工作，包括标绘工作底图、预编宗海代码和调查路线、表格及工具的准备等。

1. 标绘工作底图

按照收集的地籍材料是否完整齐全、地籍材料之间是否能够相互印证、地籍材料现势性的强弱进行分析，评价选择海域（含无居民海岛）权属调查方法（内业核实或外业调查），并在工作底图上进行标注。如无地籍材料，则需要外业调查，并在工作底图上进行标注。

2. 预编宗海代码

在县级行政辖区内，如果原宗海代码（无居民海岛使用权海岛代码）不符合《不动产单元设定与代码编制规则》的规定，或原宗海无代码，或需要外业调查的新宗海，则在县级行政辖区最大宗海代码（无居民海岛使用权海岛代码）后统一预编宗海代码（无居民海岛使用权海岛代码），并填写到宗海调查表上。待县级行政辖区范围内的宗海全部调查完成后，正式确定宗海代码（无居民海岛使用权海岛代码）。

3. 调查路线、表格及工具的准备

外业调查前，要安排好调查路线，以便节省时间、提高工作效率。调查人员要带好调查工作底图、地籍调查表、丈量工具等，按指界通知书要求的时间，准时到达现场。采用电话通知的，还要携带地籍调查通知书、法人代表身份证明书及指界委托书。

（二）调查程序和基本要求

海域（含无居民海岛）权属调查的单元是宗海（无居民海岛使用权海岛），其主要工作内容包括标绘工作底图、预编宗海代码（无居民海岛使用权海岛代码)、海域（含无居民海岛）权属核查、宗海界址界定、指界、填写宗海调查表（无居民海岛调查表)、编制不动产权属争议原由书、编制不动产单元表等。应按照图4-3-1所示的流程开展调查工作，其基本要求如下：

（1）根据地籍材料，按照第二章第一节“三、海域（含无居民海岛）权属调查”部分所述的内容和方法，内业核实用海（用岛）的权属、界址、用海（用岛）类型等状况，如满足不动产登记的要求，依其原调查表格式和内容与《地籍调查规程》要求的调查表格式和内容是否一致，做出不同处理：①当一致时，则不需重新填写宗海调查表（无居民海岛调查表)，将原地籍材料复印件作为调查成果的附件，同时预编宗海代码（无居民海岛使用权海岛代码）并标注在工作底图上。②当不一致时，则利用已有地籍材料重新填写宗海调查表（无居民海岛调查表)，将原地籍材料复印件作为调查成果的附件，同时预编宗海代码（无居民海岛使用权海岛代码）并标注在工作底图上。

（2）根据地籍材料，按照第二章第一节“三、海域（含无居民海岛）权属调查”部分所述的内容和方法，内业核实海域的权属、界址、用海（用岛）类型等状况，如不满足不动产登记的要求，则需要开展外业调查，即到实地查清海域的权属、界址、用海（用岛）类型等状况，将调查结果填写到宗海调查表（无居民海岛调查表）中，并绘制宗海草图。地籍材料复印件作为调查成果的附件，同时预编宗海代码（无居民海岛使用权海岛代码）并标注在工作底图上。

（3）外业调查时，发现利害关系人对地籍材料提出异议导致权属争议或纠纷的，则按照本章附录的样式和要求编制不动产权属争议原由书并签字盖章。

（4）针对无地籍材料，按照用海现状调查清楚海域的实际使用人、用海范围的界址及其实际使用的状况，将调查结果填写到宗海调查表（无居民海岛调查表）中，并绘制宗海草图，同时预编宗海代码（无居民海岛使用权海岛代码）并标注在工作底图上。

三、房屋等构（建）筑物权属调查

（一）调查准备工作

调查人员在实地核实调查前，应仔细阅读每一宗地内有关房屋等构（建）筑物的地籍材料，特别是对权属状况复杂、有权属争议的房屋等构（建）筑物，要认真研究，做好调查准备工作，包括标绘工作底图、预编宗地代码和调查路线、表格及工具的准备等。

1. 标绘工作底图

按照收集的地籍材料是否完整齐全、地籍材料之间是否能够相互印证、地籍材料现势性的强弱进行分析，评价选择房屋等构（建）筑物权属调查方法（内业核实或外业调查），并在工作底图上进行标注。如无地籍材料，则需要外业调查，并在工作底图上进行标注。

2. 预编房屋等构（建）筑物定着物代码

在宗地、宗海，或地籍子区范围内，如果原房屋等构（建）筑物定着物单元代码不符合《不动产单元设定与代码编制规则》，或原房屋等构（建）筑物定着物单元无代码，或需要外业调查的新房屋等构（建）筑物，则在最大宗地（海）号后，按照从西到东、从北到南的顺序，统一预编房屋等构（建）筑物定着物单元代码，并填写到房屋等构（建）筑物调查表上。待宗地、宗海或地籍子区范围内的全部房屋等构（建）筑物调查完成后，正式确定房屋等构（建）筑物定着物单元代码。

3. 调查路线、表格及工具的准备

外业调查前，要安排好调查路线，以便节省时间、提高工作效率。调查人员要带好调查工作底图、房屋等构（建）筑物调查表、丈量工具等。

（二）调查的程序和基本要求

房屋等构（建）筑物权属调查基本单元为幢、层、套、间，其主要工作内容包括标绘工作底图、预编房屋等构（建）筑物定着物单元代码、房屋等构（建）筑物权属状况调查、绘制房屋权界线示意图、构（建）筑物权属调查、填写房屋等构（建）筑物调查表或编制不动产权属争议原由书、编制不动产单元表等。应按照图 4-3-1 所示的流程开展调查工作。

（1）根据地籍材料，按照第二章第一节“四、房屋权属调查”和“五、构（建）筑物权属调查”部分所述的内容和方法，内业核实房屋等构（建）筑物权属状况和界限，如满足不动产登记的要求，依其原调查表格式和内容与《地籍调查规程》要求的调查表格式和内容是否一致，做出不同处理：①当一致时，则不需重新填写调查表，将原地籍材料复印件作为调查成果的附件，同时预编定着物代码并标注在工作底图上。②当不一致时，则利用已有地籍材料重新填写房屋调查表或构（建）筑物调查表，将原地籍材料复印件作为调查成果的附件，同时预编定着物代码并标注在工作底图上。

（2）根据地籍材料，按照第二章第一节“四、房屋权属调查”和“五、构（建）筑物权属调查”部分所述的内容和方法，内业核实房屋等构（建）筑物权属状况和界限，如不满足不动产登记的要求，则需要开展外业调查，即到实地查清房屋等构（建）筑物权属状况和界限，利用已有地籍材料重新填写房屋调查表或构（建）筑物调查表，原地籍材料复印件作为调查成果的附件，同时预编定着物代码并标注在工作底图上。

（3）外业调查时，发现利害关系人对地籍材料提出异议导致权属争议或纠纷的，按照附录的样式和要求编制不动产权属争议原由书并签字盖章。

（4）无地籍材料的，按照现状调查清楚房屋等构（建）筑物的实际使用人、界限和用途等，将调查结果填写到房屋调查表或构（建）筑物调查表中，同时预编定着物代码并标注在工作底图上。

四、森林、林木权属调查

（一）调查准备工作

调查人员在实地核实调查前，应仔细阅读每一宗地或宗海内有关林木的地籍材料，特别是对权属状况复杂、有权属争议的林木，要认真研究，做好调查准备工作，包括标绘工作底图、预编林木定着物代码和调查路线、表格及工具的准备等。

1. 标绘工作底图

按照收集的地籍材料是否完整齐全、地籍材料之间是否能够相互印证、地籍材料现势性的强弱进行分析，评价选择林木权属调查方法（内业核实或外业调查），并在工作底图上进行标注。如无地籍材料，则需要外业调查，并在工作底图上进行标注。

2. 预编房屋等构（建）筑物定着物代码

在宗地、宗海或地籍子区范围内，如果原林木定着物单元代码不符合《不动产单元设定与代码编制规则》，或原林木定着物单元无代码，或需要外业调查的新林木定着物单元，则在最大宗地（海）号后，按照从西到东、从北到南的顺序，统一预编林木定着物单元代码，并填写到林权调查表上。待宗地、宗海或地籍子区范围内的全部林木调查完成后，正式确定林木定着物单元代码。

3. 调查路线、表格及工具的准备

外业调查前，要安排好调查路线，以便节省时间、提高工作效率。调查人员要带好调查工作底图、林木权属调查表、丈量工具等。

（二）调查程序和基本要求

森林、林木权属调查（以下简称为林木权属调查）主要工作内容包括标绘工作底图、预编林木定着物单元代码、林木权属状况调查、林木权属界线调查、填写林权调查表或编制不动产权属争议原由书、编制不动产单元表等。应按照图 4-3-1 所示的流程开展调查工作。

（1）根据地籍材料，按照第二章第一节“六、森林、林木权属调查”部分所述的内容和方法，内业核实林木权属状况和界限，如满足不动产登记的要求，依其原调查表格式和内容与《地籍调查规程》要求的调查表格式和内容是否一致，做出不同处理：①当一致时，则不需重新填写调查表，将原地籍材料复印件作为调查成果的附件，同时预编定着物代码并标注在工作底图上。②当不一致时，则利用已有地籍材料重新填写林权调查表，将原地籍材料复印件作为调查成果的附件，同时预编定着物代码并标注在工作底图上。

（2）根据地籍材料，按照第二章第一节“六、森林、林木权属调查”部分所述的内容和方法，内业核实林木权属状况和界限，如不满足不动产登记的要求，则需要开展外业调查，即到实地查清林木或森林的权属、界限、位置等状况，利用已有地籍材料重新填写林权调查表，原地籍材料复印件作为调查成果的附件，同时预编定着物代码并标注在工作底图上。

（3）外业调查时，发现利害关系人对地籍材料提出异议导致权属争议或纠纷的，则按照附录的样式和要求编制不动产权属争议原由书并签字盖章。

（4）针对无地籍材料的情形，按照现状调查清楚林木或森林的实际使用人、界限等，将调查结果填写到林权调查表中，同时预编定着物代码并标注在工作底图上。

第四节　不动产测绘

按照第二章第二节的内容和方法开展不动产测绘工作。

第五节　检查验收

一、检查验收的组织

总调查成果实行三级检查、一级验收的“三检一验”制度。“三检”为作业员的自检、作业队（组）的互检、作业单位的专检；“一验”为调查领导小组的验收。

“三检”工作由作业单位组织实施，接受不动产登记机构的监督和指导；“三检”和“一验”的结果和过程应形成完整的检查验收记录，专检和验收结束后应编写检查（验收）报告。

各级检查验收中发现的问题，必须做好记录并提出处理意见，交被检验单位进行改正；检查验收工作完成后，应编写检查验收报告。

检查结束后应及时对成果进行整理，并装订成册，归档入库。

二、检查验收的内容和要求

（一）检查验收的内容

1. 权属调查

权属调查成果检查验收的内容如下：

（1）地籍区、地籍子区的划分是否正确。

（2）权源文件是否齐全、有效、合法。

（3）权属调查确认的权利人、权属性质、用途、年限等信息与权属来源材料上的信息是否一致。

（4）指界手续和材料是否齐备，界址点位和界址线是否正确、有无遗漏，设立界标是否规范。

（5）地籍调查表填写内容是否齐全、规范、准确，与地籍图上注记的内容是否一致，有无错漏。

（6）宗地草图或宗海草图与实地是否相符，要素是否齐全、准确，四邻关系是否清楚、正确，注记是否清晰合理。

（7）不动产单元代码是否符合要求，有无重漏。

2. 不动产测绘

不动产测绘成果检查验收的内容如下。

1）控制测量

（1）坐标系统的选择是否符合要求。

（2）控制网点布设是否合理，埋石是否符合要求。

（3）起算数据是否正确、可靠。

（4）施测方法是否正确，各项误差有无超限。

（5）各种观测记录手簿记录数据是否齐全、规范。

（6）成果精度是否符合规定。

（7）材料是否齐全。

2）界址点测量

（1）观测记录及数据是否齐全、规范。

（2）界址点成果表有无错漏。

（3）界址点、界址边和地物点精度是否符合规定。

3）地籍图测绘

（1）分幅地籍图、不动产单元图上的地籍、地形要素有无错漏；图上标示的各种不动产的地籍要素与地籍调查结果是否一致。

（2）分幅地籍图、不动产单元图精度是否符合规定。

(3) 房屋及地类号、结构、层数、坐落等有无错漏。

(4) 图幅编号、坐标注记是否正确。

(5) 各种符号、注记是否正确。

(6) 图廓整饰及图幅接边是否符合要求，索引图的绘制是否正确。

4) 计算汇总

各种面积计算或计算方法及结果、分类面积汇总是否正确。

3. 地籍数据库

建设或更新的地籍数据库是否符合相关规定。

(二) 检查的要求

1. 自检

自检是作业员在作业过程中或作业阶段结束时对作业质量的检查，自检比例为100%。

2. 互检

互检是下一工序的作业队（组）对上一工序的作业成果进行的全面检查。互检的检查比例，内业为100%，外业可根据内业检查发现的问题进行有针对性的重点检查，但实际操作的检查比例不得低于30%，巡视检查比例不得低于70%。

3. 专检

专检是由作业单位质量管理机构组织的对成果质量进行的检查。专检的检查比例，内业为100%，外业实际操作的检查比例不低于20%，巡视检查比例不低于40%；专检除按照规定的内容进行检查外，还应检查自检、互检和专检的记录及其技术方案执行情况、总结报告、工作报告等是否符合要求。

(三) 验收的要求

1. 成果抽检

内业随机抽检5%~10%，外业实际操作的抽检比例视内业抽检情况决定，但不得低于5%，地籍数据库100%检查，根据抽检情况进行质量评定。对抽检发现的问题，作业单位应积极采取解决措施，及时进行返工；如果问题较多或较严重，质量评定为不合格的，要求作业单位整改后再申请验收。

2. 质量评定

有下列情况之一的，应评定为不合格，不予验收，退回整改后再申请验收：

(1) 作业中有伪造成果行为的。

(2) 实地界址点设定不正确比例超过5%的。

(3) 控制网点布局严重不合理，或起算数据有错误，或控制测量主要精度指标达不到要求的。

（4）界址点点位中误差或间距中误差超限或误差大于2倍中误差的个数超过5%的。

（5）面积计算错误的宗地数或幢数超过5%的。

（6）数据库无法打开、数据拓扑关系混乱、属性数据表混乱的。

（7）验收组应出具验收报告和存在问题的书面处理意见，内容具体、表述清晰、数据准确、结论可靠。验收报告一份交被检单位，一份由地籍管理机构存档。

第六节 成果材料整理与归档

一、基本要求

地籍调查成果材料整理与归档的基本要求如下：

（1）应建立地籍调查档案管理制度，明确地籍调查档案整理、归档、管理和使用。

（2）在地籍调查工作结束后，应该对成果材料进行整理归档。

（3）地籍数据库经检查验收后，生成不动产单元表。

二、成果材料分类

地籍调查成果材料的分类方法如下：

（1）按照介质分，地籍调查成果包括纸质材料和电子数据。

（2）按照类型分，地籍调查成果包括文字、图件、簿册和电子数据等材料。其中：①文字材料包括工作方案、技术方案、工作报告、技术报告、质检报告等；② 图件材料包括工作底图、地籍图、不动产单元图等；③ 簿册材料包括地籍调查外业记录手簿、控制测量原始记录与平差材料、不动产测绘原始记录、地籍调查表册、各级质量控制检查记录材料等；④ 电子数据包括数字地籍图、数字不动产单元图、影像数据、电子表格数据、文本数据、界址点坐标数据、土地（海域）分类面积统计汇总数据、房屋和构（建）筑物分类面积统计数据、不动产单元表、各类数字扫描件及其地籍数据库等。

三、成果整理归档

地籍调查成果材料整理归档的方法如下：

（1）成果材料按照统一的规格、要求进行整理、立卷、组卷、编目、归档等。

（2）成果材料整理时，应核查材料是否齐全、是否符合要求，凡发现材料不全、不符合要求的，应进行补充修正。

（3）卷宗号应与不动产单元代码建立对应关系。

附录　不动产权属争议原由书样式及填写说明

一、不动产权属争议原由书样式

1. 封面

<table>
<tr><td>

不动产权属争议原由书

签订单位名称：　　　　　　　　　与

年　　月　　日

</td></tr>
</table>

2. 不动产权属登记原由书

不动产权属争议原由书

与　　　　　　　　的权属界线于　　年　月　日经双方指界人实地踏勘，确认存在争议。经双方商定：暂划定临时界线作为工作界线，此界线仅供面积量算，不作确定权属界线的依据。

不动产权属争议界线所涉及图幅号：　　　　　　　　　。

本协议书一式三份，界线双方和县（市、区）自然资源主管部门各存一份。

单位（盖章）：　　　　　　　　　　单位（盖章）：

法定代表人或负责人（签章）：　　　法定代表人或负责人（签章）：

指界人（签章）：　　　　　　　　　指界人（签章）：

调查人员（签章）：

年　月　日

3. 不动产权属争议界线示意图

不动产权属争议界线示意图

争议范围的实地位置和争议界线走向说明	（本权属单位盖章） （相邻权属单位盖章）
本权属单位认可的权属界线实地位置、走向说明及理由	（本权属单位盖章）
相邻权属单位认可的权属界线实地位置、走向说明及理由	（相邻权属单位盖章）
其他说明	

二、填写说明

（1）工作界线是指由不动产行政主管部门人员和作业人员与争议双方共同确定的争议范围线。争议范围可单独设立宗地或定着物单元。

（2）争议界线示意图应表示出争议范围、双方各自认可争议界线的位置、走向以及确定争议界线位置的参照物，示意图应与实地一致，争议双方应在示意图上盖章。

（3）签字盖章必须齐全，填写内容不得涂改；如有划改，应加盖作业员名章。

（4）按争议宗地或定着物单元填写《不动产权属争议原由书》，项目栏不够填写的可另加。

（5）首页的编号，暂时不填，待资料归档时统一编号。

（6）参与调查的不动产行政主管部门人员和作业人员签字盖章。

第五章　日常地籍调查

第一节　概　　述

日常地籍调查（sporadic cadastral survey，以下简称日常调查）是指因不动产单元的设立、灭失、界址调整及其他地籍信息变更等开展的地籍调查。通过日常调查，可以使地籍资料保持现势性，逐步丰富、完善。需要开展日常调查的情形有：一是新设不动产单元的；二是不动产单元界址发生变化的；三是已有地籍材料现势性不强、不清晰、存在疑问或存在明显错误的；四是有必要开展地籍调查的其他情形。

一、日常调查的作用

日常调查的作用主要体现在以下四个方面。

（1）可使得实地界址点位置逐步得到认真的检查、补置和更正，以确保地籍资料的正确性，从而为土地权属的确认、权属争议的调处提供准确的资料。

（2）使地籍资料中的文字部分逐步得到核实、更正和补充，以确保地籍资料的完整性，从而使地籍档案详尽、清晰、全面、准确。

（3）逐步消除初始地籍中可能存在的差错，以确保地籍资料与实际状况的对应，从而保证地籍的法律效力。

（4）使地籍调查成果的质量逐步提高，以确保地籍资料的不断更新。随着科学技术的发展和应用，要逐步用高精度的调查成果替代原有精度较低的成果，使地籍资料跟上社会经济的发展，使其满足新的需求。

二、日常调查的特点

日常调查与地籍总调查的数学基础、内容、技术方法和原则是一样的，但又有下列特点：

（1）目标分散、发生频繁、调查范围小。与地籍总调查相比较，日常调查更多地体现出局部而分散的特点，且变更发生的原因众多，次数也更频繁。

(2) 变更同步、手续连续。进行日常调查后，与本宗地有关的图、数、表、卡、册文均需要进行变更。

(3) 任务紧急。如果土地权利发生变化，需立即进行调查，如果土地利用发生变化，应及时掌握变化的区域，并按照相关要求进行变更。由此可见，日常调查是地籍管理的一项日常性工作，日常调查通常由同一个外业组一次性完成。

(4) 日常调查精度要求高。日常调查精度应不低于变化前的调查精度。

三、日常调查任务的来源

日常调查任务的来源有两个方向，一是自然资源管理部门，二是社会。

来源于自然资源管理部门的日常调查，是指自然资源的业务处科室因日常管理业务需求而提出的地籍调查，如确权登记、执法监察、利用管理、不动产征收、不动产拆迁、耕地保护等。

来源于社会的日常调查，是指调查单位接到自然资源部门以外的权利人或单位（如司法机关、林草局、水利局等）因不动产变更登记、权属争议调处、司法判决等需求而提出的地籍调查。

四、日常调查的程序

参照图 5-1-1 所示的流程图开展日常调查的主要工作内容为准备工作、权属调查、不动产测绘、编制不动产单元表、成果审查入库（地籍审核确认）、成果整理与归档等。

第二节 准备工作

根据授权委托的地籍调查任务，调查单位应针对不动产的特点，判定需要收集的材料类型，确定材料收集的方法和途径，按照下列规定做好权属来源等相关材料的收集、整理和分析工作。

一、需要收集的材料

日常调查需要收集的主要材料（档案或数据）如下：

(1) 不动产登记（含抵押、查封和权利限制）材料、已有的地籍调查材料（含土地勘测定界材料）及其他地籍材料等。

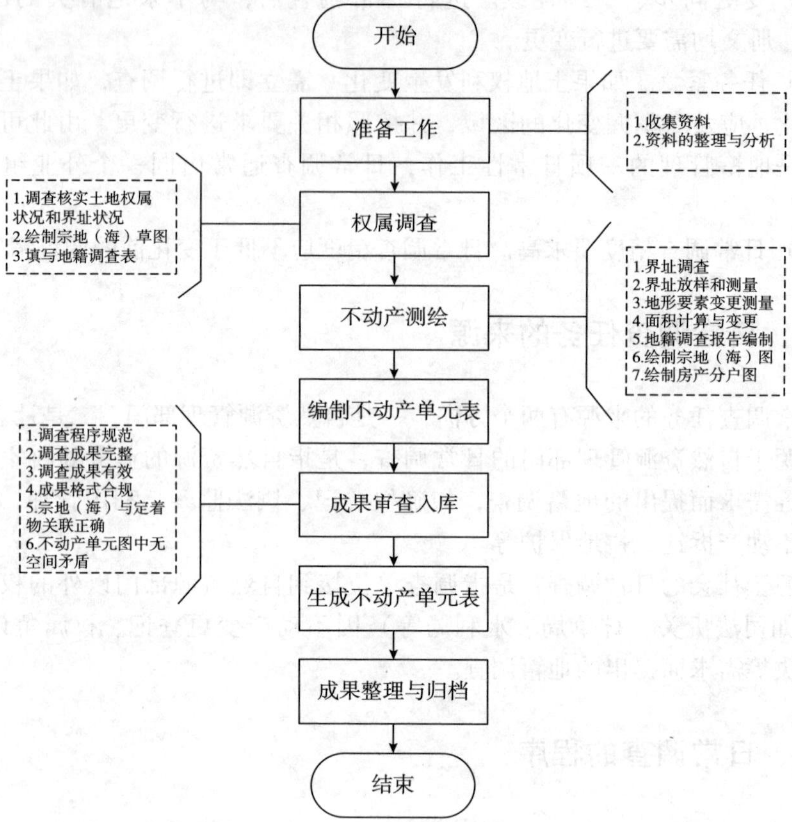

图 5-1-1　日常调查程序

（2）地籍图、土地勘测定界图、土地利用现状图、规划用地（用海）范围图（红线图）、项目设计的用地（用海）范围图、建设项目工程总平面布置图、地形图等图件。

（3）控制点成果资料。

二、收集材料的方法

日常调查需要的材料，可由地籍调查需求的个人或单位提供。如调查单位确认需要到相关部门收集材料，则调查人员应携带地籍调查材料协助查询单到自然资源、房管、林业、农业、水利、水务、档案等部门的档案室查询或在数据库中查询、核对并获取被调查不动产的档案材料和数据，并要求出具查询结果证明或在材料复印件上加盖档案材料专用章。地籍调查资料协助查询单样式如下。

地籍调查资料协助查询单

查询单位名称：

根据　　　　　　　　　　　　　　　　　　　　　　　　　　等有关规定，请贵单位按照以下信息协助查询不动产权属情况，并出具查询结果：

1. 查询范围，详见《查询地块范围示意图》。

2. 查询内容：

申请查询联系人：　　　　　　　　　　　　　　联系电话：

地籍调查承担单位（盖章）

年　月　日

注：

1. 本协助查询单一式二份，一份连同查询结果反馈至地籍调查承担单位，一份由协助查询机构留存。

2. 协助查询单位应出具查询结果证明，经审定并加盖协助查询单位章后，反馈至地籍调查承担单位。

三、材料的收集、整理与分析

将收集的材料按照权利人证明、权属来源材料、地籍调查材料等类型做好分类整理。

根据收集的地籍材料，在室内核实确认不动产权属状况和界址状况，然后按照界址（含界址线、界址点及其所依附地物）是否发生变化的情形选择适宜的权属调查方法和不动产测绘方法，为具体调查工作做好必要的技术准备。界址是否发生变化的具体情形如下。

1. 宗地、宗海（无居民海岛使用权海岛）新设界址和界址发生变化的主要情形

（1）申请不动产首次登记，需要新设界址的。

（2）宗地或宗海（无居民海岛使用权海岛）分割、合并、重划或界址发生调整的。

（3）界址线或界址点所依附的地物发生变化的。

（4）界址发生变化的其他情形。

2. 宗地、宗海（无居民海岛使用权海岛）界址不发生变化的主要情形

（1）整宗转移、抵押、继承、交换、收回土地使用权或海域使用权，或无居民海岛使用权的。

（2）宗地、宗海（无居民海岛使用权海岛）内定着物发生变化的。

（3）需要精确测量界址点坐标和不动产单元面积的。

（4）权利人名称、不动产坐落、不动产用途等变更的。

（5）不动产所属行政管理区的区划变动，即县（市、区）、街道、街坊、乡镇等边界和名称变动的。

（6）权利取得方式、权利性质或权利类型发生变化的。

（7）界址未发生变化的其他情形。

3. 定着物界线发生变化的主要情形

（1）房屋或构（建）筑物的新增、改建、扩建、重建、灭失的。

（2）林木、森林等定着物的新增、更新、灭失的。

4. 定着物界线不发生变化的主要情形

（1）转移、抵押、继承、交换定着物所有权的。

（2）权利人名称、定着物位置名称、定着物的类型和用途等变更的。

（3）需要精确计算定着物单元面积的。

（4）权利取得方式、权利性质或权利类型发生变化的。

四、编制日常地籍调查技术方案

根据界址是否发生变化的情形，日常调查可分为界址未发生变化的地籍调查、新设界址和界址发生变化的地籍调查、定着物界限发生变化的地籍调查、定着物界限未发生变化的地籍调查四种情况。

根据变更情形、地籍调查委托书及收集到的相关资料，制定相应的日常调查技术方案，如权属调查方案、控制点利用及检查恢复界址点方案、新增界址点放样元素计算方法、新增界址点放样方案、界址点测量方案、定着物测量方案、地类测量方案、面积计算方法、不动产单元图绘制方法、地籍图修编及不动产测绘成果变更方案等。

五、其他准备

其他准备包括：

（1）地籍调查表、绘图工具、测量仪器和调查人员的身份证明等。

（2）如果需要指界，则制作指界通知书，送达被调查的宗地、宗海和相邻宗地、宗海权利人并留存回执。如果相邻权利人无法联系的，可采取公告方式，告知其在指定的时间到指定地点进行指界。

（3）如果需要采用测量手段检查界址状况或放样界址位置，则准备界址数据、计算界址检查或放样数据。

第三节　权属调查

日常权属调查的主要内容包括调查核实不动产权属状况和界址状况、绘制宗地草图或宗海草图、填写地籍调查表等。对界址线有争议、界标发生变化和新设界标等情况，宜现场记录并拍摄照片。

权属调查工作结束后，按照本章第五节的要求，将权属调查的内容、程序、方法和成果等写入地籍调查报告。

一、宗地、宗海（无居民海岛使用权海岛）新设界址与界址发生变化的权属调查

新设界址与界址发生变化的土地或海域（含无居民海岛），应到实地开展权属调查，技术要求如下：

（1）针对新设界址与界址发生变化的宗地、宗海（无居民海岛使用权海岛），分别按照第二章第一节“二、土地权属调查”“三、海域（含无居民海岛）权属调查”部分所述内容和方法开展权属调查。

（2）如果需要新编或变更宗地、宗海（无居民海岛使用权海岛）代码，则按照第三章“不动产单元设定与代码编制规则”所述内容和方法编制；新增界址点点号，在最大界址点号后续编。

（3）根据具体的界址变化情形，选择下列方法之一变更宗地草图或宗海草图：①分别按照第二章第一节“二、土地权属调查”“三、海域（含无居民海岛）权属调查”部分所述的内容和方法，绘制宗地草图或宗海草图。②分别按照第二章第一节“二、土地权属调查”“三、海域（含无居民海岛）权属调查”部分所述内容和方法，重新绘制宗地草图或宗海草图，原宗地草图或宗海草图复印件一并归档。③在原宗地草图或宗海草图复印件上修改制作成变更后的宗地草图或宗海草图，变化和新增部分使用红色标注，标注方法为：对废弃的界址点、界址线用“×”标注；新增的界址点用界址点符号表示，新增的界址线用单实线表示，注明相应的丈量距离；对变化的数据用单红线删除，并标注正确的数据。

二、宗地、宗海（无居民海岛使用权海岛）界址未变化的权属调查

针对界址未发生变化的情形，按照下列规定，采用内业核实和外业调查相结合的方法开展调查工作：

（1）内业核实时，如确认不需要到外业调查，则在复印后的原宗地调查表、宗海调查表或无居民海岛调查表内变更部分加盖“变更”字样印章，并填写新的宗地调查表、宗海调查表或无居民海岛调查表，不重新绘制草图。

（2）内业核实时，如确认需要外业调查，则按照下列规定进行调查，填写新的宗地调查表、宗海调查表或无居民海岛调查表，并在说明栏、记事栏或审核栏中作出相应的说明：①发现宗地、宗海（无居民海岛使用权海岛）权属现状与收集的材料完全一致的，按内业核实的处理方法处理；②发现宗地、宗海（无居民海岛使用权海岛）权属现状和界址现状与地籍材料不一致的，则按照本节“一、宗地、宗海（无居民海岛使用权海岛）新设界址与界址发生变化的权属调查”部分所述的内容和方法开展界址调查；③发现原不动产登记、征收、转用、审批等权属来源中存在不正确内容的，则在权属来源材料的复印件上用红线删除不正确内容，标注正确内容，并在标注处签字；④发现原宗地调查表、宗海调查表或无居民海岛调查表中存在不正确内容的，则在原宗地调查表、宗海调查表或无居民海岛调查表的复印件上用红线删除不正确内容，标注正确内容，并在标注处签字；⑤发现原宗地调查表、宗海调查表、无居民海岛调查表中的界址边长数据不正确的，应在宗地调查表、宗海调查表或无居民海岛调查表的复印件上用红线删除不正确的数据，标注正确数据，并在标注处签字；⑥视具体情形，可分别按照第二章第一节“二、土地权属调查”“三、海域（含无居民海岛）权属调查”部分所述的内容和方法，绘制宗地草图或宗海草图，也可在原宗地草图或宗海草图复印件上标注修正，用红线删除错误的数据，标注正确的数据，并在标注处签字。

（3）如果需要新编或变更宗地、宗海（无居民海岛使用权海岛）代码，则按照第三章“不动产单元设定与代码编制规则”所述的内容和方法编制。

三、定着物界线发生变化的权属调查

对于新增定着物或界线发生变化的定着物，按照下列规定，采用外业调查的方法开展房屋、林木等定着物的权属调查工作：

（1）如果新设宗地、宗海（无居民海岛使用权海岛）内存在房屋、林木或

构（建）筑物，则分别按照第二章第一节“四、房屋权属调查”“五、构（建）筑物权属调查”“六、森林、林木权属调查”部分所述的内容和方法，开展房屋、构（建）筑物或林木的权属调查。

（2）宗地、宗海（无居民海岛使用权海岛）内的房屋或构（建）筑物发生新增、改建、扩建、重建、灭失等情形，按照第二章第二节“五、构（建）筑物权属调查”部分所述的内容和方法，到实地进行房屋或构（建）筑物权属变更调查；林木发生新增、更新、灭失等情形，按照第二章第二节“六、森林、林木权属调查”部分所述的内容和方法，到实地进行林木权属变更调查；

（3）如果需要新编或变更房屋、林木等定着物单元代码，则按照第三章“不动产单元设定与代码编制规则”所述的内容和方法编制。

四、定着物界线未发生变化的权属调查

对于定着物界线未发生变化的定着物，按照下列规定，采用内业核实和外业调查相结合的方法开展调查工作。

（1）宗地、宗海（无居民海岛使用权海岛）内房屋、林木等定着物发生买卖、交换、继承等情形，其材料齐全、规范，则可不到实地进行权属变更调查；在复印后的原房屋调查表、构（建）筑物调查表或林权调查表内变更部分加盖“变更”字样印章，并填写新的房屋调查表、构（建）筑物调查表或林权调查表，不重新绘制草图。

（2）内业核实确认需要外业调查，则按照下列规定开展调查工作，并填写新的房屋调查表、构（建）筑物调查表或林权调查表，在说明栏、记事栏或审核栏中作出相应的说明。①发现定着物权属现状与收集的材料完全一致的，在复印后的原房屋调查表、构（建）筑物调查表或林权调查表内变更部分加盖“变更”字样印章，并填写新的房屋调查表、构（建）筑物调查表或林权调查表，不重新绘制草图；②发现定着物权属状况和界线状况与地籍材料不一致的，则按照本节“三、定着物界线发生变化的权属调查”所述的内容和方法开展权属调查；③发现原来定着物权属来源中存在不正确内容的，则在权属来源材料的复印件上用红线删除，标注正确内容，并在标注处签字；④发现原房屋调查表、构（建）筑物调查表或林权调查表中存在不正确内容或数据的，则在原房屋调查表、构（建）筑物调查表或林权调查表的复印件上用红线删除不正确内容或数据，标注正确内容或数据，并在标注处签字。

（3）如果需要新编或变更房屋、林木等定着物代码，则按照第三章“不动产单元设定与代码编制规则”所述的内容和方法编制。

第四节　不动产测绘

日常不动产测绘的主要内容是测绘变更后的权属界线、位置、宗地（海）内部地物地类、计算变更后的面积、绘制不动产宗地（海）图、修编地籍图。

一、基本要求

日常不动产测绘包括界址检查、界址放样与测量、房屋或林木等定着物变更测量、地形要素变更测量、面积计算与变更和地籍调查报告编制等工作。应视具体情形，选择适宜的测量方法。

（1）对新增宗地（海）及其房屋、林木等定着物，应按照第二章第二节所述的内容和方法，开展日常不动产测绘。

（2）对发生变化的界址，应根据变化的条件，分别开展界址检查、界址放样、界址测量和重新计算宗地（海）面积等工作。如果宗地（海）内的房屋、林木等定着物以及地形发生变化，则对变化的部分进行测量并计算面积。

（3）对未发生变化的界址，当需要外业调查时，主要开展界址检查和界址放样工作。如果宗地（海）内的房屋、林木等定着物以及地形发生变化，则对变化的部分进行测量并计算面积。

（4）测量工作结束后，应编制地籍调查报告。

（5）经成果审查符合要求的测量成果，应及时更新到地籍调查数据库中；应利用更新后的地籍数据库编制宗地图或宗海图或房产图。

二、测绘方法

（一）界址检查

界址检查包括界址点、线及界标的检查和界址边长、坐标的检测等。

1. 界址点、线及界标的检查

如界标丢失、损坏或移位，应恢复原界址点位置，其技术要求如下：

（1）有解析坐标且精度满足表 2-2-12 要求的，应按照原解析界址点精度的要求进行界址放样，并重新设立界标。

（2）只有图解坐标的，不得通过界址点图解坐标放样恢复界址点位置，应根据宗地草图、土地权属界线协议书、不动产权属争议原由书等材料，采用放样、勘丈等方法放样复位，重新设立界标。

2. 界址边长、坐标检测

本项检测仅针对解析法测量的边长或坐标。现场量取界址边长或测量界址点坐标，与原值相比较，其较差在表 2-2-12 要求的允许误差范围内，则不修改原来数据；否则，分析记录原因，并将检测数据作为正确值使用。

3. 编制地籍调查报告

界址检查作业完成后，应将界址检查的过程、方法以及相应的情况说明写入地籍调查报告。

（二）界址放样与界址测量

新设界址点或界址发生变化的界址点，按照第二章第二节“三、界址测量”所述的方法进行界址测量。

宗地分割或界址调整的，可根据给定的分割或调整的几何参数，计算界址点放样元素，实地放样测设新界址点的位置并埋设界标；也可在权利人的同意下，预先设置界标，然后测量界标的坐标。界址测量或放样作业完成后，应将界址测量或放样的过程、方法以及相应的情况说明写入地籍调查报告。

界址放样的常用方法主要是极坐标法和距离交会法两种，至于选用哪种方法，应根据控制点的分布、现场地形地物情况等因素，综合分析后确定。

1. 极坐标法放样界址点参数计算

其基本原理是根据一个角度和一段距离放样界址点的平面位置。

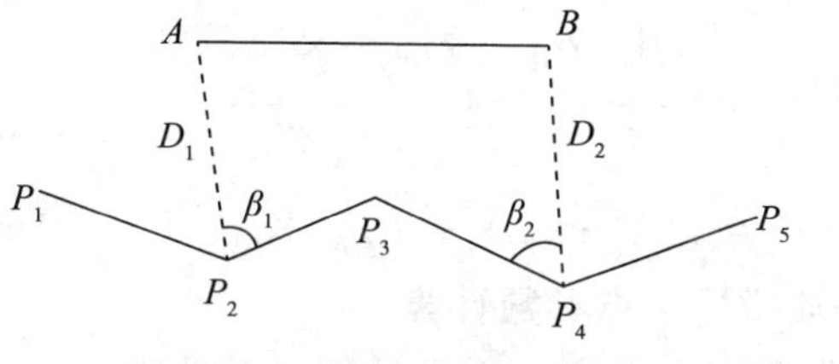

图 5-4-1　极坐标法放样图示

在图 5-4-1 中，假设 A、B 是两个土地权属界址点或用地红线界址点，其坐标从已有资料中提取。P_1、P_2、P_3、P_4、P_5 为已知控制点，则界址点放样数据 D_1、β_1、D_2、β_2 可由坐标反算公式（5-4-1）、公式（5-4-2）、公式（5-4-3）、公式（5-4-4）得出：

$$\alpha_{P_2A} = \arctan \frac{Y_A - Y_{P_2}}{X_A - X_{P_2}} \quad \alpha_{P_4B} = \arctan \frac{Y_B - Y_{P_4}}{X_B - X_{P_4}} \qquad (5-4-1)$$

$$\alpha_{P_2P_3} = \arctan \frac{\bar{Y}_3 - \bar{Y}_2}{\bar{X}_3 - \bar{X}_2} \quad \alpha_{P_4P_5} = \arctan \frac{\bar{Y}_5 - \bar{Y}_4}{\bar{X}_5 - \bar{X}_4} \qquad (5-4-2)$$

$$\beta_1 = \alpha_{P_2P_3} - \alpha_{P_2A} \quad \beta_2 = \alpha_{P_4B_3} - \alpha_{P_4P_3} \qquad (5-4-3)$$

$$D_1=\sqrt{(X_A-X_{P_2})^2+(Y_A-Y_{P_2})^2}\quad D_2=\sqrt{(X_B-X_{P_4})^2+(Y_B-Y_{P_4})^2} \tag{5-4-4}$$

放样时，在 P_2 点上安置全站仪，先放样 β_1 角，在 P_2A 方向线上放样距离 D_1，即得 A 点。将仪器搬至 P_4 点，同法放样 B 点，最后丈量 AB 的距离，以资检核。

计算示例：A、B 是两个土地权属界址点，坐标为 A（90. 00m，90. 00m），B（90. 00m，220. 00m）；P_1（50. 00m，30. 00m），P_2（30. 00m，100. 00m），P_3（40. 00m，160. 00m），P_4（20. 00m，230. 00m），P_5（55. 00m，300. 00m）为已知控制点。求放样数据 D_1、β_1、D_2、β_2。

P_2P_3 方位角 $\alpha_{P_2P_3}=\arctan\dfrac{\Delta Y_{P_3P_2}}{\Delta X_{P_3P_2}}=1.4055$　弧度 $=80°32'16''$

P_4P_3 方位角 $\alpha_{P_4P_3}=\arctan\dfrac{\Delta Y_{P_3P_4}}{\Delta X_{P_3P_4}}=-1.2924$　弧度 $=360°-74°3'17''=285°56'43''$

P_2A 方位角 $\alpha_{P_2A}=\arctan\dfrac{\Delta Y_{AP_2}}{\Delta X_{AP_2}}=-0.1651$　弧度 $=360°-9°27'44''=350°32'16''$

P_4B 方位角 $\alpha_{P_4B}=\arctan\dfrac{\Delta Y_{BP_4}}{\Delta X_{BP_4}}=-0.1419$　弧度 $=360°-8°7'48''=351°52'12''$

$$\beta_1=\alpha_{P_2P_3}-\alpha_{P_2A}=-270°+360°=90°$$

$$\beta_2=\alpha_{P_4B}-\alpha_{P_4P_3}=65°55'29''$$

$$D_1=\sqrt{(X_A-X_{P_2})^2+(Y_A-Y_{P_2})^2}=60.83\text{m}$$

$$D_2=\sqrt{(X_B-X_{P_4})^2+(Y_B-Y_{P_4})^2}=70.71\text{m}$$

2. 距离交会法放样界址点参数计算

根据两段已知距离交会出点的平面位置，称为距离交会放样。如图 5-4-2 所示，根据已知控制点 P_1、P_2、P_3 的坐标和待放样界址点 A、B 的坐标，用坐标反算公式求得距离 D_1、D_2、D_3、D_4，在实地分别从 P_1、P_2、P_3 点用钢尺测设距离 D_1、D_2、D_3、D_4。D_1 和 D_2 的交点即为 A 点位置，D_3、D_4 的交点即为 B 点位置。最后丈量 AB 长度，与设计长度比较作为检核。

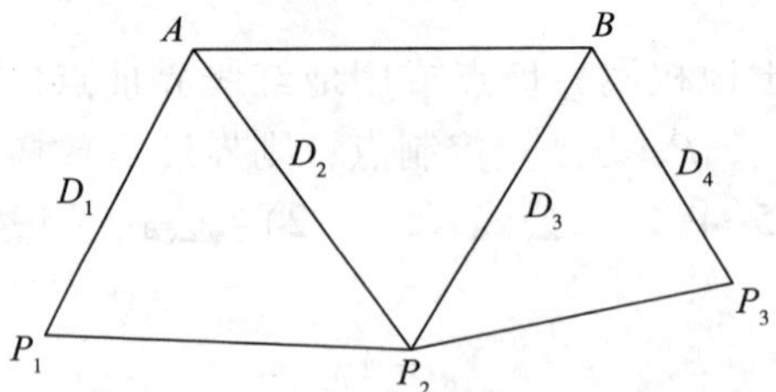

图 5-4-2　距离交会法放样图示

计算示例：控制点坐标 P_1（100. 00m，100. 00m），P_2（101. 00m，130. 00m），P_3（105. 00m，170. 00m）；A、B 两点的图上坐标为 A（110. 19m，115. 57m），

B（113.08m，152.31m），求放样参数 D_1、D_2、D_3、D_4 和 AB 之间的距离。

$$D_1=\sqrt{(X_{P_1}-X_A)^2+(Y_{P_1}-Y_A)^2}=18.61\text{m}$$

$$D_2=\sqrt{(X_{P_2}-X_A)^2+(Y_{P_2}-Y_A)^2}=17.11\text{m}$$

$$D_3=\sqrt{(X_{P_2}-X_B)^2+(Y_{P_2}-Y_B)^2}=25.37\text{m}$$

$$D_4=\sqrt{(X_{P_3}-X_B)^2+(Y_{P_3}-Y_B)^2}=19.45\text{m}$$

$$D_{AB}=\sqrt{(X_A-X_B)^2+(Y_A-Y_B)^2}=36.85\text{m}$$

（三）房屋或林木等定着物变更测量

对新增、改建、扩建、重建、灭失的房屋等构（建）筑物，或新增、更新、灭失的林木，或其他定着物，按照本书第二章第二节“四、房屋和构（建）筑物测量”所述的方法进行变更测量。变更测量完成后，应将变更测量的过程、方法以及相应的情况说明写入地籍调查报告。

（四）地形要素变更测量

对宗地（海）内外的地物、地貌发生变化部分，按照第二章第二节“五、地籍图测绘”所述的方法进行变更测量。变更测量完成后，应将变更测量的过程、方法以及相应的情况说明写入地籍调查报告。

（五）面积计算与变更

按照第二章第二节“六、土地、海域面积计算”“七、房屋建筑面积计算”“八、无居民海岛面积、体积和长度计算”所述的方法进行面积计算。面积变更的方法如下：

（1）面积变更采取高精度代替低精度的原则，即用高精度的面积值取代低精度的面积值；若原面积计算有误的，在确认重新计算或计算的面积值正确后，应以新面积值取代原面积值，并说明原因。①变更前后均为解析法计算的面积（含房屋建筑面积），如原界址点坐标或界址点间距或房屋边长满足精度要求，则保持原面积不变。②变更前为图解法计算的面积，变更后为解析法计算的面积，用解析法计算的面积取代原面积。③变更前后均为图解法计算的面积，两次面积计算差值满足公式（2-2-33）的要求，保持原面积不变；两次面积差值超限的，应查明原因，取正确值。

（2）针对不动产分割的情形，分割后面积之和与原面积的差值满足限差要求的，将差值按分割面积比例配赋到变更后的不动产面积，如差值超限，则应查明原因并修正。

（3）在宗地、宗海、无居民海岛或房屋的调查表记事栏和地籍调查报告中，应正确表述变更前后的面积及其变更原因和不动产分割前后的面积及其分割原因。

第五节　地籍调查报告的编制

地籍调查工作结束后，应编制地籍调查报告，编制内容和格式如下。

一、地籍调查报告封面

地籍调查报告封面样式如下：

编号：

地籍调查报告

（试 行）

不动产类型：□土地 □海域（□无居民海岛）□房屋等建筑物
□构筑物 □森林、林木□其他________

预编宗地代码/宗地代码/不动产单元代码：____________________

宗地（海）位置（或项目名称）：____________________

项目负责人（签字）：____________________

报告审核人（签字）：____________________

调查单位（盖章）：____________________

年　月　日

二、地籍调查报告大纲

地籍调查报告大纲的编写结构如下。

（一）概述

（1）任务来源。
（2）调查单元简况。
（3）调查内容。
（4）测量工具。

（二）调查技术依据

（1）《地籍调查规程》（××/× ××××）。
……

（三）权属调查

（包括权属状况调查核实和界址状况调查核实。

（四）不动产测绘

（1）控制测量。包括控制点来源、坐标系统和高程系统，控制检查，控制测量程序与方法等。
（2）界址测量。包括界址检查、界址放样、界址测量等。
（3）房屋和构（建）筑物测量。包括房角点测量、房屋边长丈量等。
（4）其他要素测量。包括地物测量、地貌测量等。
（5）图件的编制。说明编制不动产单元图的原因、方法和操作步骤。
（6）不动产面积计算。说明不动产面积计算的方法和操作步骤。

（五）成果编制

（1）调查表。与调查工作内容相对应的各种调查表。
（2）技术报告。主要是指本报告所属调查工作要求的技术设计书、技术方案、实施方案、检验或验收报告等。
（3）检查表。调查工作中填写的各种检查表，如控制点检查表、界址点检查表等。
（4）界址点坐标表。
（5）面积表。对不同的调查工作内容，《地籍调查规程》规定的面积表，如房屋建筑面积测算表、土地分类面积表、土地权属面积表及其相应的面积汇总表。

(6) 图件。包括宗地图、宗海图（含无居民海岛使用权海岛图）、房产图、规划选址图等。

(7) 其他现场照片等影像成果。

（六）成果审核

三、地籍调查报告编写要求

地籍调查报告是在日常调查中编制的报告，主要反映土地、海域（含无居民海岛）、房屋、构（建）筑物等权属调查和不动产测绘的技术标准执行、技术方法、程序、成果质量和主要问题的处理等情况。地籍调查报告是长期保存的重要技术档案，编写要求如下。

（一）基本要求

(1) 地籍调查报告由承担生产任务的项目负责人编写。单位的技术负责人或法定代表人对报告的客观性、完整性等进行审核并签字，并对编写质量负责。

(2) 内容要真实、完整；文字要简明扼要；公式、数据和图表应准确；名词、术语、符号、代号和计量单位等应与有关法规、标准一致。

(3) 报告体例中的一级标题不能省略。根据具体的工作内容及其相应的技术规定，确定二级标题。

(4) 报告中的内容可以增加和细化，但不能减少。

(5) 在取得不动产登记机构同意后，可将报告改造成表格的形式，用于较为简单的单项地籍调查，但内容不能缺失。应将报告改造为表格的原因、改造后的表格一并形成文字说明，不动产登记机构负责人签署意见并加盖印章后使用。

（二）地籍调查报告封面填写

(1) 编号。业务单位编排的业务流水号。

(2) 不动产类型。根据调查的空间对象打“√”选择，可多选；当选择“其他”时，在横线上填写没有选项的空间对象名称。

(3) 预编宗地代码/宗地代码/不动产单元代码。根据工作内容，按照《地籍调查规程》相关规定选择填写；编码规则按照《不动产单元设定与代码编制规则》的规定执行。

(4) 宗地（海）位置（或项目名称）。填写宗地（海）的位置或坐落，对于预设宗地填写项目的名称。

（5）项目负责人（签字）。承担本次调查任务的负责人签署本人姓名。

（6）报告审核人（签字）。负责审核本报告的审核人签署本人姓名。

（7）调查单位（盖章）。加盖承担本次调查单位的印章。

（三）地籍调查报告内容的编写说明

根据地籍调查报告大纲，具体编写要求如下。

1. 概述

（1）任务来源。主要阐述委托任务的单位、时间、请求调查的文件等。

（2）调查单元简况。主要阐述不动产的位置、权属性质和类型、权属的历史沿革、原有调查确权登记等情况。

（3）调查内容。主要阐述本次调查的具体工作内容。

（4）测绘工具。说明本次测绘所使用的 GNSS 接收机、全站仪、钢尺、软件等测绘仪器的型号和规格及其检定情况。

2. 调查技术依据

列出本次调查所依据的技术标准和政策法规，含标准编号或文号。

3. 权属调查

（1）权属状况调查核实。按照规程相关条款，说明调查核实的方法、已有资料的引用情况和补充调查的内容。

（2）界址状况调查核实。按照规程相关条款，说明调查核实的方法、已有资料的引用情况和补充调查的内容。

4. 不动产测绘

（1）控制测量。具体指明控制坐标的来源、坐标系统名称等。说明进行控制检查和控制测量的原因、方法和操作步骤。

（2）界址测量。说明进行界址检查、界址放样、界址测量的原因、方法和操作步骤。

（3）房屋和构（建）筑物测量。说明测量的内容、原因和方法。

（4）其他要素测量。说明进行地物、地貌和其他要素测量的原因、方法和操作步骤。

（5）图件的编制。说明编制不动产单元图的原因、方法和操作步骤。

（6）不动产面积计算。说明不动产面积计算的方法和操作步骤。

5. 成果编制

按照具体的调查工作内容及其规程中的要求编制相应成果，列出成果目录。具体成果作为本报告的附件，与报告一起装订成册，其中必要的现场照片等影像必须提交。针对不同的工作内容其编制提交的成果内容要求不同，具体如下：

（1）用地预审与规划选址阶段。成果包括地籍调查报告、建设项目用地规划选址图、建设项目用地规划面积统计表和不动产单元表等。

（2）用地审批阶段。成果包括地籍调查报告、土地勘测定界表、土地利用现状分类表、土地勘测定界图、集体土地所有权的宗地调查表、宗地草图或土地权属界线协议书附图、宗地图、宗地界址点坐标表和面积表、不动产单元表等。

（3）建设用地规划许可与土地供应阶段。成果包括地籍调查报告、宗地调查表（新填或复印件）、宗地界址坐标表（新填或复印件）、宗地图、不动产单元表、权利人身份证明复印件及相关的权属来源证明材料等。

（4）建设工程规划许可阶段。成果包括地籍调查报告、房屋调查表、不动产单元表、各类建筑面积测算表和汇总表等。

（5）施工规划监督阶段。成果包括地籍调查报告、不动产单元表、放线测量成果表、灰线验线成果册、±0 层验线测量成果册等。

（6）竣工验收阶段。成果包括地籍调查报告、宗地调查表（新填或复印件）、房屋调查表（新填或复印件）、构（建）筑物调查表、不动产单元表、规划核实表、建筑面积面积明细表和汇总表、相关图纸等。

6. 成果审核

主要阐述调查成果的质量状况、检查审核情况和可用性。

四、附表

附表主要包括界址点和控制点坐标检测成果表（表 5-5-1）、界址点和控制点间距检测成果表（表 5-5-2）、界址点和控制点测量成果表（表 5-5-3）和房屋边长检查记录（表 5-5-4）。

表 5-5-1　界址点和控制点坐标检测成果表

点号	已知点		检测点		差值/m	备注
	X/m	*Y*/m	*X*/m	*Y*/m		

表 5-5-2　界址点和控制点间距检测成果表

点号-点号	已知边长/m	检测边长/m	差值/m	备注

表 5-5-3 界址点和控制点测量成果表

点号	X/m	Y/m	标志类型	备注

表 5-5-4 房屋边长检查记录

房屋编号：

边长序号	原测边长/m	检测边长/m	差值/m	备注

第六节 成果审查与入库

日常调查成果主要为文字成果、表格成果、图件成果，包括地籍调查授权委托书、权属来源材料、地籍调查表、界址点坐标成果表、地籍调查报告、宗地图、宗海图、无居民海岛使用权海岛图及其房产图等。按照下列要求进行成果审查与入库：地籍调查成果应由不动产登记机构或授权机构审查；凡在前期审批、交易、竣工验收等行政管理中经相关行政职能部门和授权机构确认的且符合登记要求的成果，可继续沿用。

一、审查程序

日常调查成果的审核过程包括受理、审核与决定和告知，分别由成果管理机构受理人员、核查人员和复审人员完成。

（一）受理

受理人员对申请人提交的申请材料进行成果完整性和规范性审查。符合要求的，予以受理；不符合要求，但申请材料存在可以当场更正的错误的，允许申请人当场更正；不能当场更正的，一次性告知申请人需要补正的全部内容，并将申请材料退回申请人；申请事项不属于不动产登记机构或授权机构职权范围的，向申请人作出说明。

（二）审核与决定

核查人员对受理人员转交的成果进行有效性、规范性和一致性技术审查。符合要求的，提出核查通过的意见；不符合要求的，提出核查不通过的意见，签署意见后转复审人员。

复审人员对核查人员的核查结果进行确认性审查。符合要求的，做出审查通过的决定；不符合要求的，做出审查不通过的决定。

核查人员和复审人员按要求填写《地籍调查成果审查表》，并反馈给告知人员。

（三）告知

地籍调查成果审查通过的，成果管理机构告知人员根据审查结果应制作地籍调查成果审查办理结果通知书，送达申请人。

审查未通过的，成果管理机构告知人员还应当随地籍调查成果审查办理结果通知书出具未通过具体原因送达申请人，并将申请人提交的材料退回。

（四）办理时限

地籍调查成果审查一般自受理之日起7个工作日内完成。

二、审查的方法

日常调查成果审查方法采用内、外业核实方法。

（一）内业检查核实

（1）应充分利用已有不动产产权涉及的数据库、信息系统、办公系统、电子政务系统等检查核实地籍调查成果。

（2）应将调查机构提供的宗地图、宗海图和房产分户图等图件的电子数据导入已有的权籍空间数据库，查看其与相邻的界址、地物是否存在空间位置矛盾和几何拓扑关系错误。

（二）外业实地核实

（1）进行外业实地核实时，参照《不动产登记操作规范（试行）》中对外业调查的要求，对查看对象拍照，填写实地查看记录。

（2）首次登记和界址发生变化的不动产、内业检查核实无法判定权籍要素是否正确以及其他不动产登记机构认为需要实地核实的情形，需要对地籍调查成果进行外业实地核实检查成果是否正确。

（3）对地籍调查成果，应按照一定比例进行抽检，实地复核相关界址位置坐标和边长的测量精度是否满足规定要求。

三、审查的材料及要求

（一）首次登记申请材料

1. 宗地调查成果材料

（1）授权委托书，原件。

（2）权利人身份证明，核实原件，提交复印件；委托代理人代为办理审查手续的，提交委托书原件。

（3）调查机构资质证书复印件。

（4）调查机构自检承诺书，原件。

（5）权源资料。

（6）宗地调查表、集体土地所有权宗地分类面积调查表，还应按实际情况提交土地承包经营权、农用地其他使用权调查表。

（7）宗地图原件及相应电子文件。

（8）地籍调查报告原件及相应电子文件。

（9）界址点坐标成果表及相应电子文件。

（10）如上述材料包含其他部门共享材料的，应提交地籍调查资料协助查询单复印件。

（11）不动产单元表。

2. 宗海调查成果材料

（1）授权委托书，原件。

（2）权利人身份证明，核实原件，提交复印件；委托代理人代为办理审查手续的，提交委托书原件。

（3）调查机构资质证书复印件。

（4）调查机构自检承诺书，原件。

（5）权源资料。

（6）宗海调查表及相应电子文件。

（7）宗海图原件及相应电子文件。

（8）地籍调查报告原件及相应电子文件。

（9）界址点坐标成果表及相应电子文件。

（10）如上述材料包含其他部门共享材料的，应提交地籍调查资料协助查询单复印件。

（11）不动产单元表。

3. 房屋调查成果材料

（1）授权委托书，原件。

（2）权利人身份证明，核实原件，提交复印件；委托代理人代为办理审查手续的，提交委托书原件。

（3）调查机构资质证书复印件。

（4）调查机构自检承诺书，原件。

（5）权源资料。

（6）地籍调查表中的地籍调查表、房屋调查表、构（建）筑物调查表原件。

（7）宗地图原件及相应电子文件。

（8）地籍调查报告原件及相应电子文件。

（9）界址点坐标成果表原件及相应电子文件。

（10）商品房、房改房、经济适用住房、限价商品房、安置房等住房应提交房产测绘成果公告记录表原件、建筑面积预测报告原件。

（11）核实房屋测算依据文字资料原件，提交复印件，包括建设工程规划许可证及附件、建设工程规划验收合格证、配套公建的归属说明。

（12）核实房屋面积测算依据图件资料原件，提交复印件，包括建设工程规划许可证附图、经审批的建筑施工总平图、经审批的人防红线图、经审批的建筑竣工图及相应电子文件。

（13）房屋面积测算表。

（14）包含房产分户图的房产楼盘电子数据。

（15）不动产单元表。

4. 林权调查成果材料

（1）授权委托书，原件。

（2）权利人身份证明，核实原件，提交复印件；委托代理人代为办理审查手续的，提交委托书原件。

（3）调查机构资质证书复印件。

（4）调查机构自检承诺书，原件。

（5）权源资料。

（6）地籍调查表中的地籍调查表、林权调查表原件及相应电子文件。

（7）宗地图原件及相应电子文件。

（8）地籍调查报告原件及相应电子文件。

（9）界址点坐标成果表原件及相应电子文件。

（10）不动产单元表。

（二）界址变更登记申请材料

1. 宗地调查成果材料

（1）授权委托书，原件。

（2）权利人身份证明，核实原件，提交复印件；委托代理人代为办理审查手续的，提交委托书原件。

（3）调查机构资质证书复印件。

（4）调查机构自检承诺书，原件。

（5）权源资料。

（6）地籍调查表中的地籍调查表、集体土地所有权宗地分类面积调查表。

（7）宗地图原件及相应电子文件。

（8）地籍调查报告原件及相应电子文件。

（9）界址点坐标成果表及相应电子文件。

（10）如上述材料包含其他部门共享材料的，应提交地籍调查资料协助查询单复印件。

（11）不动产单元表。

2. 宗海调查成果材料

（1）授权委托书，原件。

（2）权利人身份证明，核实原件，提交复印件；委托代理人代为办理审查手续的，提交委托书原件。

（3）调查机构资质证书复印件。

（4）调查机构自检承诺书，原件。

（5）权源资料。

（6）地籍调查表中的宗海调查表及相应电子文件。

（7）宗海图原件及相应电子文件。

（8）地籍调查报告原件及相应电子文件。

（9）界址点坐标成果表及相应电子文件。

（10）如上述材料包含其他部门共享材料的，应提交地籍调查资料协助查询单复印件。

（11）不动产单元表。

3. 房屋调查成果材料

（1）授权委托书，原件。

（2）权利人身份证明，核实原件，提交复印件；委托代理人代为办理审查手续的，提交委托书原件。

（3）调查机构资质证书复印件。

（4）调查机构自检承诺书，原件。

（5）权源资料。

（6）地籍调查表中的地籍调查表、房屋调查表、构（建）筑物调查表原件。

（7）属于部分土地回收引起房屋、界址发生变更的，审查人民政府收回决定书原件，提交复印件；改建、扩建引起房屋面积、界址变更的，审查规划验收文件和房屋竣工验收文件原件，提交复印件；因自然灾害导致部分房屋灭失的，提交房屋灭失的材料；其他面积、界址变更的情形，审查有关机关出具的批准文件、土地出让合同补充协议原件，提交复印件。

（8）宗地图原件及相应电子文件。

（9）地籍调查报告原件及相应电子文件。

（10）界址点坐标成果表原件及相应电子文件。

（11）核实房屋测算依据文字资料原件、提交复印件，包括建设工程规划许可证及附件、建设工程规划验收合格证、配套公建的归属说明。

（12）核实房屋面积测算依据图件资料原件、提交复印件，包括建设工程规划许可证附图、经审批的建筑施工总平图、经审批的人防红线图、经审批的建筑竣工图及相应电子文件。

（13）房屋面积测算表。

（14）包含房产分户图的房产楼盘电子数据。

（15）不动产单元表。

4. 林权调查成果材料

（1）授权委托书，原件。

（2）权利人身份证明，核实原件，提交复印件；委托代理人代为办理审查手续的，提交委托书原件。

（3）调查机构资质证书复印件。

（4）调查机构自检承诺书，原件。

（5）权源资料。

（6）地籍调查表中的地籍调查表、林权调查表原件及相应电子文件。

（7）宗地图原件及相应电子文件。

（8）地籍调查报告原件及相应电子文件。

（9）界址点坐标成果表原件及相应电子文件。

（10）不动产单元表。

（三）已办理不动产登记但未进行地籍调查或地籍调查成果不全的申请材料

如不动产界址、空间未发生变化，调查成果审查沿用原有的权源资料、宗地图或宗海图，其他资料按首次登记提交。

如不动产界址、空间发生变化，应审查不动产权属证书原件、提交复印件，其他资料按界址变更登记申请材料提交。

（四）部门数据共享可免提交的申请材料

（1）对于前期不动产行政管理中已经产生的地籍调查成果，经成果管理机构审查符合不动产登记要求已经归档入库的，应当继续沿用，可免于提交。

（2）通过部门信息共享或主动推送获取相关信息的地籍调查成果，可免于提交。

四、审查要求

（一）完整性审查

调查成果是否完整。即：是否按要求提交全部材料；获取的成果是否满足不动产登记的要求。

（二）规范性审查

调查成果格式是否符合《地籍调查规程》的要求，是否使用地籍调查表，电子数据是否符合成果管理机构规定的内容和格式等。

（1）所有成果资料是否均有责任人签名和单位盖章。

（2）作业过程和技术方法是否正确。

（3）检查记录是否齐全，检查比例是否满足相关规定要求，检查结论是否符合规定要求，是否有责任人和单位负责人签名及单位盖章。

（4）各项精度是否满足相关的规范规程规定要求。

（三）有效性审查

对调查程序、调查机构、从业人员资质和质量管理措施进行审查，总体判定调查成果是否有效。

（1）调查程序是否规范。是否按照《地籍调查规程》要求及相关技术标准实施。

（2）调查机构资质审查。调查机构是否具有相应资质，具体要求参见《测绘法》《测绘资质管理规定》和《测绘资质分级标准》。

（3）调查从业人员资质审查。审查调查人员是否具有相应的从业资格。

（4）质量管理措施审查。是否制定管理措施，调查成果是否经过自检。

（四）一致性审查

（1）权属调查信息是否准确，界址和四至关系是否正确，界址点和房屋等构（建）筑物或其他定着物的测绘精度是否符合要求。

（2）调查成果是否正确保持宗地、宗海及其房屋、林木等定着物之间的内在联系。

（3）宗地图、宗海图和房产分户图等不动产单元图中的空间要素是否与相邻的界址、地物、地貌存在空间位置等矛盾。图形是否通过拓扑检查，包括检查界址点重复，检查宗地（海）叠盖、闭合、悬挂，检查自然幢叠盖、自然幢闭合、悬挂，以及是否与数据库保持一致。

（4）楼盘表和房屋是否一致。

（5）地籍调查表、不动产测绘成果和电子数据三者是否保持一致。

五、审查要点

（一）权源材料审查

1. 首次登记的权源材料审查

1）宗地调查成果审查

（1）依法以划拨方式取得国有建设用地使用权的，审查县级以上人民政府的批准用地文件和国有土地划拨决定书等相关证明材料原件，提交复印件。

（2）新开工的大中型建设项目使用划拨国有土地的，还应当提供建设项目竣工验收报告。

（3）依法以出让方式取得国有建设用地使用权的，审查国有建设用地使用权出让合同原件等相关证明材料原件，提交复印件。

（4）划拨国有建设用地使用权已依法转为出让国有建设用地使用权的，审查原国有土地使用证、出让合同原件等相关证明材料原件，提交复印件。

（5）依法以国有土地租赁方式取得国有建设用地使用权的，审查租赁合同原件等相关证明材料原件，提交复印件。

（6）依法以国有土地使用权作价出资或者入股方式取得国有建设用地使用权的，审查原国有土地使用证、土地使用权出资或者入股批准文件和其他相关证明材料，提交复印件。

（7）以国家授权经营方式取得国有建设用地使用权的，审查原国有土地使用证、土地资产处置批准文件和其他相关证明材料原件，提交复印件。

（8）农民集体土地所有权申请登记的，审查集体土地所有权证明材料原件，提交复印件。

（9）依法使用本集体土地进行建设的，审查有批准权的人民政府的批准用地文件原件，提交复印件。

（10）集体土地所有权人依法以集体建设用地使用权入股、联营等形式兴办企业的，审查有批准权的人民政府的批准文件和相关合同原件，提交复印件。

（11）依法使用本集体土地进行农业生产的，审查农用地使用合同原件，提交复印件。

（12）依法抵押土地使用权的，审查土地权利证书、主债权债务合同、抵押合同以及相关证明材料原件，提交复印件。

（13）同一宗地多次抵押的，以抵押登记申请先后为序办理抵押登记。

（14）在土地上设定地役权后，申请地役权登记的，供役地权利人和需役地权利人应当向自然资源行政主管部门提交不动产权利证书和地役权合同等相关证明材料。

2）宗海调查成果审查

（1）经国务院或地方人民政府批准的，核实海域使用权批复原件，提交复印件。

（2）通过招标或者拍卖方式取得的，核实海域使用权出让合同、提交复印件。

3）房屋调查成果

审查不动产权属证书或国有土地使用证或有批准权的人民政府批准用地的文件原件，提交复印件；核实宗地图原件，提交复印件。

4）林权调查成果

审查申请登记的森林、林木和林地权属证明文件原件，提交复印件。

2. 其他材料审查

（1）界址变更登记的，审查不动产权属证书原件，提交复印件。

（2）审查权源资料权利人信息与不动产登记申请人是否一致。

（二）地籍调查表的审查

根据《地籍调查规程》和《不动产单元设定与代码编制规则》的相关要求，对地籍调查表进行审查。

1. 地籍调查表基本审查要点

（1）根据不动产调查类型，审查地籍调查表填写是否规范与完整，是否签字盖章。

（2）宗地、宗海、定着物单元划分和不动产单元设定是否符合规定要求。

（3）不动产单元号编制是否规范、唯一。

（4）不动产调查单元位置、用途、四至、性质、面积等是否填写规范，是否与楼盘表一致，是否与图件和实地一致。

（5）地籍调查界址确认是否符合相关规定；邻宗及本宗指界人签字是否符合规定。

（6）宗地、宗海界址、面积、用途等是否与用地审批、用海审批等相关权源材料相符。

（7）权属调查记事、地籍测量记事是否清晰明了，是否按规范填写。

2. 定着物为房屋时审查要点

（1）房屋调查表中宗地（海）代码与宗地调查表或宗海调查表中是否一

致；定着物代码编制是否正确，是否符合《不动产单元设定与代码编制规则》的要求。

（2）房屋测量的范围、用途与规划批建或验收的范围、用途是否一致；属房地产开发项目的，预测和实测户室对应关系是否正确，面积有无重大变化，与规划审批的图纸户室是否一致；与宗地空间范围是否矛盾。

（3）产别是否正确，是否按照《房产测量规范》附录 A 表 A4 房屋产别分类，根据产权主体判断分类填写。

（4）房屋规划用途是否按照建设工程规划许可文件及其所附图件确定；房屋实际使用用途是否调查清楚。

（5）房屋状况信息是否调查清楚。其中，总套数、总层数，房屋建筑结构幢号、户号、所在层次、竣工时间等情况是否调查清楚。

（6）楼盘表的制作与填写是否规范。

（7）地下空间使用权是否分用途调查和测绘。

3. 定着物为构（建）筑物时审查要点

（1）构（建）筑物调查表中宗地（海）代码与地籍调查表或海籍调查表中是否一致。

（2）构（建）筑物规划用途是否和规划许可文件及其所附图件确定的用途一致。实际用途填写是否正确，是否按照《地籍调查规程》附录 F7 的要求进行填写。

（3）构（建）筑物现状是否和批准文件或权源资料图件一致。

（4）竣工时间是否与竣工验收文件确定的时间一致。

（5）构（建）筑物面积是否与地籍调查报告一致，是否超规划批准建筑面积或超容积率；构（建）筑物面积是否和批准文件或权源资料图件一致。

4. 定着物为森林林木时审查要点

（1）林权调查表中宗地代码是否与地籍调查表中保持一致。

（2）定着物代码编制是否正确，是否符合《不动产单元设定与代码编制规则》的要求。

（3）小地名、起源、主要树种、林种等情况是否调查清楚。

（4）造林年度是否与有关文件一致。

（5）林斑、小斑是否根据森林资源规划设计调查所区划的林斑和小斑数据填写。

（6）面积是否经测量得到，是否与地籍调查报告中面积保持一致。

（三）不动产测绘成果审查

根据《地籍调查规程》中要求对地籍调查报告、表格成果和图件成果进行审查。

1. 地籍调查报告审查要点

（1）地籍调查报告中测量员、项目负责人、技术负责人和测量单位是否签字盖章。

（2）地籍调查报告内容框架是否正确完整，是否包括概述、测量技术依据、控制测量、界址测量、其他要素测量、图件的测制、房屋等不动产面积测算、质量评价、成果目录和成果附件等10部分内容，报告内容可以增加和细化，但不能减少。

（3）成果目录是否齐全完整。成果目录是否包括控制点检查表、界址点检查表、界址点成果表、房屋面积测算表、楼盘表、宗地图、宗海图、房产分户图等不动产单元图和现场照片等影像成果。

2. 表格成果审查要点

表格成果包括控制点检查表、界址点检查表、界址点成果表、房屋面积测算表和楼盘表，其审查要点如下：

（1）控制点检查表中控制点精度是否满足要求。

（2）界址点检查表中界址点精度是否满足要求。

（3）界址点成果表中界址点坐标反算边长和实地量算边长较差是否满足精度要求。

（4）房屋等不动产面积测算表中面积计算方法是否正确，精度是否满足《房产测量规范》等规定的要求。

（5）楼盘表制作是否正确，房号是否与实际相符。

3. 不动产测绘图件成果审查要点

图件成果主要包括宗地图、宗海图和房产分户图。依据《地籍调查规程》和相关技术标准规程的要求，其审查要点如下：

（1）宗地（海）图中制图人、审查人、测量单位是否签字盖章。

（2）宗地（海）图是否按照《地籍调查规程》要求的样式编制，要素是否齐全完整。

（3）宗地（海）图中宗地代码、权利人、宗地面积等信息是否与地籍调查表中地籍调查表保持一致。

（4）房产分户图中制图人、审查人、测量单位是否签字盖章。

（5）房产分户图是否按照《地籍调查规程》要求的样式编制，要素是否齐全完整。

（6）房产分户图标注是否正确，图中宗地代码、结构、幢号、户号、总层数、所在层、专有建筑面积、分摊建筑面积、建筑面积和坐落是否与地籍调查表中的房屋调查表保持一致。

（7）房产分户图电梯、楼梯、门厅、走廊等共有部分是否标注“共有”等字样。

（8）宗地（海）图和房产分户图等不动产单元图中的空间要素与相邻的界址、地物、地貌是否存在空间位置矛盾。

（四）电子数据与数据库审查

（1）电子数据格式是否符合规定要求。

（2）电子数据与纸质材料数据是否一致。

（3）电子数据与已有权籍数据库是否矛盾。将调查机构提交的调查成果的电子数据导入权籍数据库进行定位，判断其图形是否存在空间矛盾，不动产统一编号是否正确、查看面积是否准确等。

（4）电子数据是否正确保持宗地、宗海及其房屋、林木等定着物之间的内在联系，房屋等定着物是否超出宗地界线，房屋是否落幢落宗，房地图形是否一致。

六、审查成果管理

对调查成果存在的问题，应责成调查机构修改完善，直至成果合格为止。

成果通过审查后，审查部门或单位应将审查后的成果提交给地籍数据库和成果管理机构，及时更新地籍数据库，生成不动产单元表。

七、地籍调查成果审查表

1. 地籍调查成果审查表

具体见表 5-6-1。

2. 地籍调查成果审查表填写说明

（1）调查人员。填写调查机构实际工作人员姓名。

（2）调查机构。填写负责组织开展地籍调查单位的具体名称。

（3）地籍调查表、不动产测绘成果和电子数据根据实际情况勾选有或无；成果规范也是根据实际情况，符合规范性要求的勾选，否则就不勾选。

（4）其他有关材料。如果有就填写具体材料名称，没有就填写无。

（5）成果有效性。按照要求对调查程序、调查机构、从业人员资质和质量管理措施进行审查，总体判定调查成果是否有效。

（6）成果一致性。按照要求对地籍调查表、不动产测绘成果和电子成果内部一致性和三者之间一致性进行审查。

（7）核查人员意见。核查人员应当对提交的地籍调查表、不动产测绘成果、电子数据和其他成果按照审查要点从有效性、完整性、规范性和一致性进行逐项审查，并填写具体审查意见和结论。

（8）复审人员意见。复审人员应当对初审人员提出的意见进行复查，认为合格的，填写“合格”；认为不合格的，填写“不合格”，退回初审人员处理。

表 5-6-1　地籍调查成果审查表

<table>
<tr><td rowspan="3">基本情况</td><td>权利人名称</td><td></td><td>不动产单元号</td><td></td></tr>
<tr><td>不动产坐落</td><td></td><td>不动产种类</td><td></td></tr>
<tr><td>调查人员</td><td></td><td>调查机构</td><td></td></tr>
<tr><td rowspan="8">地籍调查表</td><td colspan="2">宗地调查表</td><td colspan="2">□有□无 □规范性</td></tr>
<tr><td colspan="2">权源材料</td><td colspan="2">□有□无 □规范性</td></tr>
<tr><td colspan="2">土地承包经营权、农用地其他使用权调查表</td><td colspan="2">□有□无 □规范性</td></tr>
<tr><td colspan="2">房屋调查表</td><td colspan="2">□有□无 □规范性</td></tr>
<tr><td colspan="2">建筑物区分所有权业主共有部分调查表</td><td colspan="2">□有□无 □规范性</td></tr>
<tr><td colspan="2">林权调查表</td><td colspan="2">□有□无 □规范性</td></tr>
<tr><td colspan="2">构（建）筑物调查表</td><td colspan="2">□有□无 □规范性</td></tr>
<tr><td colspan="2">宗海调查表</td><td colspan="2">□有□无 □规范性</td></tr>
<tr><td rowspan="5">不动产测绘成果</td><td colspan="2">地籍调查报告</td><td colspan="2">□有□无 □规范性</td></tr>
<tr><td colspan="2">界址点成果表</td><td colspan="2">□有□无 □规范性</td></tr>
<tr><td colspan="2">房屋面积测算表</td><td colspan="2">□有□无 □规范性</td></tr>
<tr><td colspan="2">不动产单元表</td><td colspan="2">□有□无 □规范性</td></tr>
<tr><td colspan="2">图件</td><td colspan="2">□宗地图□宗海图 □房产分户图 □规范性</td></tr>
<tr><td colspan="3">电子数据</td><td colspan="2">□有□无 □规范性</td></tr>
<tr><td colspan="3">其他有关材料</td><td colspan="2"></td></tr>
<tr><td colspan="3">成果有效性</td><td colspan="2"></td></tr>
<tr><td colspan="3">成果一致性</td><td colspan="2"></td></tr>
<tr><td colspan="3">核查人员意见</td><td colspan="2">初审人　　　　年　月　日</td></tr>
<tr><td colspan="3">复审人员意见</td><td colspan="2">复审人　　　　年　月　日</td></tr>
</table>

第七节　成果的整理与归档

地籍调查工作结束后，应对成果进行整理和归档。

地籍调查成果经相关部门审查确认后，调查机构应以宗地、宗海（无居民海岛使用权海岛）为单位，按照统一的地籍调查表、地籍调查报告、不动产单元表和地籍图等成果样式，形成地籍调查成果，提交纸质成果和相应的电子数据。

地籍调查成果按照统一的规格、要求进行整理、立卷、组卷、编目和归档。

第六章　建设项目地籍调查

第一节　概　　述

建设项目地籍调查，是指工程建设项目从立项到竣工、贯穿全流程审批涉及的地籍调查工作，也是贯穿土地和规划管理全生命周期的地籍调查工作。

工程建设项目全流程，从土地和规划管理角度，主要包括用地预审与选址、用地审批、建设用地规划许可与土地供应、建设工程规划许可、用地规划监督和竣工验收等阶段，以及涉及多个阶段的确权登记工作。在每一个阶段，都需要通过地籍调查，获取土地、房屋等不动产的坐落、界址、面积、用途、权属等信息。

工程建设项目全流程地籍调查，应坚持同一标的物只调查一次、同一成果只提交一次、只能拥有唯一标识码的原则，每一阶段审批管理应当充分利用前一阶段地籍调查成果，必要时再开展补充地籍调查。由于工程建设项目全流程主要涉及土地和房屋，因此，在首次开展土地和房屋地籍调查后，原则上应当一直沿用首次地籍调查成果，确实有需要的再开展补充地籍调查。

此外，为了实现工程建设项目地籍调查成果在前后各阶段的沿用共享，还需要同时开展以下工作：一是明确地籍调查内容和成果要求，确保前序环节的调查成果可以用于后序环节审批管理。二是严格地籍调查成果审核，确保地籍调查成果质量符合要求，避免不达标的成果因为前后沿用而“一错再错”。三是建立地籍数据库，实施对地籍调查成果的统一管理，便于地籍调查成果为各环节审批业务调取使用。四是在各阶段编制或沿用不动产单元代码，用不动产单元代码作为各阶段地籍调查成果的索引，串联各阶段成果，方便地籍调查成果的查询和调取沿用。

第二节　用地预审与选址地籍调查

一、管理规定和业务需求

《中华人民共和国土地管理法》（以下简称《土地管理法》）第五十二条规定，“建设项目可行性研究论证时，自然资源主管部门可以根据土地利用总体规划、土地利用年度计划和建设用地标准，对建设用地有关事项进行审查，并提出意见。”根据《建设项目用地预审管理办法》，申请建设项目用地预审，应当提交建设项目用地预审申请表和申请报告，其中申请报告内容包括拟建项目的基本情况、拟选址占地情况、拟用地是否符合土地利用总体规划、拟用地面积是否符合土地使用标准、拟用地是否符合供地政策等。即建设项目用地预审应当审查建设项目选址是否符合土地利用总体规划，建设项目用地规模是否符合有关土地使用标准规定。

《中华人民共和国城乡规划法》（以下简称《城乡规划法》）第三十六条规定，“按照国家规定需要有关部门批准或者核准的建设项目，以划拨方式提供国有土地使用权的，建设单位在报送有关部门批准或者核准前，应当向城乡规划主管部门申请核发选址意见书。”即用地选址主要是根据拟建项目用地位置、面积与建设规模等，审查建设项目与国土空间规划布局协调情况及与相关专项规划的衔接与协调等，出具建设项目选址意见书。

为落实党中央、国务院推进政府智能转变、深化“放管服”改革和优化营商环境的要求，自然资源部印发《关于以“多规合一”为基础推进规划用地“多审合一、多证合一”改革的通知》（自然资规〔2019〕2号）明确规定，“将建设项目选址意见书、建设项目用地预审意见合并，自然资源主管部门统一核发建设项目用地预审与选址意见书，不再单独核发建设项目选址意见书、建设项目用地预审意见。”

为满足用地预审和选址工作要求，需通过地籍调查，获取用地范围、用地总量，以及用地范围内土地利用现状和土地权属情况。一般情况下，可以在实地踏勘后，根据已有各类数据成果，在内业通过图解拟定用地范围和界址，并在此基础上获取用地现状和权属状况。已有数据成果不齐备或者现势性不好的，通常需要开展地形图补测工作。另外，根据当地业务管理要求，也可在本阶段开展用地报批所需的地籍调查工作。

二、地籍调查任务和要求

用地预审与选址地籍调查的工作内容，包括收集资料、制作工作底图、实地踏勘、拟定建设项目用地选址范围、预设宗地并编码、面积量算、编制建设项目用地选址图、编制地籍调查报告和不动产单元表等。

（1）收集资料。收集建设项目拟用地区域的基础地理、高分辨率正射遥感影像、国土空间规划、土地利用现状调查与监测、自然资源和不动产地籍调查和确权登记等相关数据和图件。

（2）制作工作底图。以高分辨率正射遥感影像为基础，叠加基础地理、国土空间规划、土地利用现状、地籍等数据，形成规划选址所需要的工作底图。

（3）实地踏勘。根据建设项目用地需求，初步拟定建设项目拟用地范围，再根据拟用地范围和相关数据资料收集情况，确定是否需要实地踏勘。对需要实地踏勘的，到实地查看拟用地范围，以及用地范围内的土地权属现状、土地利用现状，并在工作底图上标绘相关信息。

（4）拟定建设项目用地选址范围。根据建设项目用地需求，结合实地踏勘情况，在工作底图上拟定建设项目用地选址范围。

（5）预设宗地并编码。按照《不动产单元代码设定与代码编制规则》的规定，对建设项目用地预设宗地，预编不动产单元代码（宗地代码+W00000000）。建设项目用地由多个独立的不相连地块组成，每个地块预设为一个宗地，桥墩、信号塔基座等可以合并设立一个宗地。

（6）面积量算。根据拟定的建设项目用地选址范围，图解获取界址坐标并计算用地面积；套合土地利用现状和永久基本农田，获取拟占用土地利用和权属情况，包括农用地（包括耕地和永久基本农田）、建设用地、未利用地的分布和面积；套合地籍成果数据，获取占用土地的权属状况，包括集体土地所有权，国有建设用地使用权的分布、面积和权利人等，形成建设项目用地面积统计表。

（7）编制建设项目用地选址图。根据拟定的建设项目用地选址范围，结合基础地理数据、高分辨率遥感影像数据、土地利用现状数据、地籍成果数据，编制形成建设项目用地规划选址图。图上应表示的内容包括：建设项目名称、预编宗地代码、建设项目拟用地范围线、总面积、现状分类面积、权属分类面积、规划条件或用地功能分区等。

（8）编制地籍调查报告和不动产单元表。按相关要求编制地籍调查报告和不动产单元表。

三、地籍调查成果

本阶段地籍调查成果主要包括建设项目用地选址范围的界址点坐标、建设项目用地选址图、建设项目用地面积统计表、地籍调查报告、不动产单元表等，在每一项成果中都标注不动产单元代码。地籍调查成果经审核后纳入地籍数据库统一管理。成果应用于建设项目用地预审和选址工作。

第三节　用地审批地籍调查

一、管理规定和业务需求

用地审批主要包括农用地转用审批和土地征收审批。根据《土地管理法》

第四十四条规定，建设占用土地，涉及农用地转为建设用地的，应当办理农用地转用审批手续。《土地管理法》第四十六条、第四十八条规定，征收农民集体所有的土地，由国务院或省级人民政府批准。征收土地应当给予公平、合理的补偿，包括土地补偿费、安置补助费，以及农村村民住宅和其他地上附着物和青苗等的补偿费用。

为满足农用地转用审批和土地征收审批要求，需通过地籍调查，确定拟用地范围，获取拟用地范围的界址点坐标和面积，需要农转用审批和土地征收审批的界址和面积及地上房屋、其他附着物和青苗等信息。

建设项目用地预审和选址阶段地籍调查成果已经包括以上内容的，且范围和界址未发生变化的，可直接沿用该成果，无须开展地籍调查；范围和位置发生变化的，需重新开展或补充开展地籍调查。

二、地籍调查任务和要求

用地审批地籍调查的工作内容，包括收集资料、制作工作底图、预设宗地并编码、界址点放样、界址点调查、土地利用现状核实、土地和地上定着物权属调查核实、界址点测量、面积计算和汇总、编制用地审批图、编制地籍调查报告和不动产单元表、集体土地所有权变更等。

（1）收集资料。收集拟用地区域的基础地理、高分辨率正射遥感影像、国土空间规划、土地利用现状、永久基本农田、地籍调查和确权登记等相关数据和图件，以及用地预审与选址、用地规划红线等数据和图件。

（2）制作工作底图。以高分辨率正射遥感影像为基础，叠加基础地理、国土空间规划、土地利用现状、永久基本农田、地籍、用地预审与选址成果等数据，形成工作底图。

（3）预设宗地并编码。根据用地规划红线确定的用地范围，按照《不动产单元代码设定与代码编制规则》的规定，预设宗地，预编不动产单元代码（宗地代码+W00000000）。建设项目用地由多个独立的不相连地块组成，每个地块预设为一个宗地，桥墩、信号塔基座等可以合并设立一个宗地。

（4）界址点放样。根据需要开展控制测量。按照相关技术规定，利用用地规划红线图给出的界址点坐标，将界址点放样到实地。

（5）界址点调查。对放样确定的界址点和界址线，涉及集体土地的，和集体土地所有权人进行共同指界，签字盖章，填写地籍调查表。在共同指定的界址点，以及用地界线与省（自治区、直辖市）、市、县、乡（镇）、村的行政界线交点上加设界标，永久基本农田界线与用地界线的交点、国有土地与集体土地的分界线同用地界线的交点加设界标。界址点编号原则上应以用地范围为单位，从左到右，自上而下统一编号；铁路、公路等线型工程的界址点编号可以采用里程+里程尾数编号。按照埋设界标的相关规定，选择合适的界标类型，埋设界标。

(6) 土地利用现状核实。将用地范围界线与土地利用图斑和永久基本农田数据进行套合，获取用地范围内土地利用现状情况、需农转用审批的范围和面积，以及其中耕地和基本农田的范围和面积。实地核实用地范围内土地利用现状情况，土地利用现状成果与实际不符的，在现场调绘土地利用类型界线。

(7) 土地和地上定着物权属调查核实。将用地范围界线与确权登记成果、地籍调查成果数据进行套合，获取用地范围内土地和地上定着物的权属情况、需土地征收审批范围和面积。实地核实土地权属界线，存在未变更情况的，按规定开展宗地地籍调查，更新土地权属界线。实地核实地上房屋等定着物权属情况和地上青苗情况。

(8) 界址点测量。为检核界址放样的可靠性及界址坐标的精度，在界标放样埋设后，按照相关技术规定，采用解析法进行界址点测量。根据需要，对用地范围内的权属界线、土地利用类型界线、房屋等进行补充测量。

(9) 面积计算和汇总。根据调查核实和测量结果，计算宗地面积、占用农用地面积、占用耕地面积、占用永久基本农田面积、占用集体所有土地面积。在此基础上，按不同行政区、不同权属单位进行汇总。

(10) 编制用地审批图。根据调查成果，编制土地审批图，内容包括用地范围、宗地代码和用地面积，用地范围内土地所有权界线、所有权人、面积，土地征收审批范围界线、面积，用地范围内土地利用现状界线，农转用审批范围界线、面积，用地范围内永久基本农田界线、面积等。

(11) 编制地籍调查报告和不动产单元表。按照相关技术规定编制地籍调查报告和不动产单元表。

(12) 集体土地所有权变更。土地征收批准后，应利用地籍调查成果办理集体土地所有权变更登记。根据变更登记结果更新地籍数据库内容。

三、地籍调查成果

用地审批地籍调查成果主要包括建设项目用地范围界址点坐标，用地审批图，土地利用现状分类面积表及相应的地籍调查表，地籍调查报告，不动产单元表等。

地籍调查成果经审核后纳入地籍数据库统一管理，成果应用于建设项目用地审批工作。涉及土地征收的，还可用于办理集体土地所有权变更登记。

第四节　建设用地规划许可与土地供应地籍调查

一、管理规定和业务需求

《城乡规划法》第三十七条、第三十八条规定，以划拨方式提供国有土地使用权的建设项目，城乡规划主管部门依据控制性详细规划核定建设用地的位置、面积、允许建设的范围，核发建设用地规划许可证。以出让方式提供国有土地使用权的，在国有土地使用权出让前，城乡规划主管部门应当依据控制性详细规划，提出出让地块的位置、使用性质、开发强度等规划条件，作为国有土地使用权出让合同的组成部分。建设单位在取得建设项目的批准、核准、备案文件和签订国有土地使用权出让合同后，向城乡规划主管部门领取建设用地规划许可证。《土地管理法》第六十三条规定，土地出让、出租书面合同，应当载明土地界址、面积、动工期限、使用期限、土地用途、规划条件和双方其他权利义务。

为满足建设用地规划许可与土地供应要求，需要通过地籍调查，确定建设用地的位置、界址、面积等，在此基础上，规定允许建设范围等规划条件，确保建设用地权属合法、界址清楚、面积准确。

建设项目用地规划许可与土地供应的范围和界址，与用地审批阶段一致的，如单独选址建设项目，可以直接沿用用地审批阶段地籍调查成果，包括沿用预编的不动产单元代码作为正式的不动产单元代码，无须重新开展地籍调查。范围和界址与用地审批阶段不一致的，需重新开展地籍调查。

二、地籍调查任务和要求

建设用地规划许可与土地供应地籍调查的工作内容，包括收集资料、制作工作底图、设定宗地并编码、界址点放样、界址点调查、界址点测量、面积计算、编制宗地图、编制地籍调查报告和不动产单元表等。

（1）收集资料。收集拟用地区域的基础地理、高分辨率正射遥感影像、国土空间规划、土地利用现状、永久基本农田、地籍调查和确权登记等相关数据和图件，用地审批、用地规划红线等数据和图件。

（2）制作工作底图。以高分辨率正射遥感影像为基础，叠加基础地理、国土空间规划、土地利用现状、永久基本农田、地籍、用地审批等数据，形成工作底图。

（3）设定宗地并编码。根据用地规划红线确定的用地范围，按照《不动产单元代码设定与代码编制规则》的规定，设定宗地，编制不动产单元代码（宗地代码+W00000000）。对范围、界址与用地审批阶段一致的，可沿用用地审批阶段单元预划和代码预编成果，并作为正式单元和编码。对范围、界址与用地审批阶段不一致的，重新划分单元并编制单元代码。

（4）界址点放样。根据需要，按照相关规定实测平面控制网点。按照相关技术规定，利用用地规划红线图给出的宗地界址点坐标，将界址点放样到实地。

（5）界址点调查。对放样确定的界址点和界址线，需要相邻宗地权利人指界的，开展实地指界，签字盖章，填写地籍调查表。按照埋设界标的相关规定，选择合适的界标类型，埋设界标。

（6）界址点测量。对放样的界址点，在界标放样埋设后，按照相关技术规定，采用解析法进行界址点测量。

（7）面积计算。根据测量结果，计算宗地面积。

（8）编制宗地图。根据调查成果，编制宗地图。

（9）编制地籍调查报告和不动产单元表。按照相关技术规定编制地籍调查报告和不动产单元表。

三、地籍调查成果

建设用地规划许可与土地供应地籍调查成果主要包括宗地界址坐标，宗地图及相应的地籍调查表，地籍调查报告，不动产单元表等。

地籍调查成果经审核后纳入地籍数据库统一管理，成果应用于建设用地规划许可和土地供应及办理国有建设用地使用权首次登记。

第五节　建设工程规划许可地籍调查

一、管理规定和业务需求

《城乡规划法》第四十条规定，在城市、镇规划区内进行建筑物、构筑物、道路、管线和其他工程建设的，应当申请办理建设工程规划许可证。申请办理建设工程规划许可证，应当提交使用土地的有关证明文件、建设工程设计方案等材料。需要建设单位编制修建性详细规划的建设项目，还应当提交修建性详细规划。

为保障规划全流程监管，需要通过地籍调查，在源头规范按规划要求施工建设，利用建设工程建设方案及总平面图、施工图等图件，预设房地一体的不动产单元并编制代码，测算房屋建筑面积，形成不动产单元表。

二、地籍调查任务和要求

建设工程规划许可地籍调查的工作内容，包括收集资料、预设不动产单元并预编代码、测算房屋建筑面积、编制房产图、编制地籍调查报告和不动产单元表等。

（1）收集资料。收集国有建设用地使用权的不动产权证书、宗地图、建设用地规划许可、建设工程设计方案及总平面图、施工图等数据和图件。

（2）预设不动产单元并预编代码。根据建设工程设计方案及总平面图、施工图等图件，按照《不动产单元代码设定与代码编制规则》的规定，预划房屋定着物单元，并与宗地结合预设不动产单元，在宗地代码基础上预编房地一体的不动产单元代码。

（3）测算房屋建筑面积。按照相关技术规定，测算每一个不动产单元的专有建筑面积，说明建设项目每一个共有部分情况并测算其建筑面积。

（4）编制房产图。根据建设工程设计方案及总平面图、施工图等图件，以及房屋建筑面积测算结果，编制房产图，标识不动产单元代码、专有建筑面积等信息。

（5）编制地籍调查报告和不动产单元表。按照相关技术规定编制地籍调查报告和不动产单元表。

（6）变更调查。后续施工过程中，因为施工需要改变房屋结构导致不动产单元界线和面积发生变化的，应当更新测算房屋建筑面积和不动产单元表等成果。

三、地籍调查成果

建设工程规划许可地籍调查成果主要包括房产图、房屋专有建筑面积、共有部分及建筑面积，以及相应的地籍调查表、地籍调查报告、不动产单元表等。

地籍调查成果经审核后纳入地籍数据库统一管理，成果应用于建设工程规划许可、规划实施监督、不动产预告登记、房屋预售等阶段。

第六节　用地规划监督地籍调查

一、管理规定和业务需求

《城乡规划法》第四十三条规定，建设单位应当按照规划条件进行建设。《土地管理法》第五十六条规定，建设单位使用国有土地的，应当按照土地使用权出让等有偿使用合同的约定或土地使用权划拨批准文件的规定使用土地。第六十四条规定，集体建设用地的使用者应当严格按照土地利用总体规划、城乡规划确定的用途使用土地。第六十七条、第六十八条规定，县以上人民政府自然资源主管部门对违法土地管理相关法律、法规的行为进行监督检查时，有权进入被检查单位或者个人非法占用的土地现场进行勘测。

因此，为确保建设项目按照土地管理和规划管制的要求进行建设，需要通过地籍调查，及时掌握项目建设的用地范围、布局、用途等信息，以确保用地范围、土地用途等符合土地出让合同的约定，确保建设范围、位置、布局等符合建设工程规划许可的规定。

二、地籍调查任务和要求

用地规划监督地籍调查的工作内容，包括收集资料、用地监督调查、放线测量、灰线验线测量、±0 层验线测量、编制地籍调查报告等。

（1）收集资料。收集地籍调查、出让合同、不动产权证、建设工程规划许可、施工图等数据和资料。

（2）用地监督调查。根据执法监察、建设项目用地监管等业务需要，开展用地监督调查。根据需要开展控制测量，调查土地实际用途，采用解析法测量用地范围界址的坐标，形成用地范围、界址与面积，与出让合同、不动产权证等的宗地图或地籍成果进行对比，核实是否按批准的用途、范围、界址使用土地。

（3）放线测量。根据施工图、规划条件和相关坐标及图件，计算构（建）筑物外墙角点、轴线点等条件点坐标，将条件点放样到实地并设立桩点，测量桩点坐标，形成放线测量成果表等成果。

（4）灰线验线测量。根据施工图、条件点坐标等资料，在构（建）筑物施工前，根据建筑灰线，测量其中构（建）筑物的外墙角点、轴线点等验测点坐标，形成灰线验线测量成果表等成果。

（5）±0 层验线测量。在构（建）筑物基础施工完成后，根据放线测量或灰线验线测量成果，测量构（建）筑物外墙角点、轴线点等验测点坐标和±0 层的地坪高程。±0 层的地坪高程可采用水准测量或电磁波测距三角高程测量的方法测定。

（6）编制地籍调查报告。按相关技术规定编制地籍调查报告。

三、地籍调查成果

用地规划监督地籍调查成果主要包括用地范围界址表、放线测量成果表、灰线验线测量成果表、±0 层验线测量成果表，以及相应的地籍调查表、地籍调查报告等。

地籍调查成果经审核后纳入地籍数据库统一管理，成果应用于用地监管、规划监督、执法监察等方面工作。

第七节　竣工验收地籍调查

一、管理规定和业务需求

《城乡规划法》第四十五条规定，县级以上地方人民政府城乡规划主管部门按照国务院规定对建设工程是否符合规划条件予以核实。未经核实或者经核实不符合规划条件的，建设单位不得组织竣工验收。《不动产登记暂行条例》第十六条规定，申请不动产登记，应当提交不动产界址、空间界限、面积等材料。第十九条规定，房屋等建筑物、构筑物所有权首次登记、在建建筑物抵押权登记，不动产登记机构可以对申请登记的不动产进行实地查看。

为满足竣工验收阶段规划核实和不动产登记要求，需要通过地籍调查，获取构（建）筑物界址、面积、布局、高度等信息，用于规划核实和不动产首次登记。

二、地籍调查任务和要求

竣工验收地籍调查的工作内容，包括收集资料、用地核验、设定不动产单元并编码、面积计算、图件编制、编制地籍调查报告和不动产单元表等。

（1）收集资料。收集地籍调查、不动产登记、建设用地规划许可、建设工程规划许可、施工图、规划监督测量等相关数据和图件。

（2）用地核验。核实建设项目是否按批准用途使用土地。确认实际用地范围界址点，采用解析法测量宗地界址点坐标，计算用地面积，核验用地面积、位置、界址是否超出批准范围、是否移位。

（3）设定不动产单元并编码。根据建设工程规划许可阶段不动产单元设定与代码编制成果，核实不动产单元变化情况，正式设定不动产单元并编制不动产单元代码。

（4）不动产测绘。测量构（建）筑物的高度、层数和构（建）筑物室内外地坪的高程；测量竣工地形图，包括建筑物主要角点、车行道入口、各种管线进出口的位置和高程、内部道路与人行道绿化带等界线，构筑物位置和高程；按相关要求测量地下管线；测量建筑物外边长、建筑物内部专有部分各边长、共有部分各边长。

（5）面积计算。根据测量结果，计算总建筑面积、分幢建筑面积、分层建筑面积、每个不动产单元专有建筑面积、每个共有部分建筑面积等。

（6）编制图件。根据不动产测绘成果，编制房产图、楼高示意图、竣工地形图等图件。

（7）编制地籍调查报告和不动产单元表。按照相关技术规定编制地籍调查报告和不动产单元表。

三、地籍调查成果

本阶段地籍调查成果主要包括房产图、竣工地形图、建筑面积表等，以及相应的地籍调查表、地籍调查报告、不动产单元表等。

地籍调查成果经审核后纳入地籍数据库统一管理，成果应用于规划核实、不动产首次登记。

第七章　农村地籍调查

第一节　概　　述

农村地籍调查是指依照统一的政策和技术规定，对农村范围内的不动产进行权属调查和地籍测量，查清每一宗不动产的权属、界址、面积、用途和位置等情况，形成数据、图件、表册等调查资料，并按地籍数据库标准录入地籍管理信息系统，形成集图形和属性信息一体的调查成果，为农村不动产登记颁证、国土空间规划等自然资源管理和农业农村管理工作提供准确翔实数据的一项基础性工作。

一、农村地籍调查的对象与内容

农村地籍调查的对象是农村范围内的不动产，即按不动产单元设定规则确定为一个不动产单元的土地及其上的定着物，主要包括土地，如耕地、草场等，宅基地、集体建设用地及其上建/构筑物、林地及其上的森林和林木等。农村地籍调查的对象不仅包括农民集体所有的不动产，也包括农村范围内属于全民所有的不动产，以确保地籍调查实现不重不漏、空间全覆盖和权利全覆盖。

农村地籍调查的内容包括权属调查、地籍测量和信息系统建设。权属调查是对不动产的权利人、权属来源、不动产权属界线的调查，由调查人员和权利人或其委托的代理人在现场标定土地权属界址、调查权属状况、绘制宗地草图、填写地籍调查表等工作。地籍测量是指在权属调查的基础上，利用测量仪器获取不动产的界址点位置、间距、相关空间要素信息，计算面积，绘制地籍图的工作。地籍信息系统建设是依照统一的数据库和信息系统建设的标准，将权属调查和地籍测量形成的数据资料，按数据库和信息系统建设标准，进行数据录入、数据转换、数据检查、整合建库，实现数据纵向逐级汇交，横向互通共享，为不动产登记和自然资源管理等提供基础数据。

二、农村地籍调查分类

农村地籍调查一般可分为总调查和日常地籍调查。总调查是对辖区范围内某一类型不动产全面开展的地籍调查。日常地籍调查是因农村不动产单元的设立、变更、灭失及其他地籍信息变更开展的地籍调查。

按调查的不动产类型，农村地籍调查可以分为集体土地所有权调查、集体建设用地使用权及地上建构筑物所有权调查、宅基地使用权及地上建构筑物所有权调查、土地承包经营权（林地）及森林、林木所有权调查、土地承包经营权（耕地）调查、土地承包经营权（草地）调查等。在开展农村地籍调查时，也可能存在抵押权、地役权及国有建设用地使用权及地上建构筑物所有权、国有农用地使用权等不动产权调查。

三、农村地籍调查的历史

农村地籍调查是一项涉及面广、工作量大、政策性强、技术复杂的基础性工作，通过地籍调查和登记发证从法律上对农村地区各类不动产权利主体及权利内容加以明确，对我国农村集体土地产权制度的改革和完善，维护集体与农民的土地财产权益具有重要的保障作用，对严格落实耕地保护制度，构建更加完善的要素市场，夯实农业、农村的发展具有积极的促进作用。

中华人民共和国成立以来，我国农村地籍调查工作经历了四个历史阶段。

第一阶段：1949 年至 1955 年，巩固土地改革成果、颁发土地房产所有证，编制土地清册阶段。在前期解放区实行的土地改革运动，完成了土地清丈、划界埋桩、确权登记发证、建立土地台账等地籍管理工作。1949 年，《中国人民政治协商会议共同纲领》第二十七条规定，凡已实行土地改革的地区，必须保护农民已得土地的所有权。《中华人民共和国土地改革法》第三十条规定，土地改革完成后，由人民政府发给土地所有证。1950 年 11 月 25 日，中央人民政府内务部印发《关于填发土地房产所有证的指示》规定，凡土地改革已经完成的地区，以户为单位，对农民原有的或新分的耕地、山林、池塘等土地，在农村的房产（不包括农民在中小城镇的房屋），一律颁发土地房产所有证（简称土地证）；对分配给农民使用的国有土地（主要在城市郊区），颁发土地使用证。土地改革以前的土地契约，一律作废，并予缴销。

第二阶段：1956 年至 20 世纪 80 年代初期，农村集体土地产权制度改革，地籍调查工作停滞阶段。从 1956 年开始，我国农村经历了初级农业生产合作社、高级农业生产合作社和人民公社化运动。到 1962 年《农村人民公社工作条例修正草案》（人民公社六十条）颁布，农民私有土地所有权逐步被集体土地所有权代替，确立了较为稳定的“三级所有、队为基础”的集体土地所有制。“三级所有”是指农村生产资料所有制形式分别属于人民公社、生产大队和生产队所有，其中，生产队拥有大部分的耕地、山林、草原、宅基地。这一时期，各级集体拥有土地的范围，多数为口头划定界线，没有颁发土地所有证，基本没有进行过地籍调查和登记造册。由于《农村人民公社工作条例修正草案》规定集体土地一律不准出租和买卖，600多万个社、队的集体土地所有者之间的土地所有权只有通过行政划拨或交换才能流动。人民公社化后，“集体”的概念和范围也不断发生变化，生产队、生产大队、人民公社演化为村民小组、村、乡（镇）。其间，无偿调拨土地、场社队兼并、分割等多次调整了集体土地的规模和权属界线，且历次调整都没有再进行划界、确权、登记发证，关于权利变更的文字、图件等地籍资料极不完善，原有的土地调查和登记制度遭到严重破坏，遗留了大量的土地权属争议问题。

第三阶段：20世纪80年代中期起，现代农村地籍调查阶段。1984年，《国务院批转农牧渔业部、国家计委等部门关于进一步开展土地资源调查工作的报告的通知》（国发〔1984〕70号）印发，明确要求全面查清我国土地的类型、数量、质量、分布、利用状况并作出科学评价。这次土地详查历时10余年，共调动50多万调查人员，基本查清了我国土地资源数量、质量和分布情况。其中任务之一是开展城乡土地权属、面积和分布等状况调查，以大队（村）和农、林、牧、渔场为单位进行土地登记。这也是1949年以来的第一次土地详查，具有全国统一标准、采用大比例尺图件、调查方法和手段先进、成果资料齐全等特点。调查获得了近百万幅的土地利用现状图和地籍图，结束了我国长期以来土地利用数据不准、权属不清的局面，在中国历史上第一次摸清了全国（未含港、澳、台地区）的土地家底，为经济社会的发展提供了丰富的土地基础数据和国家资料。1991年11月27日，国家土地管理局发布《关于利用土地详查成果进行土地登记有关问题的通知》，对农村集体土地所有权及国有农、林、牧、渔场等单位国有土地使用权登记发证进行部署。1999年起，国土资源部组织实施了国土资源大调查项目，根据《新一轮国土资源大调查纲要》和《国土资源大调查“十五”规划》部署，历时10年，实施了“一项计划、五项工程”。其中，农村集体土地产权调查作为在土地资源动态遥感监测工程的重要组成部分，主要任务是在充分利用已有的土地利用现状调查和土地利用变更调查的基础上，查清集体土地所有权、集体建设用地使用权和集体农用土地使用权权属、界址位置、土地用途，并计算面积、绘制图件。在实践工作中，主要是完成了集体土地所有权调查确权登记颁证，宅基地和集体建设用地使用权调查及确权登记颁证也得到了有力的推进。这一时期，以土地产权调查为主要调查对象的地籍调查，既充分利用了资源调查的成果，又从资源调查中独立出来，形成了以宗地为调查单元，以权属清晰、界址准确为调查核心任务的农村地籍调查技术体系。农村地籍调查成果广泛应用于农村管理工作。《中共中央、国务院关于加大统筹城乡发展力度进一步夯实农业农村发展基础的若干意见》提出，要“加快农村集体土地所有权、宅基地使用权、集体建设用地使用权等确权登记颁证工作，工作经费纳入财政预算。力争用 3 年时间把农村集体土地所在权证确认到每个具有所有权的农民集体经济组织”。自此，农村集体土地产权调查、确权、登记、颁证工作从试点阶段进入全面实施阶段。2012 年底前，基本完成了农村集体土地所有权调查确权登记颁证工作。

第四阶段：2013 年起，不动产统一登记阶段。建立和实施不动产统一登记制度，是党中央、国务院的一项重大战略部署。2013 年 3 月，《国务院机构改革和职能转变方案》提出，减少职责交叉和分散，最大限度地整合分散在国务院不同部门相同或相似的职责，理顺部门职责关系，房屋登记、林地登记、草原登记、土地登记的职责整合由一个部门承担。中央机构编制委员会办公室印发《关于整合不动产登记职责的通知》（中央编办发〔2013〕134 号）规定，由国土资源部负责指导监督全国不动产统一登记职责，要基本实现登记机构、登记簿册、登记依据和信息平台“四统一”。行业管理和不动产交易监管等职责继续由相关部门承担。由国土资源部负责指导全国土地登记、房屋登记、林地登记、草原登记、海域登记等不动产登记工作，会同有关部门起草不动产统一登记的法律法规草案，建立不动产统一登记制度，制定不动产权属争议的调处政策；推进不动产登记信息基础平台建设；会同林业局负责国务院确定的重点国有林区森林、林木、林地的登记发证，会同海洋局负责国务院批准项目用海、用岛的海域使用权和无居民海岛使用权的登记发证等。农村土地承包经营权纳入不动产统一登记，予以五年过渡期。过渡期后，改由国土资源部负责指导农村土地承包经营权登记工作。

实施不动产统一登记政策，城镇地区不动产主要为国有建设用地使用权和房屋所有权，且原有地籍调查资料相对齐全、规范；而农村地区不动产包括集体土地所有权、宅基地使用权和房屋所有权、集体建设用地使用权和房屋所有权、土地承包经营权、森林林木所有权和林地使用权，森林林木使用权和林地使用权、农用地使用权、草原使用权等各类不动产权，在调查单元、调查方法、调查成果整合和数据建库等方面，均需要进行有机的融合，农村地区的不动产地籍调查与确权登记需要基于已有分散登记成果的基本现状，按照“所有权—宅基地使用权—房地一体宅基地和集体建设用地—房地一体村庄全覆盖—房地农林草农村全要素全覆盖—城乡一体化全覆盖”的路线逐步推进，即首先划定所有权边界，然后将房地一体的宅基地和集体建设用地、林地、耕地等逐一落幢、落宗，实现不动产统一调查统一登记，形成不重不漏、空间全覆盖的不动产地籍调查成果。

2014 年，国土资源部、财政部、住建部、农业部、国家林业局印发《关于进一步加快推进宅基地和集体建设用地使用权确权登记发证工作的通知》（国土资发〔2014〕101 号），要求在开展农村地籍调查时，将房屋调查一并纳入农村地籍调查。2016年起，《国土资源“十三五”规划纲要》部署了“农村不动产登记发证工程”，在全国选取具有代表性的地区分批开展农村不动产权籍与确权登记试点，重点开展房地一体的农村宅基地使用权、集体建设用地使用权地籍调查，依法开展确权登记颁证工作，探索树立农村地区不动产地籍调查、确权登记、数据建库、信息共享服务的样板，以“树立样板”为主要着力点，结合相关制度标准的研究，以点带面，切实规范和促进农村地区不动产地籍调查和确权登记工作，全面推进全国不动产统一登记，以有效支撑农村土地管理制度改革和农村农业发展、加快构建要素市场化配置机制等重大国家战略。《中共中央、国务院关于坚持农业农村优先发展做好“三农”工作的若干意见》提出“加快推进宅基地使用权确权登记颁证工作，力争2020年基本完成”。2020年全国基本完成了宅基地确权登记颁证，在自然资源部统一部署下，全国逐渐开始推进“房地一体”宅基地和集体建设用地地籍调查与确权登记。2020年6月，自然资源部办公厅、国家林业和草原局办公室印发《关于进一步规范林权类不动产登记做好林权登记与林业管理衔接的通知》（自然资办发〔2020〕31号），要求各地不动产登记机构要将林权登记纳入不动产统一登记。随着林权、土地承包经营权登记纳入不动产统一登记，农村不动产地籍调查与确权登记的工作将逐渐完善。

四、农村地籍调查重要意义

1. 农村地籍调查自古以来就是管理者进行国家治理的重要手段之一

早在公元前3000年至公元前2700年，古埃及法老就实行每两年一次的土地、人口清查，以确定租税数额。法老对土地的普查，被视作国家对领土的统治权和对土地所有权的综合体现。我国早在公元前4000年至公元前2000年的黄帝、大禹时即有平水土、划九州、定田等、辨土质、制赋则的记载，并设置“太常”官职，专门负责绘制人文地理图、丈量划分田地。秦始皇时期实行的“令黔首自实田”，商鞅提出的“算地、定分”，宋朝时期的方田法、经界法，明朝时期的鱼鳞册，都是为了清查土地，掌握土地的数量质量并据此课收税赋。随着国家治理手段的提高，地籍从最初的税收地籍，逐渐转向产权地籍，即以产权保护为目的，通过法律确定产权，维护权利人的合法利益，保障交易安全。随着地理信息系统技术及测量技术的多样化，现阶段地籍已发展为多用途地籍。通过农村地籍调查，查清农村不动产的权属、面积、用途、空间位置，建立地籍数据库，也是摸清土地利用情况的过程，从而改变农村土地管理基础薄弱的状况，夯实管理和改革的基础；通过地籍调查掌握的基础数据，可以为农业、房地产业、城市管理、国家宏观经济管理等多方面提供决策依据。

2. 农村地籍调查是保护不动产权人合法利益，促进农村社会和谐稳定的现实需要

通过调查，依法确认和保障农民的不动产物权，确认农民集体、农民与土地长期稳定的产权关系，进而深化改革，还权赋能，有效解决农村集体土地权属纠纷，化解农村社会矛盾，进一步激发农民保护耕地、节约集约用地的积极性。最终形成产权明晰、权能明确、权益保障、流转顺畅、分配合理的农村集体土地产权制度。

3. 农村地籍调查是推进生态文明建设，实现山水林田湖草沙一体化保护和修复治理的基础性工作

2015 年 4 月，《中共中央、国务院关于加快推进生态文明建设的意见》提出："健全自然资源资产产权制度和用途管制制度。对水流、森林、山岭、草原、荒地、滩涂等自然生态空间进行统一确权登记，明确国土空间的自然资源资产所有者、监管者及其责任。"自然资源资产产权制度是生态文明建设的基础制度保障，自然资源主要位于或毗邻农村地区，通过开展农村不动产地籍调查与登记工作，划清全民所有与集体所有的边界，划清不同集体所有者之间的边界，了解掌握自然资源资产的数量、分布、管理和使用状况等，可以为自然资源资产产权制度改革，进而为促进生态文明建设提供基础数据支撑。

4. 农村不动产地籍调查与确权登记是农村农业发展的重要基础保障

近些年的中央一号文件都特别强调要积极推进农村地籍调查和土地确权登记工作。《中共中央、国务院关于加大统筹城乡发展力度进一步夯实农业农村发展基础的若干意见》提出，加快农村集体土地所有权、宅基地使用权、集体建设用地使用权等确权登记颁证工作。《中共中央、国务院关于加快推进农业科技创新持续增强农产品供给保障能力的若干意见》提出，加快推进农村地籍调查。《中共中央、国务院关于加快发展现代农业进一步增强农村发展活力的若干意见》提出，加快包括农村宅基地在内的农村集体土地所有权和建设用地使用权地籍调查，尽快完成确权登记颁证工作。农村土地确权登记颁证工作经费纳入地方财政预算，中央财政予以补助。《中共中央、国务院关于全面深化农村改革加快推进农业现代化的若干意见》提出，加快包括农村宅基地在内的农村地籍调查和农村集体建设用地使用权确权登记颁证工作。农村土地是农村农业发展的根基，而农村不动产地籍调查与确权登记是管好用好土地的基础，是促进农村农业发展的重要保障。《中共中央、国务院关于落实发展新理念加快农业现代化实现全面小康目标的若干意见》指出，加快推进房地一体的农村集体建设用地和宅基地使用权确权登记颁证，所需工作经费纳入地方财政预算。《中共中央、国务院关于深入推进农业供给侧结构性改革加快培育农业农村发展新动能的若干意见》指出，全面加快"房地一体"的农村宅基地和集体建设用地确权登记颁证工作。……落实宅基地集体所有权，维护农户依法取得的宅基地占有和使用权。《中共中央、国务院关于实施乡村振兴战略的意见》提出，扎实推进农村“房地一体”的宅基地和集体建设用地使用权调查确权登记颁证工作。《中共中央、国务院关于坚持农业农村优先发展做好“三农”工作的若干意见》提出，加快推进宅基地使用权确权登记颁证工作，力争2020年基本完成。稳慎推进农村宅基地制度改革，拓展改革试点，丰富试点内容，完善制度设计。《中共中央、国务院关于抓好“三农”领域重点工作确保如期实现全面小康的意见》提出，扎实推进宅基地使用权确权登记颁证。《中共中央、国务院关于全面推进乡村振兴加快农业农村现代化的意见》提出，要规范开展“房地一体”宅基地日常登记颁证工作。

中央一号文件强调推进农村地籍调查和确权登记工作，加快推进“房地一体”的集体建设用地使用权、宅基地使用权确权登记工作，一方面说明农村土地确权登记工作意义重大，亟须全面推进，为农村农业发展保驾护航；另一方面也说明该项工作难度大，是一项需要加大工作力度、长期努力，不断坚持和不断细化的系统工程。

五、农村地籍调查技术规范

农村地籍调查涉及不动产类型多，权利复杂，且由于历史上分散登记的原因，各类不动产分别调查确权登记，因此涉及的技术规程较多，主要包括《地籍调查规程》《农村土地承包经营权调查规程》《森林资源规划设计调查主要技术规定》等。实施不动产统一登记以后，由于房屋、林木等均依附于土地，农村地籍调查主要遵循《地籍调查规程》《不动产单元设定与代码编制规则》《不动产登记数据库标准》《不动产权籍调查技术方案（试行）》《国土资源部财政部住建部农业部国家林业局关于进一步加快推进宅基地和集体建设用地使用权确权登记发证工作的通知》《农村不动产权籍调查技术指南》等技术规定。

六、农村地籍总调查技术路线

农村地籍总调查的基本流程包括准备阶段、权属调查、地籍测量、数据库建设与成果归档等（图7-1-1）。根据调查不动产类型的不同，可以分为集体土地所有权总调查、宅基地和集体建设用地使用权与房屋所有权总调查、林权总调查和土地承包经营权总调查。日常地籍调查在总调查完成后，依据需要进行日常地籍调查，可以不发布通告，调查成果公示环节可以依具体情况实施。

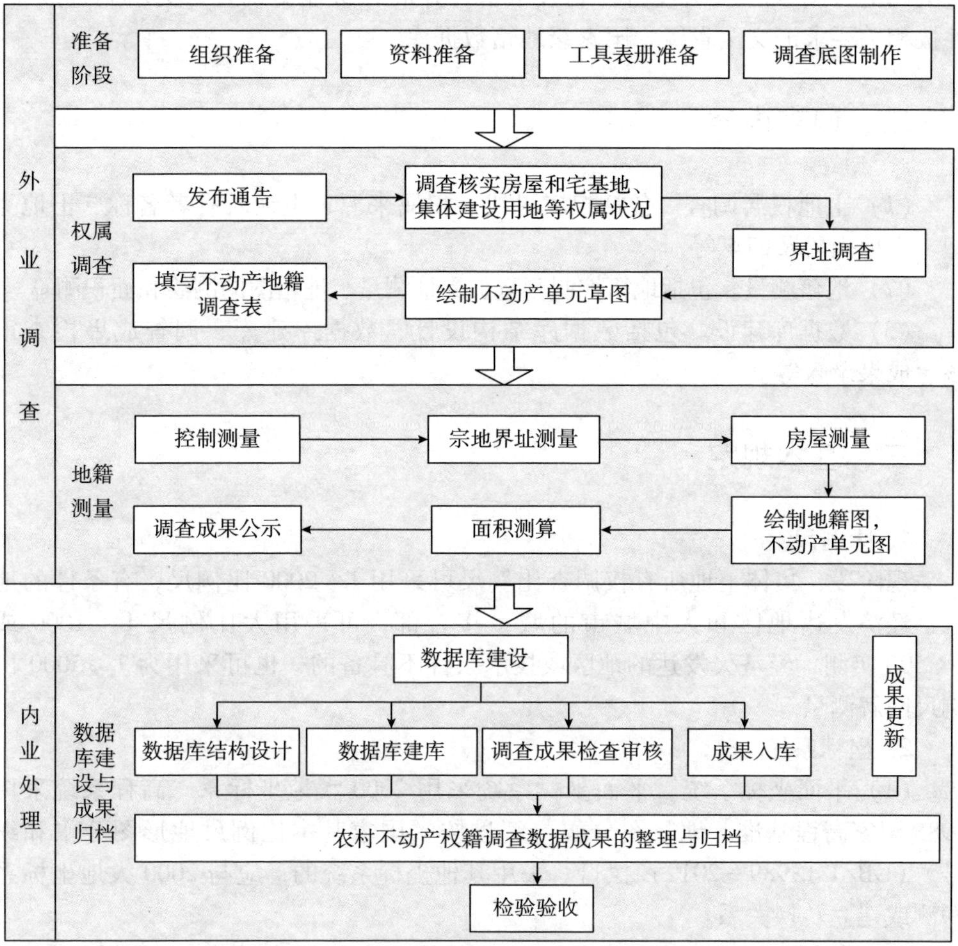

图 7-1-1　农村地籍总调查技术路线

注：集体土地所有权、土地承包经营权调查等无核实房屋权属状况和房屋测量环节。

第二节　集体土地所有权地籍总调查

一、工作的组织

未开展过农村集体土地所有权调查，或集体土地所有权调查成果现势性差、无法满足不动产和自然资源等管理需要的，应由县级以上人民政府按总调查的模式组织开展集体土地所有权调查。经调查登记后，因土地征收、农民集体互换、土地调整、农民集体合并或撤销等原因导致集体土地所有权变化的，应由县级以上人民政府组织或由权利人申请，开展日常地籍调查，更新调查成果，并按相关要求汇交至省级、国家级地籍数据库。

二、调查内容

（1）土地权属调查。包括权属界线、权属来源、土地所有者名称、土地类型、土地坐落及四至等。

（2）地籍测量。包括地籍控制测量、界址测量、地籍图的测绘和面积测算。

（3）数据库建设。包括数据库结构设计、数据库建库、调查成果检查审核、成果录入等。

三、基本规定

1. 比例尺

现阶段，集体土地所有权调查比例尺可采用 1∶2000 比例尺，有条件的地区、经济发达地区和大中城市的城乡接合部，可采用大比例尺 1∶1000 或 1∶500 实测，经济欠发达的地区或技术条件不具备的，也可采用为 1∶5000 比例尺图解测量。

2. 坐标系统

（1）平面坐标系统。平面坐标系统采用 2000 大地坐标系。高程系统采用 1985 国家高程基准。地籍图分幅与编号按《国家基本比例尺地形图分幅和编号》（GB/T 13989—2012）执行。采用其他坐标系统的，应与 2000 大地坐标系联测或建立转换关系。

（2）投影方法。比例尺为 1∶10000 或 1∶5000 的地籍图，应选择高斯-克吕格投影统一 3°带的平面直角坐标系；比例尺为 1∶50000 的地籍图，应选择高斯-克吕格投影统一 6°带的平面直角坐标系；统一 3°带和 6°带的中央子午线按照地图投影分带的标准方法选定；比例尺为 1∶500、1∶1000、1∶2000 的地籍图，当投影长度变形值不大于 2.5cm/km 时，应选择高斯-克吕格投影统一 3°带的平面直角坐标系；当投影长度变形值大于 2.5cm/km 时，可根据具体情况选择下列平面直角坐标系中的一种：①有抵偿高程面的高斯-克吕格投影统一 3°带平面直角坐标系；②高斯-克吕格投影任意带平面直角坐标系；③有抵偿高程面的高斯-克吕格投影任意带平面直角坐标系。

3. 计量单位

长度单位采用米（m），保留两位小数；面积计算单位采用平方米（m^2），保留两位小数；面积统计汇总单位采用公顷（hm^2）或亩，公顷保留两位小数，可将亩作为辅助单位，保留一位小数。

四、准备阶段

准备阶段包括组织准备、资料准备、工具与表册准备。

1. 组织准备

县级以上地方人民政府应成立专门的领导小组，领导小组应包括自然资源、农业农村、林草、住房和城乡建设等相关部门成员，领导小组负责组织推进、权属争议处理等组织协调工作。领导小组下设工作组，负责制订工作计划，编制技术设计书，负责宣传、培训等工作。各地可以根据需要，以购买服务的方式委托有资质的调查队伍承担地籍调查工作。

工作计划的内容应包括调查的范围、任务、方法、经费、时间、步骤、人员和组织等。技术设计书的主要内容包括调查范围、技术路线和程序、技术要求和成果质量控制等。

2. 资料准备

(1) 收集、整理土地权属来源资料。包括能够证明集体土地所有权来源、范围等批准文件，人民法院的判决书、土地产权证书等。

(2) 收集、整理有关测绘资料。包括航空正射影像、航天正射影像、地形图、控制网点和其他已有图件等。

(3) 收集、整理土地调查、土地规划等资料。包括文字报告、图件（如土地利用现状图、已有地籍图、土地利用总体规划图、城市总体规划图等)、数据库等。

(4) 收集、整理其他资料。包括行政区划、自然地理、社会经济、房屋普查、标准地名等资料。

3. 工具与表册准备

(1) 表册。包括地籍调查表、指界委托书、法定代表人（或负责人）身份证明书、指界通知书、违约缺席定界通知书等。

(2) 仪器。根据测量方法不同可选择无人机、外业调查移动终端、GPS 接收机、全站仪、钢尺、测距仪、计算机等。

(3) 软件。包括数字摄影测量系统、数字测量系统、遥感影像处理软件等。

(4) 界址点标志等。

4. 调查底图制作

1) 选定工作底图

可选用 1∶500~1∶5000 的地形图、已有地籍图、第三次全国国土调查分辨率优于 0.2m 现势性强的正射影像图，条件具备的可以选用无人机倾斜摄影测量等高精度测绘成果图件。工作底图的比例尺、坐标系统宜与调查形成的地籍图一致。

2）划分地籍区、地籍子区

（1）在县级行政辖区内，以乡（镇）、街道界线为基础结合明显线性地物划分地籍区。

（2）在地籍区内，以行政村、居委会或街坊界线为基础结合明显线性地物划分地籍子区。

地籍区和地籍子区划分成果经省级备案，汇交至国家，其数量和界线应保持稳定，原则上不随所依附界线或线性地物的变化而调整。

3）划分不动产单元

划分地籍区和地籍子区，预划宗地时，应充分发动群众，请农村集体经济组织或村民委员会代表或熟悉情况的村民，结合高分辨率正射影像图，协助划分宗地。

（1）在地籍子区（村）内，划分国有土地使用权宗地和集体土地所有权宗地。

（2）属同一农民集体拥有的权属界址线封闭的、地类一致的集体土地应划分为一宗地。

（3）同一所有者的集体土地被铁路、公路、河流、沟渠等线状国有或其他集体土地分割的，应分别划分宗地。

（4）国家所有的荒山、荒丘、荒滩、荒沟坐落在农民集体所有土地范围内的，应分别划分宗地。

（5）如果一个地块由若干个农民集体共同所有，实地又难以划分清楚各所有权人的用地范围的，划分为一宗地，称为共有宗。

（6）对有权属争议的宗地，如界线无争议仅权利归属有争议的，将争议土地单独设宗，如界址线有争议的，以争议界线所围成的范围单独设宗。

（7）飞地是指镶嵌在另一个土地所有权地块之中的土地所有权地块。飞地都应当实行单独划分宗地。

4）预编不动产单元代码

按照《不动产单元设定与代码编制规则》，集体所有不动产单元代码应为采用七层28位层次码结构，由宗地（宗海）代码与定着物单元代码构成。

集体土地所有权宗地代码通常可以表示为如下构成形式：340123 002001 JA00003 W0000000，其中340123为县级行政区划代码，002为该县级行政辖区内的002号地籍区（乡、镇、街道），001为地籍子区（村，居民委员会），JA为集体土地所有权宗地，这里2位特征码的含义是：第1位为J，表示集体土地所有权；第2位为A，表示土地所有权宗地。在农村范围内的国有土地所有权宗地，其特征码为GA。权属未定或存在争议的所有权宗地，其特征码为ZA。00003为该地籍子区内的第00003号集体土地所有权宗地，W0000000为定着物单元代码，其中，W 为定着物特征码，“W”表示无定着物，“L”表示森林或林木，“Q”表示其他类型的定着物。集体土地所有权宗地内一般包括多种定着物，普遍采用 W 来表示。集体所有山岭、森林，面积较大的，也可单独划为一宗地，定着物特征码可以用 L 表示为 L0000000，代表该集体土地所有权宗地为林地所有权不动产单元。

五、权属调查

权属调查是不动产地籍调查的核心，是保证不动产确权登记颁证的关键，包括权属状况调查、界址调查、绘制不动产单元草图、填写不动产地籍调查表等。

1. 发布通告

以总调查形式开展的集体土地所有权调查，应由县级人民政府发布通告，通告应载明调查区的范围、权利人应提交的具体文件材料、收件的时间地点期限以及其他事项。

通告应于调查区内乡镇村及街道办事处政务公开栏张贴，在当地主要媒体上进行刊登，在县级不动产登记主管部门政务网等公开发布，并通过网络、手机等多种媒体形式广泛宣传。张贴通告应留存底档，调查档案中可留存村委会政务公开栏内张贴通告的照片；报纸发布通告留存纸质文档，同时留存电子档。

2. 土地权属状况调查

集体土地所有权权属状况调查，主要是依据权属来源证明材料、权利人指界等，查清所有权宗地的权利人、宗地的坐落、界线、面积等情况，丈量界址边长和相关距离，绘制宗地草图，填写地籍调查表等。

1）集体土地所有权的权利人

集体土地所有权，指农村劳动群众集体经济组织在法律规定的范围内占有、使用、收益和处分自己所有的土地的权利，是我国社会主义土地所有权的一种重要形式。

根据《民法典》第二百六十二条规定：“对于集体所有的土地和森林、山岭、草原、荒地、滩涂等，依照下列规定行使所有权：（一）属于村农民集体所有的，由村集体经济组织或者村民委员会代表集体行使所有权；（二）分别属于村内两个以上农民集体所有的，由村内各该集体经济组织或者村民小组代表集体行使所有权；（三）属于乡镇农民集体所有的，由乡镇集体经济组织代表集体行使所有权。”

“村农民集体所有”，这里的“村”是指行政村，即设立村民委员会的村，而非自然村。该行政村的集体土地由该行政村的集体经济组织或村民委员会来代表行使所有权。“村民委员会”是指《中华人民共和国村民委员会组织法》（以下简称《村民委员会组织法》）中所规定的“村民委员会”（简称“村委会”）。村委会是在人民公社进行政社分开、建立乡政权的过程中，在全国农村逐步建立起来的农村基础群众性组织。农村实行家庭承包经营等责任制后，对以“三级所有，队为基础”的人民公社体制进行改革。在改革过程中，在原来生产大队，或生产小队的基础上建立了村民委员会。“村集体经济组织”是指农村中有土地所有权的农业集体经济组织。没有村集体经济组织或村集体经济组织不健全，难以行使集体土地所有权的经营、管理等所有权职能的，应由村委会来代表行使集体所有权。

“分别属于村内两个以上农民集体所有”，是指该农民集体所有的土地在改革开放前就分别属于两个以上的生产队，现在其土地和其他集体财产仍然分别属于相当于原生产队的村民小组的农民集体所有。这里的“村民小组”是指行政村内由村民组成的自治组织。

“由村内各该农村集体经济组织或者村民小组的农民集体所有”，是指根据《村民委员会组织法》的规定“村民委员会可以根据村民居住状况、集体土地所有权关系等分设若干村民小组”。如果村内有集体经济组织的，就由村内的集体经济组织行使所有权；如果没有村内的集体经济组织，则由村民小组来行使所有权。

“乡镇农民集体所有”的情况有两种：一是指改革开放前，原来以人民公社为核算单位的土地，在公社改为乡镇后仍然属于乡镇农民集体所有；二是在人民公社时期，公社一级掌握的集体所有的土地仍然属于乡镇农民集体所有。在这两种情况下，由乡镇集体经济组织来行使所有权。

“行使所有权”的含义是对集体土地享有占有、使用、收益和处分的权利。例如，对集体所有的土地进行发包，分配宅基地等。农村集体经济组织、村民委员会和村民小组不是集体土地的所有人，只是依法代表集体行使所有权，并且向所属集体负责，接受其监督。

经调查核实的集体土地所有权权利人是指土地所有者的全称，如×××村农民集体，或×××组农民集体，对于按份共有的查清全部所有权人的名称和份额，共同共有的查清权利人名称并注记为“共同共有”，如“红星村一组、二组农民集体共同共有”。

2）集体土地所有权权属来源

土地权属来源是指土地权利人依照国家法律获得土地权利的方式。农村集体土地所有权的权属来源种类主要有：

（1）土地改革时分配给农民并颁发了土地证书，土地改革后转为集体所有。

（2）土地审批、征收、转用、划拨及土地勘测定界材料。

（3）履行指界程序形成的地籍调查表、土地权属界线协议书等地籍调查成果。

（4）县级以上人民政府自然资源主管部门的土地权属争议调解书。

（5）县级以上人民政府或者相关行政主管部门的批准文件、处理决定。

（6）人民法院的判决书、裁定书或调解书。

（7）农民集体经济组织与其他集体调整互换的协议等。

3. 界址调查

界址调查可结合预划宗地、预编宗地代码进行，由集体土地所有权指界人和相邻宗地指界人，在工作底图上指界，如工作底图精度符合相关要求，土地权属来源材料对界址界定明确清晰的，可直接利用土地权属来源材料所载明的界线。农民集体所有土地与国有土地之间的土地权属界线，双方有边界协议或正式文件或者国有土地使用者已办结土地登记手续的，可直接引用协议。因依法征用、调整土地等引起土地利用现状调查时已核定的土地权属界线发生变化的，应直接引用征用、调整土地的法定文件、图件，不再办理指界、签字手续。补充调查如界址不明确或界址与实地不一致，或权利人要求的，应现场指界。补充调查现场指界按如下程序进行。

1）发放指界通知、确定指界人

发放指界通知。指界通知书应送达调查宗地和相邻宗地权利人，送达后应保留回执和存根。指界通知书应载明需指界宗地的坐落、集合时间、地点、指界人需携带的材料等内容，应按《地籍调查规程》相关格式填写。

确定指界人。现场指界必须由本宗地及相邻宗地指界人到场共同指界。集体土地所有权指界人应由农民集体依法推举产生，推举结果应在集体内主要场所张贴公告，指界时，应出具指界人身份证明，相邻宗地为国有土地使用权宗地的，国有宗地使用权人法人代表为指界人。双方权利人均可依法委托代理人指界，代理人应出具指界委托书（格式可参见《地籍调查规程》）集体土地所有权宗地相邻宗地为未确定使用权的国有土地的，可根据土地权属来源资料单方指界。

2）界址调查

调查员对指界人指定的界址点，应现场设置界标，确认界址线类型、位置，并标注在调查底图上。农村集体土地所有权宗地界址点的设置应能准确表达界址线的走向，依附于沟、渠、路、河流、田坎等线状地物的，应在交叉点设置界址点，尽量选取相对固定的界线，季节性变化的河流等不宜做为界线。应在界址点上按规定设置界标，界标类型可由界址线双方的土地权利人确定。双方指界人及调查员可在界址标识处照相留档。设置界标有困难时（如界址点在水中），应在地籍调查表或土地权属界线协议书中，采用标注界址点位和说明权属界线走向等方式描述界址点具体位置。

经双方认定的界线，填写地籍调查表，并在界址标示表和界址签章表上，双方指界人签字盖章。指界人对面积较大、界线复杂的集体土地所有权宗地和国有建设用地使用权宗地，宜签订土地权属界线协议书并签字盖章。界址线有争议的土地，填写土地权属争议原由书并签字盖章。

在使用已有调查成果时。如发现误将国有荒山、荒地、河流、农民集体使用的国有土地等错划为集体所有的，应依法予以纠正，重新开展地籍调查，明确集体土地所有权权属范围，并提交有关部门予以登记。

土地权属界线有争议的，经现场调解未达成协议的，先确定没有争议的土地权属界线。对争议部分，单独划分为争议宗地，制作土地权属争议原由书。

在界址调查过程中，对不易判读、容易产生错误的界址点应制作点之记。

指界结束，三方在地籍调查表、土地权属界线协议书上或土地权属争议原由书上签字盖章确认。

违约缺席指界的，其宗地界线根据土地权属来源资料及另一方所指界线确定；双方均缺席的，在确定指界通知书确已签收，并且无正当原因缺席，其宗地界线由调查人员根据土地权属来源资料、实际使用现状及地方习惯确定。

调查员应将现场调查结果及违约缺席定界通知书送达违约缺席者。违约缺席者对调查结果如有异议，须在收到调查结果之日起 15 日内，重新提出划界申请，并负责重新划界的全部费用。如逾期不申请，经公示 15 日后，则上述确定的界线自动生效。

应将集体土地所有权宗地的调查结果送达指界人，并要求指界人在村民会议或村民代表会议上说明指界结果，同时以张贴公告形式公示指界结果。如有异议，必须在结果送达之日 15 日内提出申请，并负责重新划界的全部费用；异议期间届满后，指界结果即为生效。

指界人在指界后，不在地籍调查表、土地权属界线协议书上签字盖章的，参照违约缺席指界规定执行。

4. 绘制宗地草图

宗地草图是用来记录宗地位置、界址点线和相邻宗地关系的实地记录，宗地草图应现场绘制。权属调查时，调查人员在确定界址点位置后，根据需要现场丈量界址边长和界址点与邻近重要地物之间的关系距离，利用工作底图，结合实地现状绘制宗地草图，标注界址点的几何条件、界址边长及关系距离。工作底图现势性好、精度较高的，可以将打印好的工作底图完善相关信息后作为宗地草图。集体土地所有权宗地相对面积较大、界线复杂，宜采用解析法测量界址边长，绘制宗地草图。采用图解法获取的界址点坐标不可用于实地放样。在宗地图和宗地草图上，界址点编号按顺时针方向，从上到下，从左到右的顺序编号，同一宗集体土地所有权宗地界址点号应保持唯一。图解界址点坐标，界址点号为 T1、T2、…；解析界址点坐标，界址点号为 J1、J2、…。宗地草图的绘制内容和具体要求，应符合《地籍调查规程》相关规定。

5. 填写地籍调查表

应按《不动产权籍调查技术方案（试行）》规定，填写宗地基本信息表、界址标示表、界址签章表、界址说明表等。其中，界址签章表要到现场指界后，由权利人和邻宗地权利人或指界人签章。集体土地所有权调查还应附《土地权属界线协议书》。集体土地所有权宗地通常有多种地类，应将各地类的面积标注在说明栏内，并填写集体土地所有权宗地分类面积调查表。

六、地籍测量

1. 控制测量

控制测量可以根据集体土地所有权宗地的大小、现存控制点数量可否满足需求等决定是否开展，如需开展控制测量，可参见本书第二章部分内容。

2. 宗地界址测量

农村集体土地所有权宗地界址点测量宜采用解析法，所使用的测量仪器设备主要是全站仪、GPS-RTK 系统和数字摄影测量系统等，条件不具体的地区，也可采用图解法。

界址点的精度可根据土地经济价值和界址点的重要程度来加以选择。采用解析法的，界址点相对于邻近控制点的点位误差，相邻界址点间距误差，可分为三级，如表 7-2-1 所示。

表 7-2-1　解析界址点的精度

级别	界址点相对于邻近控制点的点位误差，相邻界址点间距误差/cm	
	中误差	允许误差
一	±5.0	±10.0
二	±7.5	±15.0
三	±10.0	±20.0

注：①土地使用权明显界址点精度不低于一级，隐蔽界址点精度不低于二级；②土地所有权界址点可选择一、二、三级精度。

采用图解法的，相邻界址点的间距、界址点相对于邻近地物点（控制点）中误差不大于图上 0.3mm，允许误差不大于图上 0.6mm。

3. 不动产单元图编绘

农村集体土地所有权不动产单元图主要指宗地图，绘制方法应遵循《地籍调查规程》相关规定。

4. 面积测算

农村集体土地所有权宗地面积较大，界址线相对不平直，宜采用坐标法计算面积，具体方法可依据《地籍调查规程》相关规定。其中，地类面积量算涉及林地、耕地的，按如下方式处理：

（1）农村土地利用类别按第三次全国国土调查的土地分类体系执行，至二级分类，逐一量算图斑面积。

（2）第三次全国国土调查图斑界线和地类界线经复核没有发生变化的，其地类图斑面积可直接引用，不再重新量算。

（3）图斑界线和地类界线经复核与实地不一致的，应划出地类不一致图斑，移交相关部门查清是否为违法用地，明确处理方法。地类图斑不影响权属界线，以权属界线为准测算集体土地所有权总面积，标注地类不一致图斑面积。

5. 调查成果公示

应将经调查成果以公示形式在调查区所在乡镇村及街道办事处政务公开栏张贴，在当地主要媒体上进行刊登，在县级不动产登记主管部门政务网站等公开发布。张贴通告应留存底档，调查档案中可留存村委会政务公开栏内张贴公示的照片；报纸发布公示留存纸质文档，同时留存电子档。公示应说明集体土地所有权宗地的权利人名称、地址、调查宗地的坐落、面积，权利人及其他利害关系人提出异议的期限、方式及受理机构等。公示期一般不少于 15 日，公示期满，无异议的，成果归档验收，提交不动产登记部门，有异议的，异议提出人可向县级以上自然资源主管部门申请地籍调查成果复查。

七、数据入库，成果资料归档

1. 数据入库

集体土地所有权调查成果应及时纳入数据库管理，数据库应按国家统一的《地籍数据库标准》和相关标准进行数据库结构设计、数据库建设，并将调查成果录入数据库，完善信息系统，实现国家省市县四级联网，实时更新。数据入库前，应先进行数据质量审查，包括调查程序是否规范、成果是否完整、有无缺失遗漏，以及成果有效性检查、空间拓扑关系审查、逻辑检查等。在确认所有成果符合相关标准、规程，合法有效后，按规范格式录入数据，用于农村集体土地所有权登记发证，支撑相关管理。

2. 成果资料归档

地籍调查的成果是确权登记的法律依据，也是自然资源管理、税务、交通、公安、民政等部门管理的重要参考。随着地理信息技术的应用和互联网政务技术的进步，地籍调查成果更多以电子形式存储。地籍调查成果应当按《档案法》《不动产登记暂行条例》和《地籍调查规程》《不动产登记数据库标准》等相关规定，合理立卷、组卷、保存，以便于保管、查询和应用。为容灾备份需要，需进行异地备份。需要归档的集体土地所有权地籍调查成果主要包括以下几类：

（1）文字成果。包括工作方案、技术方案、工作总结、技术总结等。

（2）图件成果。包括工作底图、农村地籍图和宗地图、宗地草图等。

（3）簿册成果。包括外业调查工作手簿、地籍调查表册、地籍控制测量原始记录与平差资料、地籍测量原始记录等。

（4）权属调查成果。包括土地权属界线争议原由书、土地权属界线协议书、权属来源证明材料。

（5）数据库成果。地籍调查数据库及相关业务系统。

八、成果验收

以总调查方式开展的集体土地所有权调查，成果验收应采取三级检查、一级验收的“三检一验”制度。“三检”工作由作业单位组织实施，接受县级自然资源主管部门的监督和指导。检查、验收过程应有记录，专检和验收结束后应编写检查（验收）报告。地籍总调查成果的验收由省级自然资源主管部门组织实施。其检查验收的内容和比例应遵循《地籍调查规程》和相关规程规定。验收组应出具验收报告和存在问题的书面处理意见，要求内容具体、表述清晰、数据准确、结论可靠。验收报告一份交被检单位，一份由自然资源主管部门存档。

九、集体土地所有权日常调查

因土地征收、互换、调整、农民集体撤销、合并等原因，导致集体土地所有权发生变化的，可依权利人申请或依相关规定开展日常地籍调查。

日常地籍调查除工作开展前不需要进行通告外，其余工作流程和技术要求与总调查基本相同。集体土地所有权宗地发生变化的，按如下情况处理。

1. 界址不发生变化的宗地

原宗地因土地征收，整宗地转为国家所有的，原集体土地所有权宗地消灭，原宗地代码不再使用。征转后的土地重新设定不动产单元，编制不动产单元代码，按《地籍调查规程》和本章相关要求开展地籍调查，调查成果及时纳入地籍数据库，用于确权登记颁证及相关管理。

因农民集体合并或撤销、行政区划调整、土地权属调整等原因，整宗地转为另一农民集体所有的，依据有批准权限的人民政府相关批准文件、互换协议或土地调整文件开展权属调查，如不需要到实地进行调查的，在复印后的地籍调查表内权利人部分加盖“变更”字样印章，并填写新的地籍调查表，不重新绘制宗地草图。宗地代码按并入的农民集体地籍子区范围内最大宗地顺序码后续编。需要实地进行调查的，应按《地籍调查规程》及本章相关技术要求开展权属调查。

2. 界址发生变化的宗地

原宗地部分被征收为国家所有的，按土地征收审批材料、勘测定界成果及征收补偿、实际使用等情况确定权属界线，相关批准文件上有被征地部分使用范围，且有界址点坐标，实地使用情况经核实一致的，权利人无要求，可不实地测量，按批准文件界址点坐标及相关信息录入地籍调查表，更新宗地图。批准文件无界址点坐标的，或权利人申请的，根据需要开展外业地籍调查，实地指界完成地籍测量。原宗地分割后，原宗地代码不再使用，集体土地所有权宗地在原地籍子区内最大顺序码后续编，国有建设用地使用权宗地部分在新并入地籍子区内最大号后续编。

农村集体土地所有权日常地籍调查外业调查完成后，应将调查成果进行公示，公示期满无异议的，应及时将调查成果归档。

第三节 “房地一体”宅基地和集体建设用地地籍调查

一、工作组织

“房地一体”的宅基地使用权和集体建设用地使用权地籍调查和确权登记，是指在实施不动产统一登记后，原来分别由原住建部门负责调查登记的房屋所有权和原由国土资源管理部门负责调查登记的宅基地使用权、集体建设用地使用权，由自然资源主管部门负责，以不动产单元为位，进行的房屋所有权和宅基地使用权、房屋所有权和集体建设用地使用权的不动产地籍调查。

以总调查方式开展的房地一体宅基地和集体建设用地使用权地籍调查，由县级以上地方人民政府统一组织。以日常地籍调查方式开展的，可以由权利人申请，也可以由不动产登记机构依法开展。

二、工作对象及内容

宅基地使用权是经依法审批由农村集体经济组织分配给其成员用于建造住宅的没有使用期限限制的集体土地使用权。宅基地使用权人依法对集体所有的土地享有占有和使用的权利，有权依法利用该土地建造住宅及其附属设施。

集体建设用地使用权与国有建设用地使用权一起共同构成建设用地使用权。集体建设用地使用权归农民集体所有，由农民集体和个人依法进行非农业生产建设，通常包括公益性和经营性两类。公益性集体建设用地包括学校、村卫生所、村委会办公室等，经营性集体建设用地包括工业仓储、乡镇企业等。党的十八届三中全会审议通过的《中共中央关于全面深化改革若干重大问题的决定》指出，建立城乡统一的建设用地市场。在符合规划和用途管制前提下，允许农村集体经营性建设用地出让、租赁、入股，实行与国有土地同等入市、同权同价。

开展农村“房地一体”的宅基地和集体建设用地地籍调查的主要工作内容是全面查清农村范围内包括宅基地、集体建设用地等每一宗土地和地上房屋等建筑物、构筑物权属、位置、界址、面积、用途，形成“房地一体”的地籍调查成果。已完成宗地地籍调查或已完成房屋确权登记，应补充房屋或土地的地籍调查，形成统一的不动产地籍调查成果，实现统一确权、统一登记、统一入库，为农村集体土地确权登记发证工作提供基础资料。

农村“房地一体”宅基地和集体建设用地地籍调查，应遵循《地籍调查规程》具体规定开展，主要工作流程是准备工作、权属调查、地籍测量、数据库建设成果资料归档等。

三、准备阶段

1. 准备工作

按总调查模式开展的农村“房地一体”不动产地籍调查，由县（市、区）政府统一组织，成立领导工作小组。应充分发挥乡（镇）政府和农村集体经济组织、村民自治组织等基层力量，农村集体经济组织负责人、村民委员会成员或村民代表应参与权属调查，可以根据需要选取专业队伍承担不动产测绘工作。在充分做好组织准备和宣传发动的基础上，完成技术设计、资料收集、表册与工具器材准备、人员培训等工作。

2. 调查底图制作

（1）可选用大比例尺（1∶500~1∶2000）的地形图、已有地籍图、第三次全国国土调查、农村土地承包经营权登记等工作中获取的分辨率优于0.2m的正射影像、倾斜摄影测量成果等作为基础图件，叠加地籍区、地籍子区界线和集体土地所有权宗地界线，并标注乡镇、村、村民小组及重要地物的名称，根据需要勾绘或标注相关内容制作工作底图。

（2）预划不动产单元。参考已有的地籍调查、土地登记等资料，会同农村集体经济组织负责人、村民委员会成员或村民代表，在地籍区、地籍子区界线和集体土地所有权界线范围内，预划不动产单元，其中，宅基地有围墙等明显界址线的，以明显界址线预划。没有围墙、篱笆等明显界址线的，在工作底图上先进行预划示意线，在外业调查时需要权利人实地指界并设定界址点标志。相邻不动产权利人共有围墙的，在工作底图上预划不动产单元，在外业调查时要权利人实地指界明确双方是以墙内、墙外或是中心线为界。

（3）预编不动产单元代码。“房地一体”宅基地使用权不动产单元代码遵循《不动产单元设定和代码编制规则》，采取七层 28 位。不动产单元的代码形如：340123 003006 JC00013 F03010001，其中 340123 为县级行政区划代码，003 为该县级行政辖区内的 003 号地籍区（乡、镇、街道），006 为地籍子区（村，居民委员会），JC 为集体土地所有权宅基地使用权宗地，这里 2 位特征码的含义是，第 1 位为 J，表示集体土地所有权，第 2 位为 C，表示宅基地使用权宗地，第 2 位如为 B，则为集体建设用地使用权宗地。F03010001 为定着物单元代码，F 表示定着物为房屋等建筑物构筑物，前 4 位 0301 表示幢号，为该地籍子区内统一编号，后 4 位 0001 为户号，该定着物单元代码表示该宅基地使用权宗地内的 1 幢建筑物的 1 户不动产单元。权利人已经批准但尚未建造房屋的宅基地申请不动产地籍调查和确权登记的，定着物单元代码为 W00000000，待房屋建造完成后，再申请登记的，可按定着物单元代码编制规则重新编制单元代码。集体建设用地使用权宗地及地上房屋所有权不动产单元代码形如：340123 003006 JB00015 F99990001。其中，定着物单元代码幢号为 9999，表示该宗地内全部建筑物为 1 个权利人所有，全部建筑物可划分为 1 个定着物单元，户号为 0001。

四、权属调查

权属调查是不动产地籍调查的核心，是保障不动产确权登记颁证的关键。以总调查方式开展的农村“房地一体”宅基地和集体建设用地权属调查工作开展前，应发布调查公告，明确开展调查的时间范围，权利人应提交材料的地点、时间及材料内容等。权属调查主要包括以下工作：调查核实宗地和房屋的权属情况、开展界址调查、绘制宗地草图及房屋权界线示意图、填写不动产地籍调查表等。

1. 调查核实权属状况

1）宗地权利人状况调查

宗地权利人状况调查包括调查核实权利人或实际使用人的姓名或者名称、单位性质、行业代码、组织机构代码、法定代表人（或负责人）姓名及其身份证明、代理人姓名及其身份证明等，属于宅基地的，除了调查记录土地权利人的情况外，还应调查权利人家庭成员情况，复印权利人家庭户口簿等资料。

宅基地使用权的权利人应是本集体经济组织的成员。宅基地使用权的流转受到严格规定，其买卖、抵押等受到法律法规和相关政策的限制。非本集体经济组织的成员，因如下情况的，可以取得宅基地使用权。

（1）非本农民集体经济组织成员，因易地扶贫搬迁、地质灾害防治、新农村建设、移民安置等按照政府统一规划和批准使用宅基地的，在退出原宅基地并注销登记后，可以取得新建房屋占用的宅基地使用权。

（2）非本农民集体经济组织成员（含城镇居民），因继承房屋占用宅基地的，可取得宅基地使用权和房屋所有权，在权属调查记事栏内和不动产登记簿及证书附记栏注记“该权利人为本农民集体经济组织原成员住宅的合法继承人”。

（3）1999 年《国务院办公厅关于加强土地转让管理严禁炒卖土地的通知》（国办发〔1999〕39 号）印发前，回原籍村庄、集镇落户的职工、退伍军人、离（退）休干部以及回乡定居的华侨、港澳台同胞等，原在农村合法取得的宅基地，或因合法取得房屋而占用宅基地的，经公告无异议或异议不成立的，由该农民集体经济组织出具证明，可以取得宅基地使用权。在权属调查记事栏内不动产登记簿及证书附记栏注记“该权利人为非本农民集体经济组织成员”。在国办发〔1999〕39 号文件印发后，城市居民违法占用宅基地建造房屋、购买农房的，不是合法权利人，应记在地籍调查表“实际使用权人”，移交相关部门处理。

2）宗地权属状况调查

调查核实确定土地坐落、四至、土地权属性质、使用期限等及宗地是否有抵押权、地役权等他项权利和共有情况，以及宗地批准用途和实际用途等。应收集的权属来源材料包括但不限于以下材料：

（1）权属证书。原已登记发证的土地或房屋权属证书。

（2）相关批准手续。各级人民政府或其有关部门颁发或确认的批准使用宅基地或批准建设的文件。

（3）解决权属争议或纠纷的相关材料。各级政府、土地管理部门、司法机关等调处土地权属争议的决定、判决、裁定、纪要、文件及附图。

（4）房地权属变化相关材料。房地买卖合同、契约、转让或出资（入股）协议、公证书、判决书、裁定书等证明房地权属发生变化的文件；村委会同意转让的书面证明。

（5）其他权属来源证明材料。

3）房屋权属状况调查

房屋权属来源调查。应依据房屋产权人提供的房屋建设批准手续、乡镇规划选址意见书或乡镇规划许可等材料，以及房屋买卖、互换、赠予、受遗赠、继承、查封、抵押等其他房屋产权证明，记录产权人，并将产权证明留存复印件或拍照留存。产权共有或有争议的，记录共有或争议情况。

房屋状况调查。宅基地范围内的房屋，调查主要建筑物的建筑结构、层数、墙体归属、建成年份等。主要建筑物是指具有上述合法权属来源材料、主要用于居住的房屋。附属设施如仓库、圈舍、门房等不用作权属界线但为永久建筑结构的，可在不动产地籍调查表中简要记录其相关信息，说明其位置、用途、数量等。集体建设用地范围内的所有房屋等构（建）筑物，按《不动产权籍调查技术方案（试行）》相关规定调查。

2. 指界人

宅基地使用权，应由土地权利人（未登记且无用地和建房手续的，可由户主）凭身份证、户口本出席指界；土地权利人或户主不能出席的，其夫妻双方中的一方可持户口本、本人身份证、结婚证出席指界。夫妻双方均无法出席指界的，可由该户成员共同推举一名其他家庭成员或委托代理人出席指界，同时出具户主身份证明、代理人身份证明及指界委托书。

集体建设用地使用权应由使用单位法定代表人（或负责人）出席指界，并出具法定代表人（或负责人）身份证明书和本人身份证明；委托代理人出席指界的，应同时出具代理人身份证明及指界委托书。

共有或共用宗地，由共有人或共用人共同指界或共同委托代理人出席指界，并出具代理人身份证明和指界委托书。

集体公共设施用地、无合法手续的集体建设用地由村委会和使用人共同履行指界义务，由村委会负责人出席指界的，应出具村主任当选证明和本人身份证明；委托代理人出席指界的，应同时出具代理人身份证明及指界委托书。

3. 界址调查

1）宗地界址调查

按照《地籍调查规程》要求做好宅基地和集体建设用地权属调查指界，实地设置宗地界标并丈量边长和关系距离，确保宗地权属清楚、界址清晰（界址空间相对位置关系准确）。对土地权属来源资料齐全，界址明确，经实地核实界址无变化的宗地，无须重新开展界址调查，只将相关信息记入不动产地籍调查表即可。对土地权属来源资料中的界址不明确的宗地、界址与实地有变化的宗地及无合法土地权属来源资料的宗地，需进行现场指界，开展宗地界址调查。

实地指界前，通过指界通知书、公告、广播、电话、微信等方式通知指界人，确保土地权利人及相邻宗地权利人或双方合法代理人、集体经济组织代表按时到现场指界。指界时，调查员、本宗地及相邻宗地指界人、集体经济组织代表应同时到场，根据指界人指定的界址点，现场设置界标，确认界址点类型、位置。指界后，应及时填写地籍调查表，将实际用地界线和批准用地界线标绘到工作底图上，并在地籍调查表的权属调查记事栏中予以说明。

无论是解析法还是图解法测量界址点，都应采用钢尺或测距仪实地丈量宗地的全部界址边长，以及临近界址点或明显地物点与本宗地界址点的条件距离或相关距离，条件距离和相关距离无法丈量的，应在界址标示表中的说明栏说明原因。

2）房屋权属界线调查

房屋权属界线是指房屋所有权范围的界线，包括专有部分和共有部分的所有权界线。应实地采用钢尺或测距仪丈量房屋边长，标注在房屋权界线示意图上，并填写房屋调查表。独立成幢的房屋等建筑物、构筑物与宅基地使用权为同一权利人的，无须开展房屋权属界线调查，只需测量房角点、丈量房屋边长并进行面积量算等。

4. 绘制宗地草图

参见本章第二节相关内容。

5. 填写地籍调查表

参见本章第二节相关内容。

农村“房地一体”宅基地和集体建设用地地籍调查应填写地籍调查表和房屋调查表。

权利人和宗地界址清楚，四邻无争议，因不符合相关政策不能予以确权登记颁证的，可依实际使用情况记录实际使用人和实际使用范围，在《地籍调查表》说明栏中，注明“该权利人为实际使用人，因不符合××规定暂不予确权登记。”将调查成果录入不动产地籍调查数据库。存在权属争议的，划为争议宗，填写土地权属争议原由书，待权属争议解决后再进行不动产地籍调查。

五、界址点测量

1. 数学基础

参见本章第二节“坐标系统”相关内容。

2. 测量方法

各地应充分兼顾宅基地制度改革、集体经营性建设用地入市等农村土地制度改革的需要，可统筹考虑本地区的基础条件、工作需求和经济技术可行性，因地制宜地选取解析法、图解法、勘丈法等合适的测量方法开展宗地测量和房屋测量。房角点测量宜采取与宗地界址点测量同样的技术方法，一并开展。无法测量房屋边长的，应测量至少两条房角点与界址点或房角点与相邻近地物的相关距离，便于间接解算房屋边长和房屋面积。对于新型农村社区或搬迁上楼等高层多户的，已有户型图的，可通过核实户型图获取房屋内部边长，对于没有户型图的，需实地测量房屋内部边长。

3. 精度指标

参见本章第二节相关内容。

4. 不动产权籍图测绘

农村不动产权籍图包括地籍图、不动产单元图等。其中不动产单元图主要包括宗地图和房产分户图等。地籍图、宗地图测绘按《地籍调查规程》的规定进行。房产分户图在地籍图、宗地图的基础上，以不动产单元为单位，编制要求和内容参照《房产测量规范》的规定。

5. 面积计算

（1）计算方法。可采用坐标法或几何要素法计算面积。

坐标法。采用解析法获取宗地界址点和房角点坐标的，可通过坐标法计算宗地和房屋面积。

几何要素法。采用图解法获取界址点坐标或其他简易方法的，可以通过实地丈量的房屋边长和房屋占地范围的几何图形计算面积，如简单的矩形房屋可以根据量取的长和宽直接计算出其面积。

（2）宅基地范围内只对其主要建筑物计算建筑面积。可以按《房产测量规范》要求计算面积，也可以采取简便易行的方式。对于主要建筑物的门廊、阳台、楼梯等设施面积可根据地方规定或当地习惯计算。

（3）集体建设用地内的所有房屋及构（建）筑物均应计算面积。

（4）新型农村社区或搬迁上楼等高层多户的，可直接利用已有的户面积成果。无户面积成果的可通过户型图（经核实无变化的）或实地丈量的成果计算面积。

（5）应在地籍调查表和房屋调查表中说明宗地和房屋界址点坐标面积的计算方法和过程。

六、调查结果公示

县级以上地方人民政府统一组织宅基地、集体建设用地和房屋地籍调查的，应将地籍调查结果在本集体经济组织范围内进行公示，并在村民会议或村民代表会议上说明，对于外出务工人员较多的地区，可通过电话、微信等方式将地籍调查结果告知权利人及利害关系人。公示期不少于 15 日，公示期满无异议的，进行建库归档。

七、数据库建设

数据库应严格按照《不动产登记数据库标准》等技术标准要求建设不动产权籍数据库，及时将不动产地籍调查信息录入数据库，实行电子化管理。界址点坐标应标注获取方法，面积应标注计算方法。结合日常调查做好数据库更新维护，确保地籍调查成果的现势性和准确性。

八、成果资料归档验收

应以宗地为单位形成农村“房地一体”的不动产地籍调查档案资料，并做好归档、管理和应用工作。成果资料归档和验收工作可参见本章第二节相关内容。

九、“房地一体”宅基地使用权和集体建设用地使用权日常地籍调查

已完成宅基地和集体建设用地地籍总调查的，因宅基地使用权和房屋所有

权依法继承、互换、买卖或被征收等原因发生变化的，应开展日常地籍调查。日常地籍调查可以依权利人申请开展，也可以依法由土地收储部门申请或由同级人民政府嘱托开展。日常地籍调查应遵循《地籍调查规程》等相关规定和本章第二节相关内容。调查成果应及时纳入地籍数据库管理，为不动产登记和相关部门管理提供可靠的基础数据。

第四节 林权类不动产地籍调查

一、工作组织

林权类不动产地籍调查由县级以上人民政府组织，由自然资源主管部门负责开展地籍调查和确权登记工作。在实施不动产统一登记制度以前，林业主管部门已经颁发了林权证、有的地方按土地承包经营权确权登记颁证形式颁发了土地承包经营权证。实施不动产统一登记制度以后，按照“不变不换”的原则，原林权证、土地承包经营权（林权）仍然有效，同时，按照“登记机构、登记簿册、登记依据、信息平台”四统一要求，将林权纳入不动产统一登记，未开展过林权地籍调查或已有林权确权登记材料、土地承包经营权（林权）确权登记资料的现势性不强，无法满足不动产统一登记要求的，由权利人申请，县级以上人民政府组织，按林权首次登记（不动产登记）开展地籍调查，已完成首次登记的因交易或土地征收等原则需要地籍调查的，应开展日常地籍调查。

二、工作对象和内容

1. 工作对象

林权地籍调查的工作对象是国家所有依法为单位和个人使用的林地使用权/森林、林木使用权，以及由农民集体所有、集体经济组织成员所享有的土地承包权（林地）/森林、林木所有权、林地使用权/林木所有权、林地经营权/林木所有权和林地经营权/林木使用权等不动产权的范围界址权利状况等。其调查的单元是不动产单元（林权），指由森林、林木及其所在宗地共同组成的，权属界线固定封闭且具有独立使用价值的空间。本节仅对所有权为农民集体的林地类不动产地籍调查方法进行阐述。

2. 工作内容

林权地籍调查应以宗地为单位，查清宗地及其上森林、林木定着物的不动产单元状况，包括宗地信息、土地承包经营权（林地）信息、森林、林木信息，存在林地经营权的，还需查清林地经营权信息，查清权属界址点线、丈量界址边长及相关距离。填写地籍调查表，绘制不动产单元图等，应查清以下信息：

(1) 宗地信息。查清土地用途、坐落、四至、小地名、小班、面积土地权利期限等情况。宗地包括土地承包经营权宗地和林地使用权（承包方式以外的）宗地。

(2) 森林、林木信息。查清森林与林木的林种、主要树种等信息。

(3) 权利人信息。包括权利人名称、证件、共有人情况等。

(4) 权属状况信息。包括权属来源材料、权利性质等。属于土地承包经营权（林地）的，还要查清承包地块的发包方信息、承包方信息、承包方式、承包期限等内容。属于林地经营权的，查清林地经营权的出让方信息、受让方信息、流转方式、流转面积，流转期限等内容。

三、申请受理

权利人向不动产登记机构提出林权登记申请，应开展地籍调查。权利人应当提供权属来源证明材料，如村民代表大会会议记录、土地承包经营权（林地）合同，相关部门审批意见等。

农民集体所有的、拟发包的、未开展过不动产地籍调查的林地，应由农民集体经济组织在签订承包协议前，申请林权地籍调查，自然资源所受理后，按日常地籍调查程序设定不动产单元，确定待发包地块（不动产单元）的宗地位置、界址、面积等空间信息，将林权地籍调查前置于土地承包经营权发包之前，经成果审核后的地籍调查成果可直接用于签订土地承包经营权（林地）合同或林地使用权、林地经营权流转协议。根据权属来源证明材料及相关规定，认为符合地籍调查要求的，应当受理申请。

四、准备工作

1. 资料准备

根据申请人的申请事项，地籍调查单位确定地籍调查人员，收集、整理和分析拟调查的不动产权属材料及图件等。

(1) 地籍调查成果资料。主要包括农村集体土地所有权确权登记颁证成果，地籍区、地籍子区备案数据，农村宅基地和集体建设用地地籍调查及确权登记成果、不动产登记数据库等。

(2) 影像资料。主要包括第三次国土调查成果、森林资源二类调查成果、林业“一张图”、林相图斑图、林地保护利用规划成果、基本农田图、现势性强的分辨率优于 0.2m 的正射影像图等。

(3) 不动产权属来源证明材料。包括土地承包经营权合同及相关台账、土地承包经营权证等。

（4）其他成果资料。包括大比例尺地形图、生态红线图等。

2. 制作工作底图

将第三次国土调查（林权现状图斑）、林业“一张图”、农村集体土地所有权图层、地籍区地籍子区图层、行政区划图等叠加，形成工作底图。

3. 确定调查方式

根据工作底图判读效果、精度、权利人和指界人意愿，确定开展地籍调查选用内业底图指界方式还是外业实地调查方式。

（1）对于宗地四至清晰能够在影像图或底图上直观地判读出界线及自然状况，如河道防护林、成片的森林及林木以道路或河流为界线的，可在室内由指界人在影像图上指界，利用 GIS 软件获取界址点坐标、面积等信息。

（2）对于在影像图上只能判读部分宗地界址线的，可通过室内指界与实地勘验相结合的方式确定宗地的界址线。对于有明显界线标识的界址走向（如道路、水系、林田分界线、山脊线、山线谷线、相邻宗地界址线等）或作业人员难以到达实地的部分，经图上指界核对无误的，在图上调绘界址线，获取界址点坐标、面积等信息。

（3）权利人要求开展外业实地调查的，或在影像图上宗地界址线走向不明显且难以确认的，可根据实际情况开展外业实地调查，确定界址线，实地测量界址点坐标。

4. 林权不动产单元设定与划分

（1）集体所有的林地，权利人通过家庭联产承包方式取得的林地使用权，应依据土地承包经营权协议，将每一地块划分为一宗地（土地承包经营权宗地），在土地承包经营权宗地内，全部林木归属同一权利人所有的，该宗林地内全部林木可一并划分为一个定着物单元，与宗地一起划分为一个不动产单元。

（2）集体所有的林地，权利人通过承包以外的方式取得的林地使用权，宗地（林权）范围内全部林木归属同一权利人所有的，林木可一并划分为一个定着物单元，与宗地（林地）一起划分为一个不动产单元。

5. 林权不动产单元代码编制规则

林权类不动产单元代码形如：340123 003006 JE00013 L00000001。其中，340123 为县级行政区划代码，003 为该县级行政辖区内的 003 号地籍区（乡、镇、街道，006 为地籍子区（村，居民委员会），JE00013 为宗地代码，具体组成如下：

（1）宗地特征码，代码为 2 位。第 1 位用 G、J、Z 表示。“G”表示国家土地所有权，“J”表示集体土地所有权，“Z”表示土地所有权未确定或有争议。第 2 位用 A、E、L、W、Y 表示。“A”表示集体土地所有权宗地，“E”表示土地承包经营权宗地（林地），“L”表示承包经营以外的林地使用权宗地，“W”

表示使用权未确定或者有争议的土地，“Y”表示其他使用权土地（如国有农用地使用权）。

（2）宗地顺序号为5位，从00000~99999。宗地顺序号在相应的地籍子区最大号后续编。同一权利人有多块林地的，每一块应划为一宗，分别编制不动产单元号。

（3）森林、林木定着物特征码，代码为1位。“L”表示森林林木，“W”表示无森林林木定着物。

（4）宗地内全部林木归属同一权利人的，该宗地内全部林木可一并划分为一个定着物单元，即00000001。

五、权属调查

（1）权属状况调查。主要依据权属来源材料（如土地承包经营权合同、林权证、林权登记台账等），确定权利人、权利性质、共有共用情况等，以及是否存在抵押权、使用期限等。

（2）林地状况调查。主要依据林业“一张图”及相关林业调查资料确定森林类型、林种等。

（3）界址调查。参照宗地界址调查方法，确定指界人，发送指界通知书，由本宗地及邻宗地权利人共同指界确定林地位置（林班、小班、小地名、四至）和界址点线，已有界址标识的，检查界标是否损坏或移位，根据指界人指认，确定界址位置。根据需要设置界址标识，签订界址签章表。图上指界的，要详细说明界址点位置、界址线走向及邻近地物等。

（4）填写地籍调查表。按照《不动产权籍调查技术方案（试行）》的要求填写调查表格，包括宗地地籍调查表和林权调查表，采用土地承包经营方式取得林权的，还需填写土地承包经营权、农用地其他使用权调查表。指界人需现场填写界址签章表并签字盖章。

（5）绘制不动产单元草图。应根据室内或室外指界确定的界址点，界址边长及相关距离丈量结果，按概略比例尺绘制宗地草图，可直接在地籍调查表上绘制，也可另附纸绘制。工作底图可以满足精度要求的，可直接在底图上做好记录，形成草图。

六、地籍测量

林权类不动产地籍测量包括控制测量、界址点测量、不动产单元图测绘和面积量算等。

（1）控制测量。可根据需要确定是否开展。地形起伏较大、不动产单元面积较大的，应开展控制测量。

（2）宗地界址点测量。外业实地测量宜采用解析法。在符合精度要求的情况下，也可采用装载“国土调查云”等调查软件的移动端，实地获取界址点坐标，现场采集林权权利人、权属状况及林地状况信息。采用图解法获取界址点坐标的，要注明底图来源及精度。图解界址点坐标不能用于放样确定实地界址点的精确位置。

（3）精度要求。参见本章第二节相关内容。

（4）编绘宗地图。宗地图（林权）按《地籍调查规程》相关规定测制。根据权属调查和地籍测量结果，以不动产单元为单位绘制。同一权利人有多块林地的按每一块地分别绘制。

（5）面积量算。利用界址点坐标测算面积。

（6）调查结果公示。林权地籍调查完成后，应将结果在指定场所或农村集体经济组织范围内进行公示。应通过电话、微信等方式将地籍调查结果告知权利人及利害关系人。公示期不少于15日，公示期满无异议的，可导入林权地籍调查数据库，用于首次登记发证。

七、检查验收，成果入库

县级自然资源主管部门应按《地籍调查规程》《不动产登记数据库标准》对林权类不动产地籍调查成果进行审查。

1. 审查的内容

一是调查程序是否规范，即权属调查、测量、成果审查、整理归档等是否按照本方案及相关技术标准实施；二是调查成果是否完整，即测绘资料、权属资料、图件和表格资料等是否齐全；三是调查成果是否有效，包含调查机构是否具有相应资质、从事调查工作的人员是否具有相应资格、调查成果是否经过自检等；四是调查成果格式是否符合规定要求；五是调查成果是否正确保持宗地、林木等定着物之间的内在联系；六是宗地图中的空间要素与相邻的界址、地物、地貌是否存在空间位置矛盾。

2. 审查的方法

主要采用室内外复核的方法审查不动产地籍调查成果。

（1）内业复核。应充分利用已有数据库、信息系统、办文系统、电子政务系统审查调查成果。应将调查机构提供的宗地图电子数据导入已有的地籍空间数据库，查看其与相邻的界址、地物、地貌是否存在空间位置矛盾。

（2）外业复核。如果室内无法判定空间要素是否正确时，可到实地查看。

审查发现的问题，应责成调查机构重新开展调查，修改完善成果，直至成果合格后，可组织检查验收。

八、因林权变更登记开展的地籍调查

权利人因不动产变更申请地籍调查的，应根据申请人的申请事项，由地籍调查人员开展地籍调查，包括收集、整理和分析拟调查的不动产权属材料及图件，开展权属调查，核实不动产权利人身份信息、已登记的不动产单元信息，判定是否需要开展外业调查。外业调查包括外业实地权属指界，签订界址签章表，地籍测量即界址点测量及相邻关系丈量，绘制不动产单元草图、宗地图，量算面积等。

1. 需要开展实地外业地籍调查的情况

（1）宗地界址发生变化的，如同一权利人分割、合并不动产的，需要开展外业权属调查和地籍测量。

（2）原林权登记档案资料不完善，无法落宗入库的。包括原登记资料无图件、示意图资料相似度差，无法利用原纸质示意图、申请表、勘验表判断实地位置、边长、相邻关系等空间信息等缺失或不一致的。

（3）原林权登记纸质成果（林权证、登记台账等）记载的信息有误的，包括坐落、小地名、面积等与实际有较大差异的。

2. 以下情况不需要开展外业实地变更地籍调查

（1）权利人名称或姓名、身份证明类型或者身份证明号码发生变化的。

（2）不动产权利期限、所在地名等发生变化的。

（3）森林类别（商品林、生态公益林）、林种发生变化的。

（4）共有人增加或者减少，共有份额比例发生变化不涉及界址变化的。

（5）法律法规规定的其他情形。

原登记材料完整规范，权利人申请地籍调查不需要开展外业实地调查的，按《地籍调查规程》要求，复印原宗地草图和宗地图，重新填写地籍调查表，形成地籍调查档案。

3. 林权类不动产单元代码变更规则

（1）宗地号的变更规则如下：①宗地特征未变更但界址变更的，在宗地所在的地籍子区内，宗地顺序号在相应宗地特征码的最大宗地顺序号后续编，形成新的宗地号；②宗地特征变更但界址未变更的，在宗地所在的地籍子区内，首先确定新的宗地特征码，宗地顺序号应在新宗地特征码的最大宗地顺序号后续编，形成新的宗地号；③宗地特征变更且界址变更的，在宗地所在的地籍子区内，首先确定新的宗地特征码和宗地界址，宗地顺序号应在新宗地特征码的最大宗地顺序号后续编，形成新的宗地号。

（2）森林、林木的定着物单元代码变更规则如下：①因宗地合并，并入宗地的定着物单元号应在被并入宗地内最大定着物单元号后续编；②同一权利人拥有整个宗地内全部森林、林木共同划分为一个定着物单元的，发生部分转移时，定着物单元号应重新编码。

权属调查、地籍测量、不动产单元图测绘、面积量算、成果公示及地籍数据库建设等相关其他工作环节参考本章第三节相关内容。

第五节　耕地、草地等土地承包权地籍调查

一、工作组织

耕地、草地类土地承包权不动产地籍调查由县级以上人民政府组织，由自然资源主管部门负责开展地籍调查和确权登记工作。2016 年，农村农业主管部门已经基本完成了全国土地承包经营权确权登记颁证。按照不动产统一登记“不变不换”的原则，原土地承包经营权仍然有效，同时，按照“登记机构、登记簿册、登记依据、信息平台”四统一要求，将土地承包经营权纳入不动产统一登记。没有开展过土地承包权地籍调查或已有登记材料现势性不强，无法满足不动产统一登记要求的，由权利人申请，县级以上人民政府组织，开展总调查，已完成首次登记的因交易或土地征收等原则需要地籍调查的，应开展日常地籍调查。

二、工作对象

土地承包权地籍调查应以宗地为单位，查清每一宗地（承包地块）的位置、面积、四至、界址、发包方、承包方代表、土地用途、地力等级、是否为基本农田等情况，主要内容包括如下几方面。

（1）宗地信息。查清土地用途、地块名、坐落、四至、面积、地力等级情况。

（2）权利人信息。包括承包方代表、证件、家庭成员情况等。

（3）权属状况信息。包括权属来源材料、权利性质、承包地块的发包方信息、承包方信息、承包方式、承包期限等内容。五年以上的土地经营权，经营权人申请的，可进行不动产登记。开展地籍调查时还需查清出让方信息、受让方信息、流转方式、流转面积，流转期限等内容。

三、准备阶段

1. 组织准备

参见本章第二节相关内容。

2. 资料准备

除本章第二节所列资料外，土地承包权地籍调查还应收集以下资料：

(1) 农村集体土地所有权确权登记发证成果资料，包括农村集体土地所有权确权登记发证成果数据、图件、土地调查、土地规划和基本农田保护划区定界资料等。

(2) 农村土地承包经营权权属资料，包括农村土地承包方案、承包合同、承包台账及已经颁发的农村土地承包经营权证、依法变更的有关合同、申请和审核材料，以及涉及农村土地承包经营权设立、变更、转让和消灭的会议记录、村民代表大会、决议和表决结果等。

(3) 权利人身份及家庭关系证明材料，如身份证、户籍、婚姻登记或证明资料等。

(4) 调查表册。除地籍调查表外，还需要准备发包方调查表、承包方调查表、调查信息公示表、公示结果归户表等调查表册。

3. 工作底图测制

(1) 可选用大比例尺（1∶500~1∶2000）的地形图、已有地籍图、第三次全国国土调查、农村土地承包经营权登记等工作中获取的分辨率优于0.2m的正射影像、倾斜摄影测量成果等作为基础图件，叠加地籍区、地籍子区界线和集体土地所有权宗地界线，并标注乡镇、村、村民小组、发包方名称及重要地物的名称，具有明显方位意义、对地块四至描述起关键作用的地物名称，如沟渠、田间道路、独立地物等。

(2) 预划不动产单元。根据土地承包经营权台账等资料，会同农村集体经济组织负责人、村民委员会成员或村民代表，在地籍区、地籍子区界线和集体土地所有权界线范围内，将承包合同载明的每一地块划分为一个不动产单元，并赋以唯一的不动产单元代码。同一权利人有多块互不相邻的地块的，每一地块应划为一宗不动产单元。

(3) 预编不动产单元代码。土地承包权不动产单元代码遵循《不动产单元设定和代码编制规则》，采取七层28位，代码形如：340123 003006 JD00013 W00000000，其中340123为县级行政区划代码，003为该县级行政辖区内的003号地籍区（乡、镇），006为地籍子区（村），JD为集体所有的土地承包经营权（耕地），这里2位特征码的含义是，第1位为J，表示集体土地所有权，第2位为D，表示土地承包经营权宗地（耕地），如为F，则是土地承包经营权宗地（草地），00013为宗地号，即该地籍子区内该类特征码下的第13宗，定着物单元代码为W00000000，表示土地承包经营权宗地内无定着物。

四、权属调查

土地承包权权属调查，应由调查员会同承包方代表、承包方权利人、相邻地块权利人或三方委托的代理人开展。

1. 确定发包方

发包方以农村集体土地所有权确权登记发证成果和其他合法权属资料为基础，按以下情形确定：

（1）依法属于村农民集体所有的农村土地，发包方为村集体经济组织或者村民委员会。

（2）分别属于村内两个以上农村集体经济组织的农民集体所有的农村土地，发包方为村内各该农村集体经济组织或者村民小组。

（3）国家所有依法由农民集体使用的农村土地，发包方为使用该土地的农村集体经济组织、村民委员会或者村民小组。

2. 确定承包方代表

承包方调查以收集到的农村土地承包方案、承包合同、承包台账、已经颁发的农村土地承包经营权证和其他合法权属资料为基础，农户家庭成员信息以户口簿和婚姻、户籍登记或证明资料为基础。承包方代表按以下情形确定：

（1）农村土地承包经营权证等证书上记载的人。

（2）未依法登记取得农村土地承包经营权证等证书的，为在承包合同上签字的人。

（3）前两项规定的人死亡、丧失民事行为能力或者因其他原因无法确认的，为农户成员推选的人。

3. 确定指界人

需要开展实地指界的，指界人可以是权利人本人，也可以是权利人的代理人。代理人进行指界时，应出示代理人的身份证明书和委托书。发包方指界人为发包方代表或其代理人。承包方指界人和毗邻承包地块指界人按以下原则确定：

（1）指界人应为具有完全民事行为能力的人。

（2）家庭承包的指界人为承包方代表或代理人。

（3）其他方式承包的指界人为承包单位法人代表、承包方本人或其代理人。单位法人代表进行指界时，应出示法人代表身份证明书和法人代表个人身份证明书。非承包地块或相关地物的指界人为地块所在土地的所有权权利人、发包方代表或其代理人。

4. 界址调查

按指界人指界结果确定界址，设立界址标志，编制界址点编号。界址点设定和标志设立参见《地籍调查规程》相关规定。

5. 绘制宗地草图

以宗地（地块）为单位，绘制宗地草图。具体方法可参见本章第二节相关内容。

6. 填写地籍调查表

按《地籍调查规程》规定填写地籍调查表，除完成宗地基本信息表、还应填写土地承包经营权调查表。

五、地籍测量

（1）地籍测量以宗地为基础，按《地籍调查规程》相关规定开展。

（2）调查成果公示。调查完成后，应在调查区所在乡镇村政务公开栏张贴，并以多种形式公布。具体操作方法，可参见本章第二节相关内容。

调查结果以发包方为单位按承包方顺序逐宗地公示调查结果，形成《农村土地承包经营权调查信息公示表》、地块分布图。

调查信息公示表的主要内容包括承包方（代表）姓名或名称、承包地块的编码、不动产单元代码、合同面积、实测面积和地块四至等信息。各地可根据实际情况增加或调整公示内容和信息。

调查信息公示完成后，交由村（组）农村土地承包经营权确权登记颁证工作组进行审核。审核通过后在地块分布图所涉集体经济组织范围内按要求进行张榜公示，公示期限不应少于 7 日。

公示期满，公示结果无异议的，成果资料入库归档，作为不动产登记机构的登记依据。

六、检查验收，成果资料入库归档

成果检查验收要求可参见本章第二节相关部分。土地承包经营权地籍调查数据按地籍数据库标准和不动产登记数据库标准纳入地籍库和登记库，并实时更新，实现与相关部门的互联互通。

第八章　地籍数据库和管理系统建设（不动产部分）

第一节　概　　述

一、地籍数据库的特征

（1）地籍数据库是一个长期存储的、有组织的、可共享的、统一管理的大量数据的集合，强调产权属性和空间属性。

（2）地籍数据库的内容包括地籍调查成果和确权登记结果。

（3）地籍数据库应按一定的标准和数据结构要求来组织、设计，数据结构应该由地籍数据库标准来定义和约束。

（4）地籍数据库还应该能够通过一定的规则实现更新。

综上，地籍数据库是采集、整合、梳理地籍调查和确权登记数据，按照地籍数据库的标准进行设计、组织和存储，并通过一定的规则实现集中统一存储并更新的数据库。

二、国外地籍数据库建设

国际上发达国家都高度重视地籍数据库建设工作。俄罗斯于 1996 年批准了“建立国家地籍自动化系统”的联邦规划，逐步把地籍资料的获取、加工，保护和提取过渡到数字化的方式，并以地籍信息为基础进行多方面的登记。瑞典在 1969 年，启动了地籍管理系统建设工作，通过开展广泛的数据共享合作工作，利用多种技术方式，建立起包括土地登记、地籍测量、税收、建筑物与地址、国民登记、影像、数字档案等信息内容的核心国家地籍数据库。美国在地籍数据中标明地块归属权和边界的地图，包括边界数据、所有权、价值、分区以及财产的其他方面信息，为自然灾害评估与救灾紧急响应、税费代收等商业金融活动、政府部门能源开发管理等日常工作等提供关键信息。澳大利亚地籍数据库建设以托伦斯土地登记为依托，以数字化的地籍数据库（DCDB）作为国家和各州空间数据基础结构领域中最重要的核心空间数据。此外，德国于 1983 年将各州地籍登记的全部内容按统一的数据格式建立了地籍册数据库，直接服务于政府决策和私人土地交易等。

国外发达国家地籍信息系统建设的经验包括：一是健全土地法律体系，完善地籍管理相关法律法规。通过完善的法律体系，明确界定土地的各项权利，确保地籍管理系统中各项信息的法律效力。二是建立完善的信息标准体系和强有力的基础设施支撑体系，包括信息的编码、数据模型、数据定义、数据连接、数据关系、交换格式等等。三是建立标准统一、网络互通、信息资源丰富的地籍信息管理系统，不仅能提供基础的地籍管理数据，更重要的是为社会经济的各项管理服务。

三、我国地籍数据库建设现状

（一）不动产统一登记实施前地籍数据库建设情况

在不动产分散登记时期，土地、房屋、林地、草原、海域登记信息化都有一定的基础，各行业主管部门依据国家法律制定部门规章，依据部门规章制订登记业务规范性文件，基于登记业务规范编制信息化技术规范，与管理业务紧密结合、自成体系，也形成了相应的数据成果。

1. 土地登记方面

依据《土地管理法》《土地管理法实施条例》《土地登记办法》《土地登记资料公开查询办法》等法律规章，按照《土地利用现状分类》《地籍调查规程》《城镇地籍数据库标准》等标准规范，全国各地都开展了地籍数据库建设，包括城镇地籍数据库和农村宅地籍数据库。

2. 房屋登记方面

依据《中华人民共和国城市房地产管理法》《房屋登记办法》《房屋登记簿管理试行办法》《房屋权属登记信息查询暂行办法》等法律规章，按照《房产测量规范》《房屋代码编码标准》《房地产登记技术规程》《房地产市场基础信息数据标准》《房地产市场信息系统技术规范》等标准规范，全国各地都开展了房产登记数据库建设。

3. 林权登记方面

依据《中华人民共和国森林法》《中华人民共和国森林法实施条例》《林木和林地权属登记管理办法》《林木林地权属争议处理办法》等法律规章，按照《森林资源规划设计调查技术规程》《林地保护利用规划林地落界技术规程》等标准规范，全国各地开展了林业调查数据库建设。

4. 草原登记方面

依据《中华人民共和国草原法》《草原征占用审核审批管理办法》等法律规章，开展了部分草原登记方面的工作。

5. 承包经营权登记方面

依据《中华人民共和国农村土地承包法》《中华人民共和国农村土地承包经营纠纷调解仲裁法》《中华人民共和国农村土地承包经营权证管理办法》《农村土地承包经营权流转管理办法》等法律规章，按照《农村土地承包经营权要素编码规则》《农村土地承包经营权确权登记数据库规范》等标准规范，全国各地开展了农村土地承包经营权数据库建设。

6. 海域登记方面

依据《中华人民共和国海域使用管理法》《海域使用权管理规定》《海域使用权登记办法》《海域使用权证书管理办法》等法律规章，按照《海域使用分类》《海籍调查规范》《无居民海岛开发利用测量规范》《海域使用权登记技术规程（试行）》等技术标准规范，全国开展了海域使用权数据库建设。

（二）不动产统一登记实施后地籍数据库建设情况

2014 年 11 月，国务院颁布《不动产登记暂行条例》，自 2015 年 3 月 1 日起施行。2015 年 3 月，国土资源部印发《关于做好不动产权籍调查工作的通知》（国土资发〔2015〕41 号），要求“各地应以现有的地籍数据库为基础，建立不动产地籍调查数据库和管理系统，实现对不动产权籍调查成果的图形、属性、档案等信息的一体化存储、管理与应用，并结合日常不动产登记等业务对数据库进行及时更新和系统维护升级，满足不动产权籍调查的信息共享和成果应用”；同年 8 月，国土资源部印发《关于做好不动产登记信息管理基础平台建设工作的通知》（国土资发〔2015〕103 号），要求“各地要按照《不动产登记信息管理基础平台建设总体方案》和相关技术标准，坚持‘完整、一致、规范’的原则，以不动产登记簿为核心，以宗地（宗海）为基础，以不动产单元为基本单位，开展数据整合及数据库建设，最终形成空间参考一致、数据关联关系正确、历史信息完整的不动产登记数据库。”

2018 年，自然资源部印发《关于全面推进不动产登记便民利民工作的通知》（自然资发〔2018〕60 号），要求“各地应在完成存量现势登记数据整合基础上，通过查阅历史档案、梳理不同阶段各类不动产登记信息，完成登记簿信息录入和纸质资料扫描，补充完善相关登记信息，关联理顺上下手登记关系，开展自首次登记到现势登记以来的历史登记数据清理整合工作，建立健全‘全生命周期’不动产登记数据库，并逐步汇交”。2020 年 5 月，自然资源部办公厅印发《关于做好农村土地承包经营权登记成果资料接收工作的通知》（自然资办发〔2020〕20 号），要求各地做好农村土地承包经营权登记成果资料接收工作；同月，自然资源部印发《关于加快宅基地和集体建设用地使用权确权登记工作的通知》（自然资发〔2020〕84 号），要求“地籍调查成果通过验收后，应及时纳入不动产登记信息管理基础平台的地籍数据库进行统一管理，支撑不动产登记及相关管理工作。”2020 年 6 月，自然资源部办公厅、国家林业和草原局办公室印发《关于进一步规范林权类不动产登记做好林权登记与林业管理衔接的通知》（自然资办发〔2020〕31 号），要求“林草部门和登记机构要共同做好原林权登记存量数据整合移交入库”。

四、地籍数据库建设原则

1. 规范性原则

地籍数据库建设要符合地籍数据库标准的内容要求，要采用标准规定的字段名称、格式和数据字典等，确保数据库字段语义一致。

2. 继承性原则

地籍数据库建设要充分继承包容原不动产统一登记前各类地籍调查数据成果和确权登记成果，保证原数据成果在地籍数据库中内容不变，数据关联关系不变。

3. 完整性原则

地籍数据库建设要严格按照相关数据库标准和规范规定的数据结构、数据代码定义、数据值域要求，确保数据库信息完整、规范、不重不漏。还应包括数据库标准要求的扫描数据、统计数据以及其他非结构化数据，以及准确描述地籍数据库的元数据。

4. 一致性原则

地籍数据库的数据内容，要和地籍调查成果、不动产登记成果保持一致。数据整合过程中发现错误的，要按更正程序进行数据更正，不得任意变动。

第二节　地籍数据库内容和结构

一、地籍数据库内容

地籍数据库主要包括地籍调查数据和不动产登记数据。

（1）行政区划数据。主要描述不动产坐落的行政区域，包括县级行政区划、乡镇街道和行政村界线等。县级行政区划代码是不动产单元代码的组成部分。

（2）测量控制点。主要描述和记载不动产地籍调查所采用的各级控制点和控制测量的成果，是日常不动产地籍调查监测的测量基准数据。

（3）地籍区、地籍子区数据。主要明确不动产单元坐落，其代码是不动产单元代码的组成部分。

（4）宗地宗海数据。主要描述土地和海域坐落、界址、面积、用途等信息。宗地（宗海）号是不动产单元代码的组成部分。

（5）房屋数据。主要描述幢、层、套、间房屋的坐落、面积等信息。

（6）不动产权利数据。主要描述不动产权利类型、权属性质、登记时间等信息。

（7）不动产权利人数据。主要描述拥有不动产权利的自然人、法人及非法人组织的姓名或名称、证件编号等。

（8）调查记录、登记业务办理等其他过程数据。

二、地籍数据库设计思路

地籍数据库涵盖地籍调查和确权登记数据，由于不动产登记数据库已经普遍建成使用，为保持工作连续性，地籍数据库需要做好与不动产登记数据库的衔接，以确保数据一致、完整和同步。地籍数据库的逻辑模型如下：

1. 以不动产登记簿为中心，按照客体—权利—主体的方式进行描述

（1）客体是不动产单元，是不动产地籍调查和登记的对象。客体信息包括不动产单元的位置、权属、面积、不动产单元号等信息。

（2）权利信息包括权利类型、权属性质、权利期限等。权利信息与客体信息通过不动产单元号进行关联。

（3）主体包括权利人和实际使用人。主体可以是自然人、法人和其他组织。主体信息包括姓名或名称、证件类型、证件编号等。主体通过不动产单元号和客体、权利相关联。

2. 以空间和非空间相结合的方式进行描述

（1）地籍数据库首先一定是空间数据库，包括必要的基础地理的空间信息，比如行政区、地籍区、地籍子区等，也包括描述不动产单元空间位置的信息，比如宗地、宗海及其他定着物等。空间对象以标识码作为唯一标识。

（2）地籍数据库还包括非空间数据，如地籍调查表、登记簿等。非空间数据通过标识码与空间数据进行关联。

三、地籍数据库结构

1. 地籍数据库标准

地籍数据库标准规定了地籍数据库的内容、要素分类与编码、数据库结构、数据库更新和元数据等，适用于不动产地籍数据库建设和共享等。

为了便于理解地籍数据库标准，避免歧义和误解，地籍数据库标准规定了一些术语和缩略语，明确了在标准中使用的术语和缩略语的内涵和外延。

地籍数据库标准中定义了数据库内容和要素分类。为了实现地籍数据库内容和其他数据库内容进行衔接和共用，避免重复和交叉，在标准体系构建时设定了要素分类代码的编制规则，包括地籍数据库的各要素类、要素以及要素代码、要素名称和要素特征，设计了空间数据的分层方案以及对应的描述属性表名称。

地籍数据库标准中描述了具体的数据库属性结构，在属性结构中充分体现了以不动产登记簿为核心，以宗地、宗海为底盘，以不动产单元为核心对象，表达不动产单元、不动产权利、不动产权利人和实际使用人等的关系。每一个数据表的属性结构分别描述字段名称、字段代码、字段类型、字段长度、小数位数、值域等。对于值域，数值型的约定范围，可用数据字典表达的用数据字典方式表达。

地籍数据库标准还描述了更新方法、数据交换格式以及元数据的相关要求。

2. 实体地籍数据库结构

依据地籍数据库标准，结合实际需求进行适当扩展，设计实体地籍数据库。

（1）确定管理空间数据库信息的地理信息系统平台和管理系统。不同的地理信息系统，支撑的内部的数据类型不同；不同厂商研发的管理系统，在具体数据信息组织方式、数据存储模式等方面，各不相同。

（2）根据具体的地理信息系统平台，确定具体的数据类型，比如：标准中的 float 在具体的数据库中用单精度型浮点数还是双精度型浮点数，是否支持可变长字符串，对 varbin 类型怎么设定等。

（3）根据具体的功能设定，如历史信息的存储管理、数据交换共享的功能实现、增量更新的实现路径等要求，对具体的物理数据表结构进行设计，在标准的框架约束下进行扩展，合理进行空间分层设计和属性结构拓展，既能满足本地化功能要求，也能满足数据共享交换要求。

综上，在设计实体地籍数据库时，需要把原来定义的逻辑模型变成具体的物理模型，也就是实体地籍数据库。

第三节　地籍数据库建设

一、数据库建设总体技术路线

（一）准备工作

1. 方案制定

依据相关标准规范，根据实际情况，制定数据库建设方案，主要包括数据库建设的目标任务、方法、技术路线、组织管理、进度安排等内容。

2. 软硬件准备

软件主要包括操作系统、GIS 软件、数据库检查软件等；硬件准备包括硬件平台，主要包括网络设备、计算机、数据输入输出设备、数据储存设备等。

3. 数据源准备

数据源为各类地籍调查数据库或各类地籍调查成果、不动产确权登记结果。对已有数据成果不符合地籍数据库建库要求的，要进行相应的整合处理。

（二）数据检查

1. 质量检查指标

（1）完整性。主要是指成果的内容是否完整，包括目录完整性、图层完整性、表格完整性、元数据完整性以及相关的文字汇总报告完整性等。

（2）规范性。主要是指成果形式上是否规范，包括目录规范性、图层规范性、表格规范性、属性结构规范性、数据值域的规范性、元数据规范性、数据交换文件规范性等。

（3）一致性。主要是指数据库信息和实际情况一致，包括属性值和地籍调查表、不动产登记簿记载的信息一致，空间信息、属性信息关联一致等。

2. 质量检查规则

在质量检查指标的基础上，按照通用类质量检查（简称质检）规则和业务类质检规则的分类，制定详细的质检规则，并明确具体采用计算机自动检查还是人机交互的检查方法。

通用类质检规则是依据地籍数据库标准、汇交要求，对图形、属性符合标准和规范，可将通用类质检规则分为成果完整性质检规则、矢量数据规范性质检规则、数据交换文件和元数据规范性质检规则等，比如图层名称规范性、属性数据结构一致性、拓扑无错误、代码一致性、表间逻辑一致性等。

业务类质检规则是依据地籍调查技术规程和不动产登记操作规范，对地籍数据库的描述，主要用于体现数据之间的关联关系，包括属性间制约关系检查和属性表格间的制约关系检查，反映地籍数据库的业务逻辑。

在制定质检规则的同时，要确定具体的质量检查评价办法。一般可采用缺陷扣分法，对应质检规则定义错误，并把错误分成级别（I、II、III），根据不同的错误级别确定不同的扣分分值，然后计算得分，并根据具体情况明确不同级别错误和最终得分的处理要求。

3. 质量检查软件的研发

质量检查软件研发应遵循的设计思路如下：

（1）注重软件的易用性和实用性，提高自动化程度。质量检查软件尽量自动化检查，提高数据库成果检查的效率，保证检查人员高效的检查作业。质量检查软件要安装方便、使用简单、升级保证兼容。

（2）软件兼顾标准化和差异化。质量检查软件是用于衡量数据成果是否满足地籍数据库标准等规范的标尺，但同时应考虑地方的差异性，这就要求软件需要针对不同地方实现差异化自定义质检的能力。

（3）面向质量检查规则设计。质量检查规则是数据质量检查的核心，在软件研发时要将质量检查规则形成质量检查算法，优化为质量检查功能，确保每一个质量检查规则能够被应用到质量检查过程中，并且保证质量检查结果可识别、可定位，方便改正。

（4）面向生产和成果入库设计。质量检查软件不但要在数据生产过程中使用，还要在最终成果入库时使用。在数据成果汇交前，利用质量检查软件检查成果中存在的问题，并能够具体定位问题位置，明确问题性质，提高数据生产环节的效率；在成果汇交后，要保证汇交成果符合汇交要求，通过汇交检查后，成果可以顺利入库。

（三）数据入库

1. 数据入库流程

数据入库主要包括矢量数据、非空间数据、元数据等数据入库。具体流程见图 8-3-1。

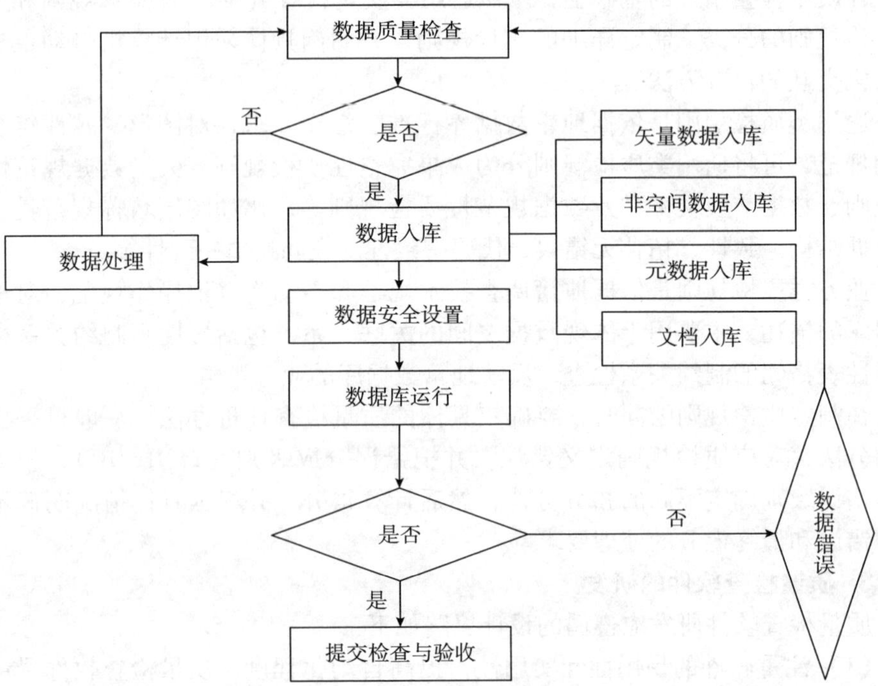

图 8-3-1　数据入库流程图

2. 数据整理入库

对收集到的数据成果，一是应进行数据检查，包括数据的完整性和一致性检查等；二是按照地籍数据汇交要求，进行语义一致性、数据类型规范性整理；三是对整理后的空间数据和非空间数据进行关联和整合，形成符合汇交要求的地籍数据成果。

（1）矢量数据入库。行政区、地籍区、地籍子区等数据，按数据库标准要求整合处理后入库。宗地（宗海）数据，按类型分层整理入库，包括集体土地所有权宗地、国有建设用地使用权、集体建设用地使用权、宅基地使用权、土地承包经营权等宗地层。房屋和其他定着物数据，与宗地关联关系后整理入库。

（2）非空间数据入库。宗地非空间数据、权利数据、权利人数据等，设置好相互之间关联关系后，整理入库。

（3）元数据入库。按照元数据信息填写的要求，填写元数据。

二、基于存量数据整合的地籍数据库建库

1. 整合对象

存量数据整合涉及的不动产登记信息整合的范围，包括土地所有权，建设用地使用权、宅基地使用权，房地产权，土地承包经营权、农用地使用权，林权，海域、无居民海岛使用权及构（建）筑物所有权、取水权等空间信息、登记簿及历史登记档案。整合对象分三种介质方式保存：

（1）电子登记信息。原不动产地籍调查和登记利用信息化手段完成，现存较为完好的地籍调查、不动产登记信息，建成电子登记信息数据库，已经形成了地籍调查数据库、电子登记簿和电子审批档案。

（2）电子档案。已经对原地籍调查、登记过程和登记结果按照相关档案管理的要求建成了登记档案数据库。并建立了档案索引。

（3）纸质档案。地籍调查成果、登记过程和登记结果信息还需以传统的纸质方式保存。

2. 整合入库步骤

（1）准备工作。做好对现有地籍调查、不动产登记信息的现状调查，分析对比现有数据执行的数据标准与地籍数据库标准，确定数据映射关系，以此为基础制定详细的实施方案和技术细则，做好人员培训，制定质量控制规范。

（2）规范化梳理。根据实施方案和技术细则，将现有的数据成果按照地籍数据库标准进行规范化梳理，主要包括语义一致性规范，解决同名异质和同质异名的问题；数据类型匹配，解决数据类型、小数点位数和数量单位不统一的问题；统一坐标系，在一个具体的地理范围内坐标参考不一致的问题；信息补

录，对于残缺的登记核心信息要进行补充完善，保证数据的完整性。

（3）数据逻辑关系重建。将规范化梳理后的数据成果，统一编制不动产单元代码，按照地籍数据库标准的要求，建立关联关系，并关联档案成果和电子扫描成果。

（4）数据入库。将按以上步骤处理好的数据成果按照地籍数据库标准的要求进行入库。

整合入库流程见图 8-3-2。

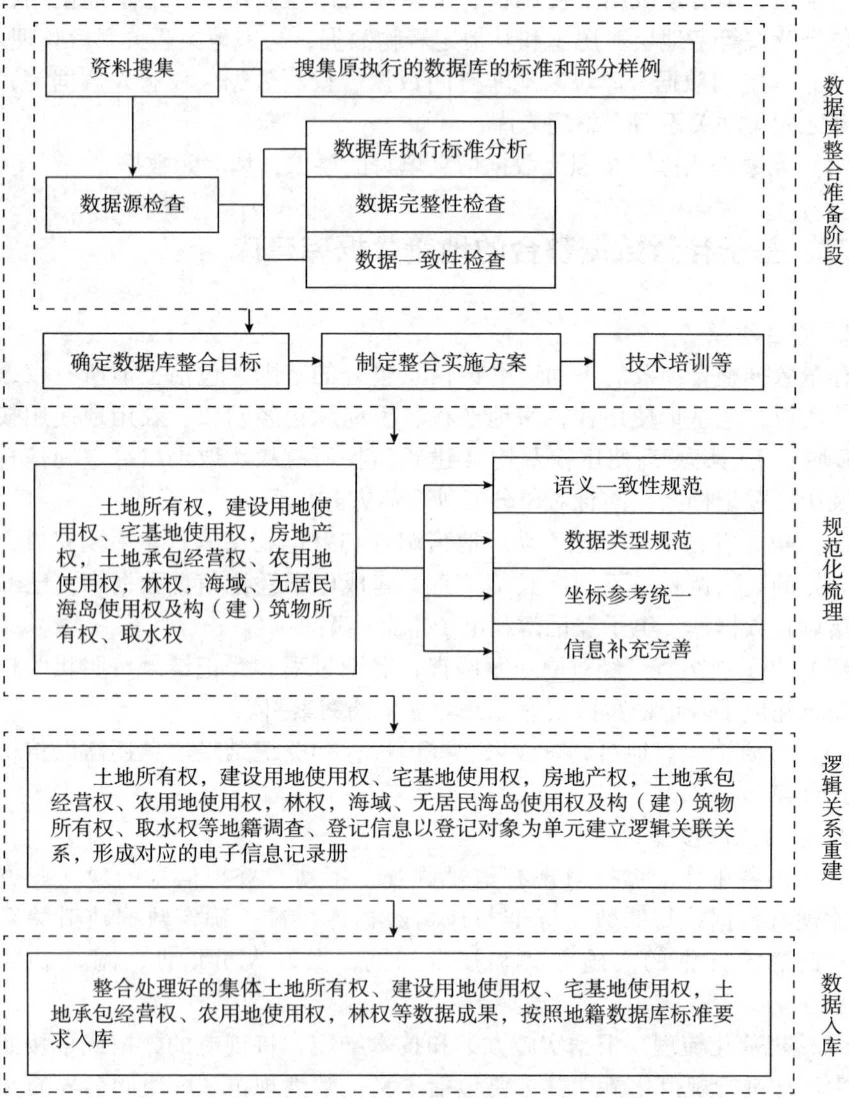

图 8-3-2　不动产地籍调查、登记信息整合建库程序图

三、基于地籍总调查的地籍数据库建库

为全面掌握特定区域内的全部土地、海域（含无居民海岛）及其定着物的信息，在充分利用已有地籍调查和确权登记成果，开展全覆盖的地籍调查，并将数据成果按照地籍数据库标准建设地籍数据库。地籍调查完成后，一般通过数据检查和入库，完成数据建库工作。

1. 数据处理和检核

对调查获取的空间数据，进行拓扑关系检查和拓扑错误的处理，确保空间数据不存在拓扑错误。

对调查获取的非空间数据，进行规范化属性字段和值域规范性检查等检查处理。

建立空间数据与属性数据的逻辑关系，确保逻辑关联关系正确。

2. 数据入库

按照地籍数据库文件命名规则、空间数据分层要求和属性数据库结构，将基础地理数据、宗地（宗海）数据、房屋和其他定着物数据、权利数据、权利人数据等进行数据整理、编码、入库，建立空间数据库和属性数据库，形成标准的数据交换文件、数据字典和元数据文件。

第四节　地籍数据库更新

一、地籍数据库更新的原则

为保证地籍数据库的现势性，需要对地籍数据库进行更新。地籍数据库更新须遵循以下原则。

1. 权威性

地籍数据库建成后，作为不动产管理的核心数据之一，不但记载了地籍调查的全部成果，还记载了经过不动产登记业务办理后的结果数据，是最权威最全面的地籍数据库。因此，对地籍数据库更新时还要继续保持数据内容的权威性，只有经过不动产登记机构审核后的地籍调查信息和经不动产登记机构办理过登记业务的信息才能更新地籍数据库。

2. 及时性

对地籍数据库的更新必须及时，没有特殊情况应该做到实时动态更新，保持数据的现势性。每一个涉及权利变动的不动产登记（首次、变更、转移、抵押、异议、查封等）后，都应该实时同步更新地籍数据库中的信息；对于涉及

不动产单元新增、分割、合并、灭失等须进行地籍变更调查的，经审核后应尽快入库，保持地籍数据库信息的现势性。

3. 准确性

对地籍数据库的更新，要进行必要的检核，保证地籍数据库中的信息与实际调查情况、登记状况保持一致，并且保持历史沿革的连续性，清晰记载不动产单元的前世今生。

4. 精度匹配

地理信息系统的空间数据的更新必须满足一定的精度要求（坐标参考、比例尺等），当和原始的空间数据进行叠加时，如果精度不匹配可能会导致更新无法进行等相关问题，因此在进行地籍数据更新的时候要保证精度匹配问题，确保更新前后精度不降低。

二、地籍数据库更新的方法

利用地籍总调查、定期更新调查、建设项目地籍调查、一般日常地籍调查以及不动产登记所产生的变更数据，涉及不动产单元新增、灭失、分割、合并及不动产客体属性、不动产权利、不动产主体属性等变化的，对已有数据库成果进行更新，准确反映两个时点的数据变化，实时记载不动产和权利的状况，保持地籍数据库成果的现势性，实现与不动产地籍调查、不动产统一登记的实时联动。数据库更新涉及空间要素、不动产权利、权利人、实际使用人及元数据。可以采取全量更新和增量更新两种策略。

1. 全量更新

全量更新是指利用新的数据全部替换原有的数据。

地籍数据库建设完成后，如对某种类型的不动产重新进行了地籍调查，并整合了原来不动产登记的数据成果，对于此部分内容可以进行全量更新。

行政区、地籍区、栅格数据、元数据等数据变化亦可采用全量更新的策略。

2. 增量更新

增量更新是指只对发生变化部分的数据进行更新。增量更新的更新方式灵活，工作量小，但是技术要求相对较高。对空间要素的增量更新，可采用空间数据交换文件来实现，推荐使用空间数据交换格式（VCT）来进行表达，也可以通过交换坐标信息和图形变化特征等进行表达。在与空间实体关联的属性表中，要记载变换前的信息和变化后的信息，并保证实体信息的完整性。对不动产权利、权利人等非空间数据更新，可采用数据交换文件包来实现，推荐使用 XML 进行表达，在交换的信息中要同时记载更新前信息和更新后的信息，并保证属性信息的完整性和历史关系。

第五节 地籍数据库管理系统

一、地籍数据库特点

地籍数据库具有多源性、多维性、空间拓扑性、动态性、海量性，以及具有法律效力等特征。多源性主要体现在存储数据源，包含了土地、海域、房屋、林权等各类登记数据，还包括各地地籍调查数据；多维性主要表现在数据的空间特征上，例如宗地的三维性，界址数据的二维性，高程数据的一维性等；空间拓扑性主要是指宗地、楼幢、房屋产生的各类面数据与面数据、面数据与线数据、面数据与点数据等之间的拓扑关系，同时还表现在地籍数据库中空间几何数据、正射影像数据、数字地面模型、属性数据、文档数据、扫描图像数据、多媒体数据等，数据间的关系需要满足拓扑对应关系，需要形成有机的整体；动态性主要是指地籍数据是处于动态变化状态，需要实时更新；海量性主要是体现在数据量大，全国宗地和图斑数量达亿级，实时处理分析难度大；地籍调查形成的地籍数据具有法律效力，经注册登记的不动产权利受到法律的保护。

二、地籍数据库管理系统建设原则

1. 实用性原则

系统建设应围绕日常业务特点和业务流程，设计操作简便、结构合理、运转流畅，能切实提高数据管理和应用效率的系统。

2. 稳定性原则

按照软件工程的要求进行质量控制，在系统功能和流程设计上要充分考虑容错能力，在系统可能出现软硬件故障的情况下，能保障数据的安全。

3. 易操作性原则

方便易学、易于操作，可实现全菜单式处理和各种快捷键操作。

4. 安全性原则

系统应建立完备的网络信息安全体系，包括设施安全、网络安全、数据库安全、应用安全以及安全管理等多个方面。形成相对独立的安全机制，能够有效防止系统外部的非法访问，应实现方便的操作控制和存取控制，提供便捷数据备份和恢复能力。

5. 先进性与开放性原则

在系统的总体架构上，采用成熟、可靠、先进的技术，选用主流的网络环境、硬件产品和软件平台，系统应具有一定的灵活性，便于业务功能扩展和软硬件升级等。

三、地籍数据库管理系统建设要求

1. 以业务为中心

地籍数据库管理系统应当以业务为导向，与关键业务流程相适应、与管理需求保持一致。地籍数据库管理系统的功能设计和软件开发应以实用为出发点，最大程度的满足地籍数据管理和应用的需求，切实解决实际工作中存在的问题。界面友好、易于使用、便于管理维护、数据更新快捷，既具有优化的系统结构和完善的数据库系统，又具有与其他平台数据共享、协同工作的能力。

2. 遵循相关制度和技术规范

地籍数据涉及基础地理要素信息和不动产权利信息，需要遵循信息技术安全、系统设计和自然资源管理相关的要求，确保管理系统能够符合相关法律制度和技术标准规范的要求。

3. 海量地籍数据一体化管理、处理和共享能力

利用大数据、云计算、人工智能等新的技术，能够实现多源异构海量地籍数据一体化存储管理、高效数据处理分析和便捷多部门共享功能，为相关管理和决策提供有效支撑。

四、地籍数据库管理系统基本架构

地籍数据库管理系统以计算机技术与网络通信技术为依托，以信息化标准、流程规范和安全体系为保障，以地籍调查和登记数据为基础，以日常业务办理联动更新地籍基础数据库，构建互联互通、数据共享的地籍调查、不动产登记、数据应用服务的系统框架。

1. 基础设施层

基础设施层是指系统运行的基础环境，包括服务器、操作系统等软硬件环境和网络环境。

2. 数据资源层

数据资源层核心是地籍数据库，主要包括登记成果数据、地籍调查数据、电子档案数据、基础地理数据、高清影像数据等数据资源。按照云服务模式和云架构建立共享资源池，形成可按需动态扩展大容量存储环境和共享服务。

3. 支撑应用层

支撑层是地籍数据库管理系统的核心，包括业务审批表单、业务流程、业务规则、数据字典的规定和构建，支持登记中心、地籍调查机构、权利人办理相关业务的应用功能。

4. 保障体系层

包括安全系统和信息化制度、标准规范。安全系统是数据管理和系统稳定运行的保障，包括基础设施安全、数据安全、数据传输安全和应用安全等。

五、地籍数据库管理系统主要功能

1. 数据管理功能

地籍数据库管理系统的数据管理功能主要是指对地籍数据库各种数据的管理与维护功能及历史数据的储存管理功能，包括各类空间图形数据、属性数据、数据结构、数据字典、元数据等的管理、维护、备份、恢复等。

2. 数据处理功能

数据处理功能包括数据转换、数据编辑、逻辑一致性检查、拓扑一致性检查等数据规范化整理功能。具体包括空间参考转换和统一、不同格式数据输入与转换、空间数据和属性数据编辑、不同要素图层内和图层间逻辑一致性和空间拓扑一致性检查和处理等功能。

3. 数据导入导出功能

数据的导入功能包括现有数据、调查获取数据、业务生成数据等数据的导入。数据的导出功能包括图形数据和属性数据的导出。

4. 统计分析功能

地籍数据的统计分析功能主要包括设定统计数据范围、空间范围、时间跨度，确定统计指标，形成统计结果，生成统计报表和统计图等。

5. 综合决策分析功能

地籍数据综合决策分析功能主要包括空间现状格局分析、变化预测模拟分析、典型问题诊断等，需综合开展空间叠加分析、关联分析、缓冲区分析、热点分析等空间统计分析。

6. 数据服务发布功能

数据服务发布可提供数据分类、关键词检索、数据关联等多种数据发现模式，同时提供在线下载、应用程序编程接口访问等多种数据获取模式，支持多格式数据在线查看、预览和查询。

7. 系统维护功能

系统维护功能主要包括用户管理、角色管理、数据备份、数据字典维护等。

第九章 自然资源地籍调查

第一节 概 述

一、自然资源地籍调查和自然资源统一确权登记

《自然资源统一确权登记暂行办法》（自然资发〔2019〕116号）第二十四条明确规定："开展自然资源权籍调查，绘制自然资源权籍图和自然资源登记簿附图，划清全民所有和集体所有的边界以及不同集体所有者的边界；依据分级行使国家所有权体制改革成果，划清全民所有、不同层级政府行使所有权的边界。"第二十五条规定："登记机构依据自然资源权籍调查成果和相关审批文件，结合国土空间规划明确的用途、划定的生态保护红线等管制要求或政策性文件以及不动产登记结果资料等，会同相关部门对登记的内容进行审核。"

因此，自然资源地籍调查成果是自然资源确权登记的依据和基础，自然资源统一确权登记成果的获取途径来源于自然资源地籍调查。换言之，自然资源地籍调查是支撑自然资源确权登记的核心环节和基础性工作，为自然资源管理和履行"两统一"职责提供数据支撑。

随着与国外"大地籍"理念的深入融合，"自然资源权籍调查"逐步回归到"自然资源地籍调查"。

二、调查程序和内容

1. 调查程序

自然资源地籍调查工作程序为准备工作、预划登记单元、权属调查、自然状况调查、公共管制调查、调查成果核实、调查成果编制、成果检查入库等。

2. 调查内容

依据《自然资源统一确权登记暂行办法》相关规定，自然资源地籍调查的内容主要包括以下三个部分：

（1）权属状况。以不动产登记成果为基础，结合全民所有自然资源资产清

单划定成果，查清自然资源登记单元权属状况、界址，登记单元内所有权、相关不动产权利及许可等信息。

（2）自然状况。采用全国国土调查和自然资源专项调查成果，查清自然资源的坐落、空间范围、面积、类型以及数量、质量等自然状况。

（3）公共管制状况。采用国土空间规划明确的用途管制范围、生态保护红线、特殊保护区范围线等管理管制成果，查清自然资源登记单元内相关公共管制要求。

三、工作依据和技术方法

1. 工作依据

（1）《自然资源统一确权登记暂行办法》。

（2）《自然资源确权登记操作指南（试行）》。

（3）《自然资源地籍数据库标准》。

（4）《自然资源地籍调查成果汇交要求》。

（5）《自然资源地籍数据库核查规则》。

（6）《自然资源地籍调查成果外业核查技术规定》。

2. 技术方法

自然资源地籍调查主要采用“内业为主、外业为辅”的内外业相结合的方法。针对不同的调查内容，方法有所差异，且不同类型自然资源的调查方法也不尽相同。

四、调查单元和界址点编号

1. 调查单元

自然资源地籍调查的基本单元是自然资源登记单元。自然资源登记单元划定和代码编制规则详见本章第二节。

2. 界址点编号

自然资源登记单元界址点号的编制要求如下：①应对登记单元界址点统一编号，并保证界址点号唯一；②以登记单元为单位，在工作底图上，从左上角按顺时针方向，从“1”开始顺序编制界址点号，解析界址点前加“J”，图解界址点前加“T”，如J1、J2、T3、T4、J5、…；③界址变更后，新增界址点号在登记单元范围内最大界址点号后续编，废弃的界址点号不再使用。

为了方便调查任务的开展，界址点号为调查作业时的界址点编号，界址点统一编号为数据入库后以登记单元为单位的统一编号。

五、调查成果核实的方法和内容

（一）核实方法

应充分利用不动产登记、自然保护地管理或保护审批，以及国土调查和专项调查等有效的相关已有成果，采用内外业结合的方式开展核实工作，并完成调查成果核实表的填写。必要时，同步开展相关地籍调查和不动产登记工作。

（二）核实内容和处理方法

调查成果核实内容主要包括自然资源登记单元界线，登记单元内所有权界线、相关权利和许可信息，不同类型自然资源之间的边界、公共管制信息，以及调查记事表中记载的疑问或问题。

1. 登记单元界线核实

（1）核实内容。重点核实各类自然资源登记单元界线是否分别依据有效的相关来源材料，按照单元划定的要求划定。对于国家公园、自然保护区、自然公园等各类自然保护地，核实调查成果中登记单元界线是否按照整合优化后的自然保护地审批范围界线确定；无优化整合审批范围界线的，是否按照自然保护地最大的管理或保护审批范围界线划定。对于水流登记单元，核实调查成果中的登记单元界线是否依据全国国土调查和水资源专项调查成果，以河流、湖泊管理范围为基础，结合堤防、水域岸线划定。对于湿地登记单元，核实调查成果中的登记单元界线与全国国土调查成果和湿地专项调查成果的湿地资源类型界线是否一致。

对于森林、草原、荒地等自然资源登记单元，核实调查成果中登记单元界线是否完整包括森林、草原、荒地等自然资源，是否以全民所有为主划定。对于海域登记单元，核实调查成果中的登记单元界线与省级人民政府批准的最新海岸线修测成果、国务院批准的省县两级海域行政区域界线以及领海外部界限是否一致。对于无居民海岛登记单元，核实调查成果中的登记单元界线与全国海域海岛地名普查成果是否一致。对于探明储量的矿产资源登记单元，核实调查成果中的登记单元界线与储量数据库导出的矿区范围、储量评审备案文件确定的矿产资源储量估算范围、国家出资探明矿产地清理结果认定的矿产地范围是否一致。

（2）核实结果处理。经核实与实际情况不一致的，应根据登记单元界线来源相关资料，结合影像和实地情况，予以标注并提出纠正建议，在《自然资源地籍调查技术要求》（附录B）调查成果核实表的“登记单元界线核实情况”栏中填写核实情况说明与调整建议。核实无误的，以现有成果为准，在调查成果核实表的“登记单元界线核实情况”栏中按照填写说明要求填写相关内容。

2. 登记单元内权属状况核实

（1）核实内容。重点核实登记单元内所有权界线是否与集体土地所有权登记成果一致，登记单元内相关权利、许可信息关联的图上位置与实际位置是否发生偏移。

（2）核实结果处理。根据不动产登记成果，以自然资源登记单元为单位，采用内外业相结合的方法对调查成果中的权属界线进行核实，并将核实结果填写到调查成果核实表中。需要注意的是，在核实登记单元内所有权界线与集体土地所有权登记成果一致性时，原则上，集体土地所有权登记的权属界线不得调整；但存在确属征地等原因导致所有权发生变化未及时开展变更登记，或已有登记结果确有错误时，应酌情分别处理。

若核实发现单元内所有权界线与集体土地所有权登记成果不一致的，在调查成果核实表的“登记单元内权属状况核实情况”栏中填写核实情况说明与纠正建议。

若核实发现属征地等原因导致所有权发生变化的，可依据征地等资料调整所有权界线，在调查成果核实表的“登记单元内权属状况核实情况”栏中填写纠正情况说明。属地登记机构应同步开展不动产变更登记或注销登记。

对调查记事表记载的集体土地所有权登记错误内容或核实中发现的登记错误，应及时组织开展地籍调查，形成调查成果，并将核实调查情况填写到调查成果核实表的“登记单元内权属状况核实情况”栏中。属地登记机构应同步开展不动产更正登记。

登记单元内相关权利和许可信息核实工作中，与不对具体登记及许可内容进行核实，只对初步调查成果中的图上位置与实际位置是否发生偏移进行核实。发生偏移的，予以标注并提出纠正建议，在调查成果核实表的“登记单元内权属状况核实情况”栏中填写核实情况说明与纠正建议。

核实无误的，以现有成果为准，在调查成果核实表的“登记单元内权属状况核实情况”栏中按照填写说明要求填写相关内容。

3. 自然资源类型和公共管制情况核实

由于自然资源类型和公共管制信息为自动关联和提取信息，原则上不对两类信息进行内外业核实。主要核实是否存在信息漏提或错提情况。

六、数学基础和调查精度

1. 数学基础

（1）坐标系统与投影方法。采用“2000 国家大地坐标系”（CGCS2000）；

选用高斯-克吕格投影统一 3 °带的平面直角坐标系统。

（2）高程基准。采用“1985 国家高程基准”。

（3）比例尺。比例尺应不低于 1∶10000。

2. 精度要求

图解法获取界址点坐标和界址边长时，相邻界址点的间距误差不大于图上 0.3mm，图上允许误差 0.6mm；界址点相对于临近控制点的点位误差不大于图上 0.3mm，图上允许误差 0.6mm；界址点相对于邻近地物点的间距误差不大于图上 0.3mm，图上允许误差 0.6mm。

解析法获取界址点坐标和界址边长时，界址点相对于临近控制点的点位误差和相邻界址点间的间距误差不大于±0.10m，允许误差不大于±0.20m。

七、成果图件

1. 自然资源登记单元图

自然资源登记单元图是自然资源登记簿的附图，也是自然资源统一确权登记公告的内容之一。

自然资源登记单元图应以自然资源地籍图为基础，结合自然资源登记单元大小、形状选取合适比例尺和幅面，采用数字编绘法编绘而成。与自然资源地籍图相比，自然资源登记单元图以自然资源登记单元为单位，可更为集中、具体地表达某个自然资源登记单元的相关信息。

对于面积较大或横跨多个县级行政区的自然保护地、水流等自然资源登记单元，其登记单元图可适当缩小比例尺或分幅编制。分幅编制时，其整饰要求参照自然资源地籍图相关样式。

自然资源登记单元图具体编制要求见本章第七节。

2. 自然资源地籍图

自然资源地籍图是分幅编制的涉及一个或多个自然资源登记单元的全部或部分区域的图件。

自然资源地籍图是以工作底图为基础，根据自然资源地籍调查成果，采用数字编绘法编绘而成。自然资源地籍图可根据工作需要制作。

自然资源地籍图采用分幅表示，分幅与编号参照《地籍调查规程》相关规定执行。具体编制要求见本章第七节。

3. 自然资源专题图

自然资源专题图是以工作底图为基础，根据自然资源地籍调查成果，以权属、自然资源类型、公共管制等为专题，采用数字编绘法编绘而成。自然资源专题图可根据工作需要制作。

第二节　自然资源登记单元划定与编码

一、自然资源登记单元划定

（一）基本原则

1. 坚持资源公有、物权法定

坚持自然资源社会主义公有制，即自然资源属于国家所有或集体所有，以自然资源所有权范围为基础划定，并与已登记的不动产物权边界做好衔接。不同行使主体的自然资源或生态空间，应分别划定登记单元。

2. 坚持集中连片，保持生态功能完整性

按照不同自然资源种类和在生态、经济、国防等方面的重要程度以及相对完整的生态功能、集中连片等因素划定。

3. 坚持应划尽划、不重不漏

全部国土空间的国有自然资源以及自然保护地等自然生态空间内涉及的集体所有自然资源，符合自然资源登记单元条件的，均应划为自然资源登记单元，做到应划尽划，没有遗漏。自然资源登记单元范围相重叠的，应按照优先顺序划定，防止重叠。

（二）登记单元的类型

自然资源登记单元应划分为以下类型。

1. 海域登记单元

登记单元内的海域全部为国家所有。

2. 无居民海岛登记单元

登记单元内自然资源全部为国家所有。

3. 自然保护地登记单元

包括国家公园、自然保护区、自然公园登记单元等。登记单元内一般包含有多种类型、多种所有权形式的自然资源。

4. 水流登记单元

登记单元内可能会包括多种所有权形式，以国家所有为主。

5. 国务院确定的重点国有林区登记单元

登记单元内可能包括多种类型的自然资源，或包含自然保护区、自然公园等自然保护地的，全部森林资源均为中央政府直接行使所有权。

6. 湿地、森林、草原、荒地等自然资源登记单元

登记单元内自然资源以国家所有为主。

7. 探明储量的矿产资源登记单元

探明储量指经过地质勘查和可行性评价工作所获得的已发现的矿产资源蕴藏量，包括资源储量类型 333 以上的固体矿产资源储量和油气（含石油、天然气、页岩气、煤层气）、地热、矿泉水的探明储量。登记单元内矿产资源全部为国家所有。

（三）登记单元划定的顺序

自然资源登记单元宜按照以下顺序划定：

（1）海域和无居民海岛登记单元。

（2）国家公园登记单元。

（3）国务院确定的重点国有林区登记单元。

（4）除国家公园以外的其他类型自然保护地登记单元。

（5）水流登记单元。

（6）湿地、森林、草原、荒地等单项国有自然资源登记单元。

（7）探明储量的矿产资源登记单元。

（四）登记单元划定方法

同一个登记单元内的国有自然资源，只能包含一个所有权直接行使主体或代理行使主体。在登记单元内，仍然要保留各类所有权权属界线、地类图斑线、行政区界线。

1. 海域登记单元

登记机构对我国内水和领海划定登记单元。

（1）海域登记单元依据沿海县（市）行政管辖界线，自海岸线起至领海外部界限划定登记单元。

（2）海域登记单元范围内的自然保护地、湿地、探明储量的矿产资源等，不再单独划定登记单元，需在自然资源登记簿记载自然保护地、湿地、探明储量的矿产资源的范围、类型、数量等内容。

（3）登记单元划定要充分利用海域勘界成果。原则上由海岸线、省县两级海域行政区域界线、领海外部界限划定，并扣除位于其中的海岛。对于利用现有成果需延长部分界线才能形成封闭单元的，延长线可根据海域管理实际和传统习惯临时确定。待海域勘界完成后，对于界线不一致的，开展变更登记，使界线保持一致。

（4）省（自治区、直辖市）管辖海域以外的其他海域登记单元，依据各省（自治区、直辖市）管辖海域界线、领海外部界限划定，并扣除位于其中的海岛。渤海中部海域单独划定登记单元。

（5）海岸线依据省级人民政府批准的最新海岸线修测成果进行调整。

2. 无居民海岛登记单元

登记机构对我国无居民海岛划分登记单元。

（1）无居民海岛按照“一岛一登”的原则，单独划定自然资源登记单元，进行整岛登记。无居民海岛登记单元内的各类自然资源不再单独划定登记单元，按照资源类型在登记簿中进行记载。

（2）无居民海岛登记单元依据海岛岸线封闭的空间范围划定。

（3）位于自然保护区、自然公园等自然保护地内的无居民海岛，应单独划定为无居民海岛登记单元，同时在自然资源登记簿中备注所属自然保护地的信息。

3. 自然保护地登记单元

登记机构依据自然保护地管理或保护审批部门提供的管理或保护审批范围界线划定自然保护地登记单元。

（1）国家批准的国家公园、自然保护区、自然公园等各类自然保护地优先作为独立登记单元划定，但位于国务院确定的重点国有林区内的自然保护区、自然公园除外，确保国务院确定的重点国有林区登记单元的完整性，但数据库中仍需保留自然保护地的管理或保护审批界线。

（2）多个独立不相连的自然保护地，宜分别划定自然保护地登记单元。

（3）同一区域内存在管理或保护审批范围界线交叉或重叠时，按照整合优化后的自然保护地审批范围界线划定登记单元；无整合优化审批范围界线的，将其合并后取最大的管理或保护范围界线划定登记单元，但在数据库中保留原审批的各相关范围线。

（4）登记范围内存在集体所有自然资源的，应当一并划入登记单元，并在登记簿上对集体所有自然资源的主体、范围、面积等情况予以记载。

4. 水流登记单元

水流登记单元以河流、湖泊、水库等为单位划定。

（1）水流登记单元依据全国国土调查成果和水资源专项调查成果，以河流、湖泊管理范围为基础，结合堤防、水域岸线划定。

（2）有堤防的河流、湖泊、水库，原则上在堤防和护堤地一定范围内划定登记单元界线；无堤防的，原则上在设计洪水位范围内、以地方政府确认的水域岸线划定登记单元界线。但登记单元界线要避免与城镇开发边界红线交叉，并尽量避让永久基本农田保护红线。

（3）河流的干流、支流，可以分别划定登记单元，也可以整体划定登记单元。

（4）大江、大河、大湖应当单独划分水流登记单元；湖泊与其相连的河流，水库与其相连的河流可以分别划分登记单元。

（5）跨境河流、湖泊应以国境线为依据，划分水流登记单元。

（6）河流干流与支流、支流与支流的交界处，宜以高一级水系的堤防走向或水流方向，将交界处划入高一级水流登记单元。

（7）当水流穿过国家批准的自然保护地登记单元时，应保持自然保护地登记单元的完整性；穿过非国家批准的自然保护地登记单元时，应结合实际保护情况，尽量保持重要河流生态空间的完整性；当水流穿过其他类型登记单元时，应保持水流登记单元的完整性。

（8）跨行政区域的湖泊或水库，应当整体划分为一个登记单元。

（9）河流与海水的交界处，以海岸线作为登记单元界线。

（10）冰川及永久性积雪可以单独划定登记单元。

5. 国务院确定的重点国有林区登记单元

国务院确定的重点国有林区，以国家批准的范围界线为依据单独划定自然资源登记单元。登记单元与自然保护地发生重叠的，登记簿记载层级最高的所有权行使主体。

6. 湿地、森林、草原、荒地等自然资源登记单元

登记机构对登记管辖范围内尚未开展自然资源确权登记的湿地、森林、草原、荒地资源划分登记单元。

（1）以湿地作为独立自然资源登记单元的，依据全国国土调查成果和湿地专项调查成果，按照自然资源边界划定登记单元。

（2）滩涂资源不单独划定登记单元，全国国土调查已经调查为沿海滩涂和内陆滩涂的，沿海滩涂并入滨海湿地登记单元（已纳入海域登记单元和无居民海岛登记单元的除外），内陆滩涂并入内陆湿地登记单元。

（3）森林登记单元、草原登记单元、荒地登记单元原则上应当以土地所有权为基础，按照国家土地所有权权属界线封闭的空间划定。

（4）已纳入自然保护地、水流、国务院确定的重点国有林区等自然资源登记单元的湿地、森林、草原、荒地，不再单独划定登记单元。

湿地、森林、草原、荒地集中连片的，可以在保持生态功能完整性的基础上，整体划分登记单元。登记单元类型以单元内主要自然资源类型确定，登记簿中记载单元内各类自然资源状况。为保持生态功能完整性，将湿地、森林、草原、荒地整体划为一个登记单元的，其中的森林、草原、荒地资源原则上以国家所有为主；确实无法避开的，也可将集体所有部分纳入登记单元。

7. 探明储量的矿产资源登记单元

登记机构对属于国家所有的探明储量的矿产资源划分登记单元。

（1）探明储量的矿产资源，固体矿产以矿区、油气以油气田划分登记单元。若矿业权整合包含或跨越多个矿区的，以矿业权整合后的区域为一个登记单元。

（2）登记单元的边界，以现有的储量登记库及储量统计库导出的矿区范围，储量评审备案文件确定的矿产资源储量估算范围，以及国家出资探明矿产地清理结果认定的矿产地范围在空间上套合确定。

存在不同阶段、不同时期、不同区域的多个储量估算范围，并均已经过有关储量机关审批（认定）、备案的，以包含多个储量估算范围的相对规整的范围作为登记单元的边界。

（3）国家公园、自然保护区、自然公园等各类自然保护地登记单元内的矿产资源，与自然保护地代表或代理行使主体一致的，不再单独划定登记单元，通过分层标注的方式在登记簿上记载探明储量矿产资源的范围、类型、储量等内容。

二、自然资源登记单元编码

（一）自然资源登记单元代码结构

按照每个自然资源登记单元应具有唯一编码的要求，依据《信息分类和编码的基本原则与方法》规定的信息分类和编码的基本原则与方法，自然资源登记单元编码采用三层15位层次码结构（表9-2-1；图9-2-1），分述如下：

表9-2-1　自然资源登记单元代码层次表

层级	第一层	第二层		第三层
代码含义	登记单元所在行政区划代码	自然资源特征码		登记单元顺序号
		首次登记机构级别代码	自然资源登记单元类型代码	
代码值	000001～999999	1～4	00～99	000001～999999

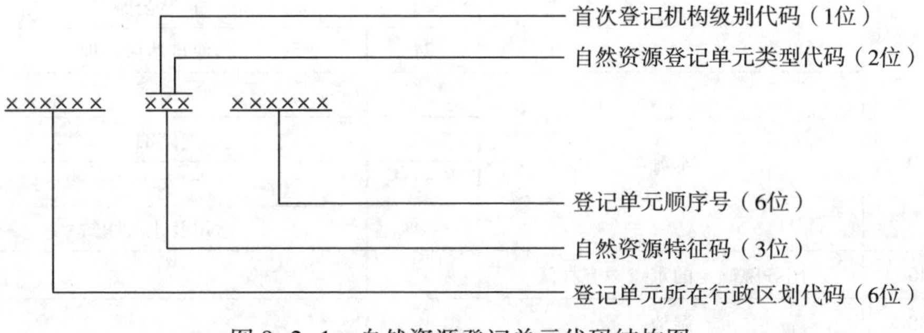

图9-2-1　自然资源登记单元代码结构图

（1）第一层次为县级行政区划代码，码长6位，采用《中华人民共和国行政区划代码》中规定的数字代码。行政区划代码应采用登记单元所在地县级行政区划代码；对于登记单元跨行政区的，行政区划代码可采用共同的上一级行政区划代码；跨省级行政区的，行政区划代码可采用“860000”表示。

（2）第二层次为自然资源特征码，由首次登记机构级别代码和自然资源登记单元类型代码依次组成，码长为 3 位。

首次登记机构级别代码，码长为 1 位，码值为 1～4，代码值及含义见表 9-2-2。

表 9-2-2　首次登记机构级别代码表

编码	登记机构级别
1	国家级
2	省　级
3	市　级
4	县　级

自然资源登记单元类型代码，码长为 2 位，码值为 00～99，代码值及含义见表 9-2-3。

表 9-2-3　自然资源登记单元类型代码表

一级类		二级类	
编码	名称	编码	名称
00	海域	/	/
10	无居民海岛	11	领海基点所在海岛
		12	其他海岛
20	自然保护地	21	国家公园
		22	自然保护区
		23	自然公园
		24	其他自然保护地
30	水流	31	河流
		32	湖泊
		33	水库
		34	冰川及永久积雪
40	国务院确定的重点国有林区	/	/
50	湿地	/	/
60	森林	/	/
70	草原	/	/
80	荒地	/	/
90	探明储量的矿产资源	/	/

（3）第三层次为自然资源登记单元顺序号，码长 6 位，码值为“000001~999999”，在行政区划内相应的自然资源特征码后顺序编号。

（二）编码表示方法

自然资源登记单元代码采用分段表示方法（图 9-2-2），具体如下：

（1）第一段表示县级及以上行政区划代码。

（2）第二段表示自然资源特征码，由首次登记机构级别代码和自然资源登记单元类型代码依次组成。

（3）第三段表示登记单元顺序号。

（4）登记单元代码在表示时，段与段之间可用全角字符“空格”进行分隔，“空格”不占用登记单元代码的位数。自然资源登记单元代码在数据库中存储时，不应包含任何形式的“空格”。

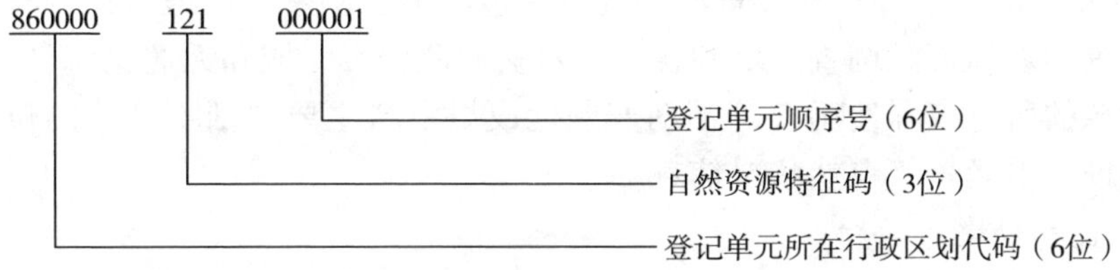

图 9-2-2　自然资源登记单元代码分段示意图（跨省）

（三）编码变更规则

1. 行政区划代码变更规则

县级行政区划代码按照《中华人民共和国行政区划代码》的规定变更。

2. 登记单元编号变更规则

（1）自然资源特征码未变更但界线变更的，在登记单元所在的行政区范围内，登记单元顺序号在相应的自然资源特征码的最大登记单元顺序号后续编，形成新的登记单元编号，原登记单元编号不再使用。

（2）自然资源特征码变更但界线未变更的，在行政区范围内，首先确定新的自然资源特征码，登记单元顺序号应在新自然资源特征码的最大登记单元顺序号后续编，形成新的登记单元编号，原登记单元编号不再使用。

（3）自然资源特征码变更且界线变更的，在登记单元所在的行政区范围内，首先确定新的自然资源特征码和界线，登记单元顺序号应在新自然资源特征码的最大登记单元顺序号后续编，形成新的登记单元编号，原登记单元编号不再使用。

（4）登记单元灭失或已注销登记的，其原登记单元编号不再使用。

第三节　准 备 阶 段

一、资料收集与处理

1. 收集资料

所需收集的资料主要涉及自然资源、生态环境、水利、农业农村、林草等部门，包括各类基础数据、各类资源调查成果、各类资源的所有权和使用权等不动产登记成果、各部门的公共管制资料和特殊保护规定等资料、自然保护地管理或审批资料，河流、湖泊等水流的堤防、水域岸线和管理范围资料，矿产资源储量估算范围等。其中，基础数据包括正射影像图、高分辨率遥感影像（优于1m分辨率）等；各类资源调查成果包括国土调查、湿地资源调查、草地资源调查、森林资源调查、水利普查、水资源调查、海域和无居民海岛调查等；各类资源的所有权和使用权等不动产登记成果资料主要包括不动产的位置、面积、界址、单元号等自然状况信息。

2. 资料处理

（1）纸质图件的矢量化。将纸质图件扫描后进行校正、配准、矢量化。各类界线无纸质或电子图形，仅用文字描述其主要拐点位置的，先将拐点落到图上，以拐点连线的方式生成矢量化成果。

（2）数据格式转换。对收集到的不同数据格式的电子图件数据，需将其转换成统一的数据格式。

（3）坐标系转换。图件原为1954年北京坐标系、1980西安坐标系、WGS-84坐标系的，需全部转换成CGCS2000坐标系。

经过以上处理，收集到的不同介质、不同数据格式、不同坐标系的所有的地图资料均具有相同的数据格式和坐标系，且都是矢量数据。

二、编制工作底图

针对不同自然资源登记单元类型，以不低于1∶10000的最新正射影像图为基础，叠加国土调查成果、自然资源专项调查成果、农村集体土地所有权确权登记成果中的集体土地所有权权属界线、国有土地使用权登记成果中的国有土地使用权权属界线，以及其他相关界线，制作自然资源地籍调查工作底图。其中，涉及自然保护地的，应叠加自然保护地管理或保护审批范围界线；涉及水流的，应叠加管理范围线、堤防线、征地范围线，水库正常蓄水位线和洪水位线等；涉及国务院确定的重点国有林区的，应叠加全国林地一张图林地界线成果数据，国家批准的重点国有林区界线；涉及海域的，应叠加领海外部界限，全国海域勘界成果中的省县两级海域行政区域界线，全国海岸线修测成果岸线，自然保护地范围界线，海域使用权权属界线，无居民海岛岸线等；涉及无居民海岛的，应叠加无居民海岛岸线，领海基线及领海外部界限，海域行政管理界线，自然保护地范围界线，无居民海岛的使用权属边界线。

三、预划登记单元

按照自然资源登记单元划定的相关规定预划登记单元。按照《自然资源登记单元代码编制规则》编制登记单元代码。

第四节　自然资源权属调查

一、权属调查的内容

权属调查包括权属状况调查和界址调查。

1. 权属状况调查

（1）登记单元的基本状况调查。包括自然资源登记单元号、登记单元名称、坐落、四至等。

（2）登记单元权属状况调查。包括自然资源所有权主体、所有权代表行使主体、所有权权利行使方式。其中，直接行使的，调查行使内容；代理行使的，调查代理行使主体和代理行使内容。

（3）登记单元内所有权状况调查。包括登记单元内集体土地所有权宗地的权利人、权利性质、空间范围等权属状况，以及权属争议界线等。

（4）登记单元内相关不动产权利及许可信息调查。包括不动产单元号、不动产权利类型、登记时间、登记机构等，以及登记单元内相关许可信息，主要包括取水许可证号、取水权人、取水地点、取水量、有效期限、审批机关；排污许可证号、单位名称、污染物种类、排放浓度限值、有效期限、发证机关；勘查/采矿许可证号、探矿/采矿权人、地址、开采矿种、勘查/矿区面积、有效期限、发证机关等。

2. 界址调查

界址调查是指对自然资源登记单元界线开展的调查工作。界址调查包括指界、界标设置等工作。

二、权属调查的方法

自然资源权属调查主要采用“内业为主、外业为辅”的内外业相结合的方式开展，并将调查成果填写到《自然资源地籍调查技术要求》（附录 A）地籍调查初表相应部分。

权属调查包括权属状况调查和界址调查，遵循充分利用已有相关资料，尽量减少非必要的外业调查的原则开展。

1. 权属状况调查方法

权属状况调查是以不动产登记成果和自然资源登记单元已有权属来源资料为基础，结合全民所有自然资源资产清单划定成果，以及相关许可信息，获取自然资源登记单元的基本状况和权属状况，登记单元内所有权状况，以及登记单元内相关不动产登记及许可信息。对于内业无法确认或缺少相关来源资料的，应开展外业实地调查。

（1）对于登记单元权属状况调查，应根据权属来源资料和相关的政策法规确定自然资源所有权主体、所有权代表行使主体、所有权权利行使方式。其中，直接行使的，调查行使内容；代理行使的，调查代理行使主体和代理行使内容。

（2）对于登记单元内所有权状况调查，应以集体土地所有权登记成果为依据，获取登记单元内集体土地所有权宗地的权利人、权利性质、空间范围等权属状况，以及权属争议界线等。若发现可能登记错误的情况，如将河流登记为集体所有的，应填写调查记事表。权属争议无法解决的，参照《地籍调查规程》相关规定，填写权属争议原由书并签字盖章。

（3）对于登记单元内相关不动产权利及许可信息调查，应通过不动产登记数据库，将登记单元内集体土地所有权和国有土地、海域上的不动产登记信息与登记单元进行关联，关联信息包括不动产单元号、不动产权利类型、登记时间、登记机构等。通过取水许可、排污许可、勘查和采矿许可信息关联，获取登记单元内相关许可信息，主要包括取水许可证号、取水权人、取水地点、取水量、有效期限、审批机关；排污许可证号、单位名称、污染物种类、排放浓度限值、有效期限、发证机关；勘查/采矿许可证号、探矿/采矿权人、地址、开采矿种、勘查/矿区面积、有效期限、发证机关等。

调查过程中，无法确认或存在疑义的内容，在调查记事表中填写情况说明及建议，必要时应附由权利人提供的相关证明材料的复印件。

2. 界址调查方法

对于界址调查，是否需要指界可根据实际情况确定。

（1）在国土调查、专项调查、地籍调查、土地勘测定界等工作中对重要界址点已经指界确认的，不需要重复指界。

（2）对于登记单元界线来源资料合法、界址明确的，以及因工作底图比例尺或精度原因造成登记单元界线与实际位置偏差的，不需要进行界址调查。

除上述情况以外，因自然资源登记单元界线来源资料缺失、不完整等原因，内业无法确定的界址点和界址线，以及存在可能影响界址线走向、容易引起纠纷等情形的重要界址点，应参照《地籍调查规程》开展界址调查。

第五节　自然状况和公共管制调查

一、自然状况调查

（一）总体要求

应充分利用国土调查、各类自然资源专项调查等调查成果，通过内业图层叠加，直接提取相应地类图斑，形成水流、湿地、森林、草原、荒地等各类自然资源类型界线，获取登记单元内自然资源的类型、面积、包含图斑数量等。

针对不同类型的自然资源，依据各类自然资源专项调查成果，获取自然资源质量等专项自然状况信息。

海域和无居民海岛登记单元内需要调查登记范围内的自然保护地、湿地、探明储量的矿产资源以及其他自然资源的自然状况。

将调查成果填写到地籍调查初表相应部分。

（二）调查内容及方法

1. 水流

（1）依据全国国土调查成果数据，获取水流类型、水面面积、包含图斑数量等数据（参照第三次全国国土调查工作分类中的“1101 河流水面”“1102 湖泊水面”“1103 水库水面”“1110 冰川及永久积雪”）。

（2）依据全国水利普查、水资源调查评价等水流专项调查成果数据和中国水资源公报，查清水流名称、河流起讫点、河流长度、河道等级、多年平均径流量、水质、年初蓄水量等信息。

2. 湿地

（1）依据全国国土调查成果数据，获取湿地类型、面积、包含图斑数量等数据（参照第三次全国国土调查工作分类中的“00 湿地”）。

（2）依据全国湿地资源调查等湿地专项调查成果数据，查清植被类型、植被面积、主要优势植物种、国家及省级重点保护的主要湿地鸟类、水质类别、水源补给状况等信息。

3. 森林

（1）依据全国国土调查成果数据，获取森林类型、面积、包含图斑数量等数据（参照第三次全国国土调查工作分类中的“0301 乔木林地”“0302 竹林地”“0305 灌木林地”“0307 其他林地”）。

（2）依据森林资源规划设计调查等森林专项调查成果数据，查清主导功能、主要树种、林种、总蓄积量等信息。

4. 草原

（1）依据全国国土调查成果数据，获取草地类型、面积、包含图斑数量等数据（参照第三次全国国土调查工作分类中的“0401 天然牧草地”“0403 人工牧草地”“0404 其他草地”）。

（2）依据草原专项调查成果数据，查清草原类型、草原质量等级等信息。

5. 荒地

依据全国国土调查成果数据，获取荒地类型、面积、包含图斑数量等数据（参照第三次全国国土调查工作分类中的“1205 沙地”“1206 裸土地”“1207 裸岩石砾地”）。

6. 海域

（1）依据海洋调查专项、沿海省级人民政府批准的最新海岸线修测成果、国务院批准的省县两级海域行政区域界线勘定成果、我国领海的外部界限、海域使用金征收标准等成果数据，获取海域面积、海域等别、大陆海岸线长度、有居民海岛海岸线长度等数据。

（2）结合全国国土调查成果数据、全国湿地资源调查等湿地专项调查成果数据、自然保护地审批数据，以及矿产资源专项调查成果数据等获取海域登记单元内的自然保护地、湿地以及探明储量的矿产资源数据。

7. 无居民海岛

依据全国国土调查、自然资源专项调查、海域海岛地名普查、无居民海岛使用金征收标准等成果数据，获取海岛名称、海岛类型、海岛高程（最高点）、植被覆盖情况、岸线长度等数据。结合海岛所属区域的自然保护地信息，获取其是否为自然保护地内海岛，获取该自然保护地名称及类型等数据。

8. 探明储量的矿产资源

依据矿产资源专项调查成果数据，查清资源类型、区块编号、矿区地址、储量估算基准日、矿区/油气田总面积、储量估算范围面积、矿产组合、固体矿产的推断资源量、控制资源量、探明资源量和油气（含石油、天然气、页岩气、煤层气）的探明地质储量、主要组分平均品位等。

二、公共管制调查

通过将国土空间规划明确的用途管制范围、生态保护红线、特殊保护区范围线等管理管制成果套合登记单元边界，获取登记单元内相关管理管制信息，包括区块编号、面积、用途管制和特殊保护要求等内容、划定/设定时间、设置单位等，查清登记单元内用途管制状况、生态保护红线情况、特殊保护规定情况，并将调查成果填写到《自然资源地籍调查技术要求》（附录 A）地籍调查初表相应部分。

第六节 调查成果核实

一、调查成果核实的主体

与以往地籍调查工作不同，自然资源地籍调查在初步成果形成后，需要开展自然资源地籍调查成果核实。

调查成果核实的主体为自然资源登记单元所在地的县级人民政府，以县为单位组织开展。具体工作可由自然资源主管部门会同相关部门实施。

二、调查成果核实表的填写

根据对登记单元界线、登记单元内权属状况、登记单元内相关权利和许可信息等的核实情况，分别填写调查成果核实表“登记单元界线核实情况”“登记单元内权属状况核实情况”“是否存在自然资源类型和管制信息错（漏）提情况”栏。

登记单元界线经核实无误的，在调查成果核实表“登记单元界线核实情况”栏中填写“××县人民政府于××日至××日，采用××核实方式对××条登记单元界址线进行了核实，经核实确认无误”；经核实发现与实际情况不一致的，根据登记单元界线来源相关资料，结合影像和实地情况，在调查成果核实表的“登记单元界线核实情况”栏中填写核实情况说明与调整建议，并填写附录“登记单元界线核实情况附表”，明确具体界址线（含起止界址点号）存在的问题，提出纠正意见与建议，提供相关证明材料，由核实人签字后加盖县级人民政府或自然资源主管部门公章。

登记单元内权属状况经核实无误的，在调查成果核实表“登记单元内权属状况核实情况”栏填写“××县人民政府于××日至××日，采用××核实方式对××条集体与国有、××条集体与集体之间的界址线、相关不动产权利信息和相关许可图上位置与实际位置是否发生偏移进行了核实，经核实确认无误”。对经核实发现登记单元内所有权界线与集体土地所有权登记成果不一致，或因征地等原因导致所有权发生变化，或集体土地所有权登记成果的确存在错误，以及相关不动产权利信息和相关许可图上位置与实际位置发生偏移的，在调查成果核实表“登记单元内权属状况核实情况”栏填写核实情况说明与纠正建议，并填写“登记单元内权属状况核实情况附表”，明确具体权属界址线（含宗地号、起止界址点号、所有权人名称等）存在的问题，提出纠正意见与建议，提供相关证明材料，由核实人签字后加盖县级人民政府或自然资源主管部门公章。

自然资源类型和公共管制情况经核实存在错提或漏提情况的，在调查成果核实表“是否存在自然资源类型和管制信息错（漏）提情况”栏填写“是”，并说明具体情况；对经核实无误的，在调查成果核实表“是否存在自然资源类型和管制信息错（漏）提情况”栏中填写“否”。

第七节 调查成果编制

自然资源地籍调查成果编制包括地籍调查表填写、界址点测量、地籍图编绘和登记单元图编绘等。

一、自然资源地籍调查表填写

自然资源地籍调查表由封面、单元信息表、界址标示表、界址说明表和调查记事表组成，包括初表和终表两个版本。

自然资源地籍调查初表和终表均由自然资源调查机构负责填写，样式相同，但填写阶段不同，填写的具体内容也会有所差异。地籍调查初表是在完成权属调查、自然状况调查和公共管制调查后，由调查机构根据调查初步结果填写。地籍调查初表作为地籍调查初步成果的组成部分，交由登记单元所在地的县级人民政府开展调查成果审核。地籍调查终表则是在县级人民政府组织完成调查成果核实后，由调查机构结合调查成果核实情况，对登记单元界线、登记单元内权属状况、自然资源类型和公共管制情况等内容修改完善后另行填写的表格，作为自然资源地籍调查最终成果的组成部分。因此，自然资源地籍调查初表和终表是在自然资源地籍调查不同阶段形成的两套成果表格。

自然资源地籍调查表中与自然资源登记簿相同的字段，按照自然资源登记簿要求填写。界址调查的相关信息填写到界址标示表和界址说明表中。对于调查过程中无法明确的特殊情况，应在调查记事栏中进行说明。

二、界址点测量

自然资源登记单元界址点坐标主要采用图解法获取。

确需实地解析测量的，宜采用基于 CORS 的 RTK 方法或极坐标法进行测量。

三、地籍图和单元图编绘

自然资源地籍调查成果图件主要包括自然资源地籍图和自然资源登记单元图，编绘的技术要求参照《地籍调查规程》执行。

（一）自然资源地籍图

自然资源地籍图的内容包括行政区划要素、权籍要素、数学要素和图廓要素。

1. 行政区划要素

（1）行政区划要素主要指行政区界线和行政区名称。

（2）行政区划界线依据全国国土调查成果获取。

（3）权籍图上不注记行政区代码和邮政编码。

2. 权籍要素

（1）权籍要素包括自然资源登记单元界线、名称、登记单元号、界址点，集体土地所有权界线，已登记的国有土地使用权、海域使用权、取水权、排污权、采矿权、探矿权等信息，全民所有自然资源范围，地类图斑界线及地类编码，自然资源类型界线及编码、集体土地所有权权利人名称等。其中，各类自然资源类型对应的编码为：01 水流，02 湿地，03 森林，04 草原，05 荒地，06 海域，07 探明储量的矿产资源，08 其他。

（2）界址线与行政区界线相重合时，只表示行政区界线，同时在行政区界线上标注界址点，行政区界线在拐角处不得间断，应在转角处绘出点或线。

（3）自然资源登记单元界线与权属界线或自然资源类型界线重合时，只表示自然资源登记单元界线。

（4）权属界线与自然资源类型界线重合时，只表示权属界线。

（5）自然资源类型界线与地类图斑界线重合时，只表示自然资源类型界线。

（6）对于登记单元范围内的集体土地所有权，在集体土地所有权范围内注明集体土地所有权人名称，对集体土地范围内的用益物权不进行表示。集体土地所有权范围太小注记不下时，允许移注在空白处并以指示线标明。

（7）对于已登记的国有土地使用权、海域使用权、取水权、排污权、采矿权、探矿权，采用点状符号标识在不动产单元的中心位置。

（8）若登记单元被图幅分割，其相应的登记单元编号应分别在各图幅内按照规定注记，如分割的面积太小注记不下时，允许移注在空白处并以指示线标明。

（9）在自然资源登记单元内，以分式的形式标注自然资源登记单元名称及自然资源登记单元号，分母为自然资源登记单元号，分子为自然资源登记单元名称。自然资源登记单元面积太小注记不下时，允许移注在空白处并以指示线标明。

3. 数学要素

数学要素包括内外图廓线、内图廓点坐标、坐标格网线、控制点、比例尺、坐标系统、高程基准等。

4. 图廓要素

图廓要素包括分幅索引、密级、图名、图号、制作单位、测图时间、测图方法、图式版本等。

（二）自然资源登记单元图编绘

以自然资源权籍图为基础，根据地籍调查成果，采用数字编绘法编绘自然资源登记单元图。编绘的技术要求按照《地籍调查规程》执行，应根据登记单元的大小和形状确定合适的比例尺和幅面，比例尺的分母以整百数为宜，幅面大小不超过 A0 为宜。

（1）自然资源登记单元图应包括以下内容：登记单元名称、自然资源登记单元号、登记单元权利主体、登记机构级别、登记单元类型、登记单元面积；本登记单元的界址线、界址点及界址点号；集体土地所有权界线和权利人名称；已关联的国有土地使用权、海域使用权、取水权、排污许可、勘查和采矿许可信息（采用点状符号标识在不动产单元的中心位置）和公共管制信息；全民所有自然资源的空间范围；自然资源类型界线及编码；指北方向和比例尺；与登记单元相邻的行政区名称；单元图的制图者、制图日期、审核者、审核日期、自然资源调查机构等。

（2）对于面积较大或横跨多个县级行政区的自然保护地、水流等自然资源登记单元，其登记单元图可适当缩小比例尺或分幅编制。

四、调查成果内容

自然资源地籍调查成果包括基础数据资料、调查统计表格成果、图件成果、文字成果和数据库成果。

（一）基础数据成果

（1）基础地理空间数据。包括矢量地形图、地籍图、正射影像图、高分辨率卫星遥感影像（分辨率不低于 1m）等。

（2）各类资源调查成果数据。包括全国国土调查、湿地资源调查、草地资源调查、森林资源调查、水资源调查、矿产资源储量调查等。

（3）各类资源权属（所有权、使用权）不动产登记成果。包括集体土地所有权确权登记发证成果，国有土地使用权确权登记发证成果，土地、房屋、林权等不动产登记发证等成果。

（4）用途管制、公共管制和特殊保护数据。包括主体功能区规划成果、环境保护规划、生态保护红线、基本农田划定等成果。

（5）自然保护地审批范围和资料。国家公园、自然保护区、自然公园等自然保护地的管理或保护审批资料，河流、湖泊等水流的堤防、水域岸线和管理范围资料，矿产资源储量估算范围等。

（二）调查统计表格成果

表格成果包括自然资源地籍调查（初/终）表、调查成果核实表、成果审核表和统计汇总表。其中自然资源地籍调查（初/终）表包括单元信息表、自然状况信息表、界址标示表、界址说明表和调查记事表；调查成果核实表包括登记单元界线核实情况附表和登记单元内权属状况核实情况附表；统计汇总表包括通过统计汇总形成反映不同所有权主体、各类自然资源面积、数量和质量成果表格等。

（三）图件成果

图件成果指自然资源权籍图、自然资源登记单元图和自然资源登记单元图（遥感影像）。权籍图的内容包括行政区划要素、权籍要素、地形要素、数学要素和图廓要素等。单元图内容包括登记单元名称和编码、权利主体、登记机构级别、登记单元类型、登记单元面积；本单元界线点、界址点号、界址线；集体土地所有权界线和权利人名称；已关联的国有土地使用权、海域使用权、取水权、排污许可、勘查和采矿许可信息和公共管制信息；全民所有自然资源的空间范围；自然资源类型界线及编码和其他制图信息等。

（四）文字成果

文字成果包括工作方案、技术方案、争议原由书、检查记录、工作总结、技术总结以及会议记录等材料。

（五）数据库成果

以县级行政辖区为单位建立自然资源地籍调查数据库。自然资源权籍数据库主要包括地籍调查成果的矢量图层、各类矢量图层的非空间要素结构属性表、全民所有自然资源权利主体表，以及登记单元数据库元数据等。

第八节 调查成果审核

一、总体要求

自然资源地籍调查成果应根据实际情况，由自然资源地籍调查机构自检、自然资源登记机构或授权机构检查后，填写地籍调查成果审核表。

地籍调查机构对地籍调查成果进行自检，如无问题，在成果审核表的“初审意见”栏填写“合格”；如果发现调查成果有问题，应填写“不合格”，指明错误所在并提出处理意见，审核人签名并加盖审核单位公章。记事栏写不下的应增加附页。

自然资源登记机构或授权机构对地籍调查成果进行全面审核，如无问题，在成果审核表的“审核意见”栏填写“合格”；如果发现调查成果有问题，应填写“不合格”，指明错误所在提出处理意见，审核人签名并加盖审核单位公章。记事栏写不下的应增加附页。

二、审核内容

调查成果审核包括自然资源登记单元界线审核、权属审核、自然资源类型审核、面积审核等。

（一）自然资源登记单元界线审核

依托相关基础数据和资料，重点审核各类自然资源登记单元是否符合自然资源登记单元划定相关规定。

（1）对于国家批准的国家公园、自然保护区、自然公园等各类自然保护地，核实调查成果中登记单元界线是否按照自然保护地最大的管理或保护审批范围界线划定。

（2）对于水流登记单元，核实调查成果中的登记单元界线是否依据全国国土调查和水资源专项调查成果，以河流、湖泊管理范围为基础，结合堤防、水域岸线划定。

（3）对于湿地登记单元，核实调查成果中的登记单元界线与全国国土调查成果和湿地专项调查成果的湿地资源类型界线是否一致。

（4）对于森林、草原、荒地等自然资源登记单元，核实调查成果中的登记单元界线与国家土地所有权界线是否一致。

（5）对于海域登记单元，核实调查成果中的登记单元界线与省级人民政府批准的最新海岸线修测成果、国务院批准的省县两级海域行政区域界线，以及领海外部界限是否一致。

（6）对于无居民海岛登记单元，核实调查成果中的登记单元界线与全国海域海岛地名普查成果是否一致。

（7）对于探明储量的矿产资源登记单元，核实调查成果中的登记单元界线与现有的储量登记库及储量统计库导出的矿区范围、储量评审备案文件确定的矿产资源储量估算范围、国家出资探明矿产地清理结果认定的矿产地范围是否一致。

（二）权属状况审核

依据集体土地所有权和国有土地使用权登记发证成果，重点核实以下内容：

（1）核实国家与集体所有权界线是否正确。

（2）对于国家所有部分，核实不同层级政府行使所有权的边界是否正确。

（3）对于集体所有部分，核实不同集体所有权界线是否正确。

（4）对于争议部分，核实国有和集体的争议与原由书记载是否一致。

（三）自然资源类型审核

依据国土调查数据和各类专项调查数据，重点审核各类自然资源的边界是否和国土调查数据一致，对应的属性填写和专项调查的数据是否一致。

（四）公共管制状况审核

依据自然资源登记单元界线和各类公共管制数据，重点审核各类公共管制边界是否和原始数据一致，对应的属性填写和公共管制专题数据是否一致。

（五）面积审核

面积审核内容包括自然资源登记单元面积、各类型自然资源面积、国有土地面积、集体土地面积等方面的计算审核。

（1）对于自然资源登记单元面积，审核是否依据划分的自然资源登记单元界线计算的椭球面积。

（2）对于各类型自然资源面积、国有土地面积、集体土地面积、地类面积，审核具体的斑块面积和地籍调查表的面积是否一致。

三、审核要求

自然资源地籍调查成果主要应从完整性、规范性、有效性和一致性四个方面进行审核，具体审核内容如下。

（一）完整性审核

检查自然资源地籍调查所要求的基础数据、图件、表格、文字和数据库成果内容是否完整；调查表格内容是否完整，权属来源材料、指界手续、权属确认材料是否齐备；按类型统计、按权属统计、按公共管制统计等各类统计表格是否完整；工作方案、技术方案、工作总结、技术总结等报告成果以及各级检查记录是否完备。

（二）规范性审核

根据《自然资源地籍调查技术要求》和相关技术规范要求审核成果是否规范。调查成果格式、命名和组织是否符合相关规定的要求，调查表格内容填写是否规范，调查成果电子数据是否符合规定的内容和格式等。地籍调查成果空间数据的坐标系、比例尺是否满足规范要求；属性字段的名称、代码、类型、长度等是否符合数据库标准要求。

（三）有效性审核

根据《自然资源地籍调查技术要求》和相关技术规范要求审核成果是否有效。登记单元界线、单元内权属界线和资源类型边界界线是否经过核实，是否准确；各项精度是否满足相关的规范规程规定要求；调查成果是否经过“两检一验”制度进行检查验收。调查程序是否按照技术方案要求；检查记录是否齐全，检查比例是否满足相关规定要求；调查统计表格成果、图件成果和文字成果是否均有责任人签名和单位盖章。

（四）一致性审核

审核调查表格成果、图件成果、文字成果是否一致；调查成果和数据库成果是否一致；地籍调查确认的自然资源权利性质、权利主体、权利内容与权属来源证明材料是否一致；调查成果与基础数据资料是否一致；成果图件、表格、簿册之间自然资源要素内容和面积统计结果是否一致。

四、审核方法

自然资源地籍调查成果审核可采用内外业结合的方法。充分利用已有与自然资源登记单元相关的数据库和信息系统等检查审核地籍调查成果。确有必要时，可到实地进行核实。

（一）内业审核

将调查机构提供的自然资源登记单元图等调查成果数据导入数据库，查看其与国家公园审批范围线、集体土地所有权登记成果、国有土地使用权确权登记成果，以及各类自然资源专项调查、公共管制和特殊保护数据成果等是否存在属性不一致、空间位置矛盾和几何拓扑关系错误等。

（二）外业核查

1. 资料收集利用情况核查

对照自然资源确权登记资料名录，以座谈形式与自然资源等相关资料提供单位详细了解资料提供情况；对比自然资源地籍调查成果，核实资料收集及利用情况，确保所引用的资料与原始提供的资料相关信息一致。

（1）针对未收集的资料。向资料提供单位详细了解资料提供情况，对照自然资源确权登记资料收集名录，重点核实资料未收集的相关情况。

（2）针对已收集的资料。向资料提交单位核实资料的真实性、一致性等，确保调查成果中成果引用的原始资料真实可靠。

2. 登记单元界线外业核查

登记单元界线核查主要包括登记单元基本状况核查，界址标示和说明情况核查，调查记事情况核查，调查成果核实情况核查，调查最终成果一致性核查等。

（1）基本状况核查。实地对照自然资源地籍调查表中的单元信息表和登记单元图，核查登记单元坐落、单元四至填写是否与实地一致；登记单元名称是否符合实际情况。

（2）界址标示和说明情况核查。实地对照自然资源地籍调查表中的界址标示表、界址说明表，以及登记单元图，核实图、表中的“界标种类”“界址线类别”“界址点位说明”“权属界线走向说明”等是否与实地一致。

（3）调查记事情况核查。对照自然资源地籍调查表中的调查记事表，实地核查记事情况是否完整，相关建议是否与实际一致。

（4）调查成果核实情况核查。实地对照调查成果核实表和登记单元界线核实情况附表，具体核查表格填写是否规范，签字盖章是否完整；问题描述是否准确且与实际一致，纠正意见和建议是否合理；证明材料是否齐全完整且与所提建议直接相关，是否能够提供有力支撑。

（5）调查最终成果一致性核查。实地对照审批范围等原始数据，调查成果核实表和登记单元界线核实情况附表，以及调查终表、登记单元图等调查最终成果，具体核查登记单元的划分是否符合《自然资源确权登记操作指南》要求，调查最终成果是否与调查成果核实意见一致；依据地方核实意见对于原始数据调整后利用的，以及未采纳地方核实意见的，在地籍调查情况说明中是否表述清晰。

3. 登记单元内权属状况外业核查

登记单元内权属状况核查主要包括登记单元内权属状况核实情况核查，调查最终成果一致性核查，地籍调查规范性核查，以及登记单元内相关权利和许可位置核查等。

（1）登记单元内权属状况核实情况核查。实地对照调查成果核实表和登记单元内权属状况核实情况附表，具体核查表格填写是否规范，签字盖章是否完整；问题描述是否准确且与实际一致，纠正意见和建议是否合理；证明材料是否齐全完整且与所提建议直接相关，是否能够提供有力支撑。必要时可邀请相关权利人到场核实确认。

（2）调查最终成果一致性核查。实地对照集体土地所有权登记发证等原始数据，调查成果核实表和登记单元内权属状况核实情况附表，以及调查终表、登记单元图等调查最终成果，具体核查调查最终成果中的权属分区是否与集体土地所有权登记发证成果一致，是否与调查成果核实意见一致；依据地方核实意见对于集体土地登记发证成果调整后利用的，以及未采纳地方核实意见的，在地籍调查情况说明中是否表述清晰。

（3）地籍调查规范性核查。对于重新组织开展地籍调查的，实地对照地籍调查成果，具体核查调查程序和调查成果的规范性、完整性，以及与实际情况的一致性。必要时可邀请相关权利人到场核实确认。

核实界址认定程序是否完整、合法合规，包括指界手续是否完整（指界通知书是否按程序发放、指界人资格是否符合）、是否现场指界、界址签章表是否签章；宗地划分是否正确。地籍调查表或权属界线协议书基本信息状况填写是否与实地一致。必要时，可邀请权利相关方现场指界，核实现场所指界址走向、位置是否与地籍调查表和宗地图中表述一致。

（4）登记单元内相关权利和许可位置核查。对照登记单元图，实地核查图上位置与实际位置是否一致，是否在调查成果核实表的“登记单元内权属状况核实情况”栏中填写核实情况说明与纠正建议，情况说明与纠正建议是否与实地一致。

地籍调查成果通过检查后，应及时录入并形成自然资源地籍调查数据库，按照信息化方式进行管理。

第九节　自然资源地籍数据库建设

一、地籍数据库概念

按照《地籍调查规程》中的定义，地籍数据库是“按照一定的标准和数据结构来组织、存储和管理地籍调查和确权登记数据的仓库。”本章所涉及的地籍数据库是地籍数据库的自然资源部分。

从地籍数据库的定义可以看出以下信息：

（1）地籍数据库是一个长期存储的、有组织的、可共享的、统一管理的大量数据的集合，强调空间属性和产权属性，是自然资源登记的核心数据库之一。

（2）地籍数据库的内容包括地籍调查成果和确权登记结果的内容。

（3）地籍数据库应按一定的标准和数据结构要求来组织、设计，一定的标准应包括《地籍调查规程》《自然资源确权登记操作指南》等规程规章，数据结构应该由地籍数据库标准来定义和约束。

（4）地籍数据库还应该能够通过一定的规则实现更新。

综上，地籍数据库是通过对自然资源确权登记涉及地籍调查的成果数据、确权登记的结果数据进行采集、整合、梳理后，遵循《地籍调查规程》和《自然资源确权登记操作指南》的技术要求，按照地籍数据库的标准进行实体化设计、组织和存储建设的，并通过一定的规则和处理来实现地籍数据库的内容集中统一存储并更新。

二、地籍数据库内容

在划定的自然资源登记单元单位内，在第三次全国国土调查数据库成果的基础上，结合集体土地确权登记成果、不动产登记成果以及各类专项调查的成果，通过空间分析、现场补充调查以及其他信息获取手段，获取自然资源地籍数据信息，并利用自然资源确权登记数据信息进行相关数据更新，依据自然资源地籍数据库建设的相关标准、规范，建立自然资源地籍数据库。

（一）地籍数据库内容

自然资源地籍数据库以自然资源登记单元为基本管理单位，记载自然资源地籍调查过程获取的信息，将划分为同一登记单元范围内的所有自然资源地籍信息编入同一自然资源地籍调查表。主要包括单元信息表、自然状况信息表、调查记事表等多个部分。从自然资源地籍调查表编成方式和记载的事项可以梳理出自然资源地籍调查信息的空间要素主要由自然资源登记单元、权属分区、自然资源状况分区和公共管制分区组成，其中各类分区均以登记单元为基础依不同属性进行划分；此外，还应包括自然资源地籍调查表信息、自然资源权利主体及自然资源确权登记信息等内容。

1. 自然资源登记单元

自然资源登记单元是指所有权主体清晰、自然资源种类明确、生态功能完整、集中连片和边界封闭的空间范围。自然资源登记单元是自然资源确权登记的客体。自然资源登记单元在全国范围内具有唯一的单元代码，具体单元编码按照《自然资源登记单元划定与编码规则》编制。

2. 权属分区

权属分区主要包括全民所有区、集体所有区、争议区和不动产信息关联点。其中全面所有区为登记单元内全民所有自然资源分布区，集体所有区为登记单元内集体所有自然资源分布区，争议区为存在权属争议的自然资源分布区。此外，为形成与不动产登记数据库的互通互联，在权属分区中将涉及的不动产权利以点的形式关联挂接在自然资源登记单元内。

3. 自然资源状况分区

以全国第三次国土调查成果中的地类图斑形成水流、湿地、森林、草原、荒地等自然资源类型界线，形成水资源斑块、湿地资源斑块、森林资源斑块、草原资源斑块、荒地资源斑块等自然资源斑块空间实体，承载登记单元内各类自然资源的类型、面积、数量及质量等自然状况信息，相关信息主要来自其专项调查成果。

4. 公共管制分区

公共管制分区是指自然资源登记单元内根据国土空间规划等管控要求明确的用途管制、生态保护红线、特殊保护区范围等划分出的具有空间特征的管制范围。承载区块编号、面积、划定/设定时间、设置单位和公共管制具体要求等内容。

5. 自然资源地籍调查信息

自然资源地籍调查信息是指在自然资源地籍调查过程中生产和记载的信息，依据《自然资源确权登记操作指南》，自然资源地籍调查信息应包括自然资源地籍调查表信息、调查成果核实表信息、成果审核表及自然资源地籍图等内容。

6. 权利主体

全民所有自然资源权利主体是指以维护全民所有制为价值取向，以国家所有权主体的全民性出发，确认自然资源的权利主体是全体人民。通过全民所有区把自然资源登记单元号与权利主体关联，权利主体信息主要包括所有权人、代表行使主体、权利行使方式、行使内容、代理行使主体及代理行使内容等。

7. 确权登记信息

确权登记信息包括确权登记的办理过程及确权登记结果。

（二）地籍数据库模型设计

基于自然资源地籍调查信息，同时按照自然资源地籍调查要素间的逻辑关系进行重构，地籍数据库要以“登记单元”“权属分区”“自然资源状况分区”“公共管制分区”四类地理空间信息为基础，以自然资源登记单元号为关联主键，同时包含全民所有自然资源权利主体、自然资源地籍调查信息和确权登记结果的自然资源地籍调查数据模型。

1. 概念模型

通过要素分析形成的“自然资源登记单元—权属分区—自然资源状况分区—公共管制分区”四要素，映射到自然资源地籍调查概念数据模型，即为登记单元、权属、自然资源状况、公共管制四个概念实体。“登记单元”用于表示自然资源类型与自然资源生态空间的客体信息，以自然资源登记单元号作为标识符；其中“权属”数据包括全民所有区、集体所有区、争议区、不动产信息关联点。

自然资源地籍调查概念数据模型如图 9-9-1 所示。

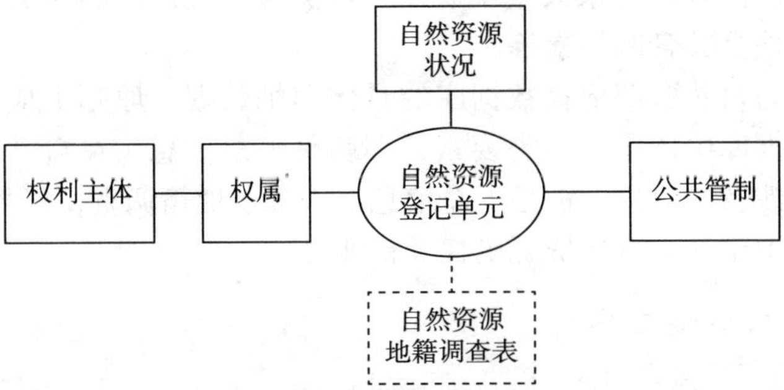

图 9-9-1　自然资源地籍调查概念数据模型

2. 逻辑模型

自然资源地籍数据库逻辑模型描述如下：

（1）自然资源登记单元是权属分区（全民所有区、集体所有区、争议区）、自然资源状况分区（水流斑块、湿地斑块、森林斑块、草原斑块、荒地斑块、矿产资源斑块、海域斑块、无居民海岛斑块）、公共管制分区的合集。自然资源登记单元融合相关部门在海洋、林地、草原、湿地、矿产等领域已有的数据项，如坐落、面积等信息，林地的林班、小班信息，海域的用海、用岛类型等信息。

（2）权属分区及权利主体相关信息。权属分区包括全民所有区、集体所有区、争议区，其中不动产信息关联点也纳入权属分区类型数据管理，自然资源登记单元和权属分区是一对多的关系，以自然资源登记单元号与自然资源登记单元关联。权利主体信息主要包括所有权人、代表行使主体、权利行使方式、行使内容、代理行使内容等。全民所有自然资源权利主体和全民所有区是一对多的关系，以自然资源登记单元号关联。

（3）自然资源登记单元和各类自然资源状况分区之间是一对多的关系，以自然资源登记单元号与自然资源登记单元相关联。其中各类自然资源斑块主要以第三次全国国土调查及其专项调查成果为基础，依照《自然资源确权登记操作指南》中地籍调查和确权登记的相关要求进行设计，如水流斑块信息包括水流类型、名称、河流起讫点、河流长度、水面面积、河道等级、多年平均径流量等，通过自然资源登记单元号和标识码与水资源专项调查关联、挂接。此外，对于无法完全由第三次全国国土调查或专项调查成果支撑的自然资源类型，应依照《自然资源确权登记操作指南》地籍调查和登记簿的要求进行设计，如探明储量的矿产资源信息包括资源类型、区块编号、矿区地址、储量估算基准日、矿区/油气田总面积、储量估算范围面积、矿产组合等，通过自然资源登记单元号和标识码与矿产资源状况信息关联、挂接。

（4）自然资源登记单元与公共管制分区之间是一对多的关系，以自然资源登记单元号与自然资源登记单元相关联，通过公共管制标识码和区块编号加以区分。公共管制内容包括永久基本农田、生态保护红线、城镇开发边界、历史文化保护及其他公共管制要素等。

以上各类为自然资源地籍数据库的具体明细数据，原则上应与空间要素关联挂接。在数据库中还应有一类要素，那就是汇总信息，在自然资源登记簿和地籍调查表中涉及的信息，都是汇总信息，来源于地籍调查，经登记程序确认，在数据库标准中定义为自然资源确权登记业务。

（三）地籍数据库实现

地籍数据库标准是一个逻辑模型，具体建设的数据库是一个物理实体，是根据具体的地理信息系统平台和数据库管理平台结合的产物。在具体地籍数据库实现时，要注意以下几点：

（1）根据自然资源确权登记的对象范围特征，明确具体的建设模式。如确权登记对象跨越多个县级行政区、跨越多个投影带等情形，需要进一步明确采用的坐标系统、投影方式、数据衔接以及工作组织、数据协调等，做好顶层数据库设计。

（2）结合具体的地理信息系统平台和数据库管理平台，确定合适的数据类型，确保地籍数据库实体的数据类型和标准定义的数据类型在描述的内容、含义、值域范围等保持一致。

（3）根据具体的管理要求，进行具体的数据库结构设计，包括空间数据的分层、空间数据实体的类型定义、空间实体属性结构的定义，非空间实体的数据库结构定义，数据表关联关系的设计等。

（4）建成的数据库管理系统要保证建成的地籍数据库能够利用数据交换格式进行交换，并确保在交换前后地籍数据库内容、质量、精度保持不变。

三、地籍数据库建设步骤

（一）准备工作

1. 建设队伍准备

建设队伍是工作的关键要素之一，建设队伍包括人员、生产环境和管理制定等方面。有条件的可以引入监理机制。

1）人员准备

参加地籍数据库建设的人员应有明确的职责分工，涉及人员包括项目负责人、技术负责人、专业质量检查员和作业员，人员要求如下：

（1）项目负责人。项目负责人是指由建库单位法定代表人授权，负责地籍数据库建设项目管理的责任人，其主要职责是：负责地籍数据库建设项目组织管理工作；检查项目进度和与相关单位协调，研究解决存在的问题；审核数据库最终成果，并按规定签发最终成果文件和相关成果文件。

（2）技术负责人。熟悉地籍数据库建设的技术方法和标准要求，负责地籍数据库建设项目技术管理工作；组织编制项目实施方案和技术设计，对地籍数据库建设的各个技术环节进行管理，监督执行质量管理制度；组织协调作业员和专业质量检查员开展地籍数据库建设工作；组织成果自检，对地籍数据库建设最终成果质量负责。

（3）专业质量检查员。专业质量检查员参与制定地籍数据库建设实施方案和质量管理制度，负责实施质量管理制度，对审核内容的质量负责；熟悉地籍数据库建设的技术方法、标准要求和质量管理要求，掌握专业检查技术知识。

（4）作业员。作业员在技术负责人组织下完成工作，熟练掌握地籍数据库建设各关键环节作业要求。

（5）监理队伍。采用监理机制的，要确保监理人员参与地籍数据库生产的全过程，并了解地籍数据库的建设技术以及质检要求。

2）工作环境准备

（1）软件准备。包括数据生产软件和数据库管理系统。①数据生产软件可以根据实际情况选用合适的软件，要求数据采集和处理软件能够满足《自然资源地籍调查技术要求》所规定的基本要求，包括精度要求和功能要求，能够建设符合《地籍数据库标准 第2部分 自然资源》规定的标准数据库，同时能实现数据交换格式数据的交换。②数据库管理系统可以根据实际情况选用合适的软件，要求系统支持《地籍数据库标准 第2部分 自然资源》中规定交换格式标准的数据交换；能对地籍调查数据进行数据检核；满足自然资源确权登记业务对自然资源地籍调查数据的管理需求；数学基础、面积量算方法、数据统计表模板和图件输出格式等符合《自然资源地籍调查技术要求》；支持多种数据源的地籍调查数据更新。

（2）硬件准备。在确保数据安全、保密要求的条件下，保证数据生产软件的运行环境，保证据库管理系统的运行环境，在符合数据安全、保密要求的条件下，提供服务器、图形工作站以及工作终端等设备，以及数据备份的设备。

3）工作制度准备

数据库建设单位应当根据下面的要求建立有效的管理制度，以保证地籍数据库建设成果的质量。

（1）建立培训制度。建库单位应对相关人员进行必要的培训，针对每一个具体项目，技术负责人就技术流程、关键环节质量要求、操作要点及注意事项等向作业员和专业质量检查员进行培训，明确建库流程和质量要求。

（2）建立作业记录制度。要求作业员严格执行作业记录制度，数据作业记录应当完整。

（3）建立作业问题报告制度。要求作业员对作业过程中的重要问题实行报告制度，作业员及时向技术负责人报告作业中的问题，讨论解决的原则和方法。

（4）建立可靠的数据安全制度。地籍数据库建设过程中重要的过程数据和质量控制记录必须保存，以保证数据质量的可追查性，确保数据安全。

（5）建立质量控制制度。对数据库建设进行全过程质量控制，包括数据库建设方案质量控制、基础数据源质量控制、环节质量控制、交接检查、数据自检、数据库建设成果质量检查和验收。

2. 制定工作方案和技术设计

数据库建设单位根据《地籍数据库标准 第 2 部分 自然资源》和《自然资源地籍调查技术要求》，并结合自然资源确权工作实际情况编制地籍数据库建设工作方案，明确工作组织、责任、时间进度安排和保障措施等。同时，还要参考相关标准编制技术设计，明确具体的技术路线、技术环节、技术指标、评价方法、人员安排以及质量保证措施等，自然资源登记单元跨多行政区、跨多投影带的，要在设计中明确数据组织方式、数据接边以及其他数据衔接的要求、任务分工等，技术设计需通过评审后执行。

采取项目监理制的，监理技术设计也需进行评审。

3. 收集原始数据

（1）国家公园、自然保护区、自然公园等自然保护地的管理或保护审批资料，河流、湖泊等水流的堤防和常水位线，矿产资源储量估算范围等。

（2）第三次全国国土调查数据成果。

（3）集体土地所有权登记发证数据库成果。

（4）水流、森林、草地、湿地、矿产资源、海域、无居民海岛等相关专项调查的数据库成果。

（5）生态保护红线、永久基本农田、城镇开发边界以及其他公共管制数据成果。

（6）自然资源登记单元内涉及的不动产登记单元、取水权、排污权等相关资料。

（7）地籍调查表及其他数据源。

（二）数据采集

1. 确定自然资源登记单元

自然保护地、水流、湿地，根据自然保护地管理或保护审批范围界线、水流堤防或常水位等确定登记范围。森林、草原、荒地等单项自然资源，通过土地利用现状、集体土地所有权确权登记、国有土地使用权确权登记等“三个图层”相叠加的方式，明确国有未利用土地范围，结合各自然资源管理部门提供的自然资源范围，确定登记范围。海域的登记范围为我国的内水与领海，结合全国海岸线修测成果、全国海域勘界成果中海域行政区域界线、领海外部界限等，确定需要实施统一确权登记的海域范围。无居民海岛的登记范围为我国全部无居民海岛。

根据自然资源登记的划定规则，确定自然资源登记单元。

2. 自然资源斑块的数据采集

（1）确定范围。原则上，自然资源斑块与第三次全国国土调查的图斑范围保持一致。利用自然资源登记单元的范围与第三次全国国土调查的数据成果、集体土地所有权登记的数据进行叠加，生成自然资源斑块，第三次全国国土调查的图斑有可能被自然资源登记单元范围界线分割。

（2）生成自然资源斑块。对自然资源斑块的数据按照第三次全国国土调查中地类特征进行空间分层，分别形成对应的空间数据。其中：湿地，一级类“00 湿地”；水流，一级类“01 水域及水利设施用地”下的二级类“1101 河流水面”“1102 湖泊水面”“1103 水库水面”“1110 冰川及永久积雪”；森林，一级类“03 林地”下的二级类“0301 乔木林地”“0302 竹林地”“0305 灌木林地”“0307 其他林地”；草原，一级类“04 草地”下的二级类“0401 天然牧草地”“0403 人工牧草地”“0404 其他草地”；荒地，一级类“12 其他土地”下的二级类“1205 沙地”“1206 裸土地”“1207 裸岩石砾地”。

补充海域、无居民海岛、矿产资源等自然资源的空间信息分别形成对应的空间自然资源斑块数据。

（3）自然资源斑块属性信息赋值。利用专项调查的数据成果和自然资源斑块的数据叠加，进行内业采集和信息提取，在计算机软件环境下调查统计登记单元范围内的各类自然资源的类型边界和面积，提取自然资源的数量、质量等自然状况信息。包括：河流，河流名称、河流起讫点、河流长度、水面面积、多年平均/正常水位、最高洪水位、河道等级、多年平均径流量、水质类别；湖泊、水库，名称、水面面积、正常容量、多年平均/正常水位、最高洪水位、水质类别。湿地，湿地类型及面积、植被类型及面积、主要优势植物种、国家重点保护的主要湿地鸟类、水质类别、水源补给状况；森林，森林类型、面积、主导功能、主要树种、林种、总蓄积量；草原，草地类型、面积、草原类型、草原质量等级；荒地，荒地类型、面积；海域，海域登记单元面积、海域等别、大陆海岸线长度、有居民海岛海岸线长度、自然保护地；无居民海岛，海岛名称、海岛位置、海岛面积、海岛类型、有无植被、海岛高程（最高点高程）、判断是否为自然保护地内海岛，并提取该自然保护地信息；探明储量的矿产资源，资源类型、区块编号、矿区地址、储量估算基准日、矿区/油气田总面积、储量估算范围面积、矿产组合、查明资源储量（固体矿产）、探明地质储量（油气）、基础储量（固体矿产）、剩余技术可采储量（油气）、主要组分平均品位。

（4）公共管制信息。利用国土空间规划明确的永久基本农田、生态保护红线、城镇开发边界、历史文化保护区范围及特殊保护区范围等管理管制成果套合自然资源登记单元，形成永久基本农田、生态保护红线情况、城镇开发边界、历史文化保护及特殊保护规定等空间数据，并进行赋值。

（5）权属状况信息。利用自然资源登记单元数据、不动产登记结果、国土调查数据和集体土地所有权登记数据等成果，形成全民所有区、集体所有区、争议区以及不动产等关联点的空间图层数据，并进行属性赋值。

（6）调查表数据生成。根据以上数据成果，形成地籍调查表的数据成果，并将相关的原始资料进行扫描，形成完整的地籍调查表数据。

（三）数据审核与入库

按照第八节相关要求开展数据审核。

对于经审核通过的调查数据，按照地籍数据库文件命名规则、空间数据分层要求和属性数据库结构，进行数据组织、编码、入库，建立空间数据库和属性数据库，形成标准的数据交换文件、数据字典和元数据文件。

1. 基础地理信息数据入库

基础地理信息数据入库包括测量控制点、行政区、地籍区、地籍子区、栅格要素空间数据入库，还包括属性表达的标准化。此部分数据入库后必须满足空间数据的质量要求，并生成标识码。

2. 自然资源单元数据入库

将自然资源登记单元空间数据入库。此部分数据入库后必须满足空间数据的质量要求，并生成标识码。

3. 权属状况分区数据入库

将权属状况分区的空间数据入库，根据自然资源地籍数据库标准的要求进行属性值代码化、表达标准化。此部分数据入库后必须满足空间数据的质量要求，并生成标识码。

4. 自然资源状况分区数据入库

按照自然资源类型，依据自然资源地籍数据库标准，将不同的自然资源数据分层分类入库，并实现属性值代码化、表达标准化。此部分数据入库后必须满足数据完整性、逻辑关系一致性以及语义一致性的要求。

5. 公共管制分区数据入库

按照公共管制类型，依据自然资源地籍数据库标准，将不同的公共管制数据分层分类入库，并实现属性值代码化、表达标准化。

6. 地籍调查表等数据入库

将地籍调查表等属性表信息入库。

7. 自然资源地籍调查信息元数据生成

参照《国土资源信息核心元数据标准》，在信息入库后形成自然资源地籍调查信息元数据。

四、地籍数据库质检控制

采用内外业检查核实的方法，充分利用已有资料、自然资源地籍数据库核查规则和自然资源地籍数据库质检软件等，从完整性、规范性、有效性和一致性四个方面，采用计算机自动检查和人工检查相结合的工作模式，对地籍数据库成果进行质量检查。具体审核要求详见本章第八节相关内容。

五、地籍数据库更新

利用自然资源地籍调查、国土变更调查、专项变更调查、不动产登记所产生的变更、自然资源确权登记等数据成果对已有数据库成果进行更新，准确反映两个时点的数据变化，实时记载自然资源的状况，保持地籍数据库成果的现势性，实现与自然资源地籍调查、确权登记实时联动。地籍数据库更新可以采取全量更新和增量更新两种策略。

（一）全量更新策略

地籍数据库建设完成后，新增加的自然资源登记单元可以进行全量更新。

（二）增量更新策略

增量更新是指只对当空间数据的几何或属性信息数据发生变化时，对变化数据进行更新。主要包含以下情形：自然资源单元界线发生变化；自然资源内部权属发生调整；自然资源斑块边界因国土变更调查数据变化而发生变化；自然资源类型内部属性值发生变化，以及公共管制要素发生变化。

第十章　自然资源与不动产登记信息管理基础平台建设

第一节　概述

一、建设依据与功能定位

（一）建设依据

不动产统一登记制度和自然资源统一确权登记制度的实施，分别对不动产登记信息管理基础平台（以下简称信息平台）和自然资源确权登记信息系统作出了明确规定。

1. 信息平台建设依据

《不动产登记暂行条例》对信息平台建设作出以下规定：

第二十三条　国务院国土资源主管部门应当会同有关部门建立统一的不动产登记信息管理基础平台。

各级不动产登记机构登记的信息应当纳入统一的不动产登记信息管理基础平台，确保国家、省、市、县四级登记信息的实时共享。

第二十四条　不动产登记有关信息与住房城乡建设、农业、林业、海洋等部门审批信息、交易信息等应当实时互通共享。

不动产登记机构能够通过实时互通共享取得的信息，不得要求不动产登记申请人重复提交。

第二十五条　国土资源、公安、民政、财政、税务、工商、金融、审计、统计等部门应当加强不动产登记有关信息互通共享。

第二十六条　权利人、利害关系人可以依法查询、复制不动产登记资料，不动产登记机构应当提供。

相关国家机关可以依照法律、行政法规的规定查询、复制与调查处理事项有关的不动产登记资料。

2. 自然资源确权登记信息系统建设依据

（1）中共中央、国务院印发的《生态文明体制改革总体方案》提出，建立统一的确权登记系统。坚持资源公有、物权法定，清晰界定全部国土空间各类自然资源资产的产权主体。

（2）自然资源部、财政部等五部门印发的《自然资源统一确权登记暂行办法》规定，在国家不动产登记信息管理基础平台上，拓展开发全国统一的自然资源登记信息系统，实现自然资源确权登记信息的统一管理；各级登记机构应当建立标准统一的自然资源确权登记数据库，确保自然资源确权登记信息日常更新。自然资源确权登记信息纳入不动产登记信息管理基础平台，实现自然资源确权登记信息与不动产登记信息有效衔接和融合。自然资源确权登记信息应当及时汇交国家不动产登记信息管理基础平台，确保国家、省、市、县四级自然资源确权登记信息的实时共享。自然资源确权登记结果应当向社会公开，但涉及国家秘密以及《不动产登记暂行条例》规定的不动产登记的相关内容除外。自然资源确权登记信息与水利、林草、生态环境、财税等相关部门管理信息应当互通共享，服务自然资源资产的有效监管和保护。

（二）功能定位

1. 信息平台功能定位

信息平台覆盖全国，服务对象包括各级不动产登记机构、不动产审批和交易主管部门、其他相关部门、社会公众四类。

（1）为各级不动产登记机构的登记业务申请、受理、审核、登簿等全流程的网上运行，以及不动产登记信息综合分析等，提供技术支撑服务。

（2）与不动产审批和交易部门建立信息双向实时互通机制，推动相关部门间不动产登记与审批和交易之间的业务联动。

（3）与公安、民政、财政、税务、工商、金融、审计、统计等部门之间建立信息共享交换机制，服务于社会征信体系的建立健全和市场经济制度的完善。

（4）为权利人、利害关系人提供便捷的信息依法查询服务，消除信息不对称，保障不动产权利人和利害关系人的合法权益。

2. 自然资源确权登记信息系统功能定位

自然资源确权登记信息系统，面向四类用户提供技术支撑与数据服务。

（1）面向各级自然资源主管部门业务提供信息化支撑，确保业务办理过程的便捷、高效和结果的正确、规范。

（2）面向相关部门的资源管理提供信息共享服务，满足完善各类资源管理制度、资源环境税费改革、生态环境治理与保护、生态文明绩效评价考核和责任追究制度等工作对自然资源确权登记信息的需求。

（3）面向企业和群众的权益维护、监督提供信息公开服务，接受全社会监督，提高自然资源保护和使用等工作的效率和透明度。

（4）面向科研单位和高校的自然资源管理领域研究提供数据开放服务。

3. 相互关系

按照《自然资源统一确权登记暂行办法》规定，自然资源确权登记信息系统在信息平台的基础上拓展建立，同时，自然资源确权登记信息纳入信息平台，实现自然资源确权登记信息与不动产登记信息有效衔接和融合。

二、总体框架

（一）信息平台组成

信息平台的组成如图 10-1-1 所示。

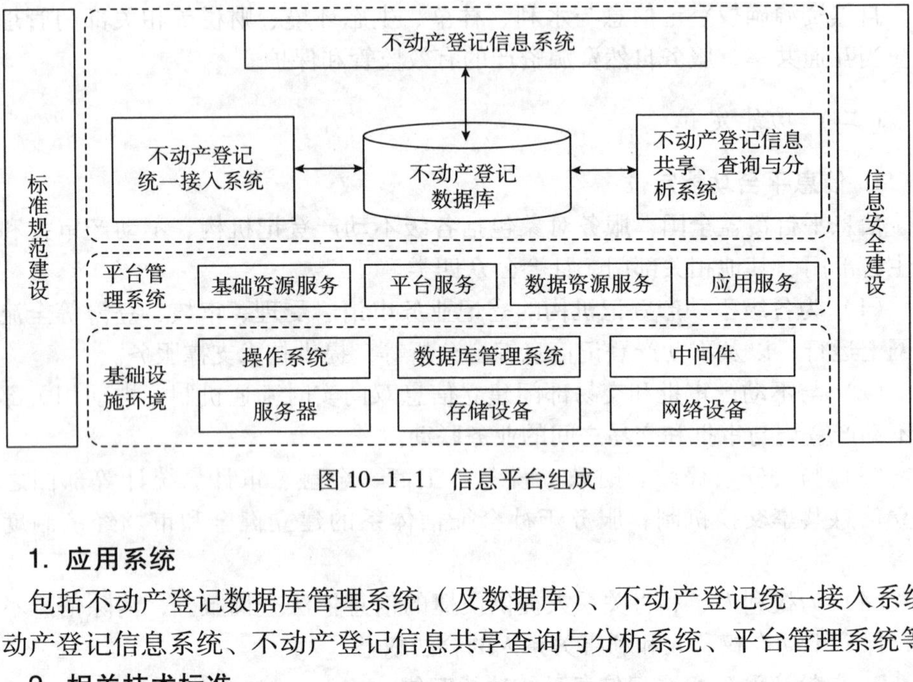

图 10-1-1　信息平台组成

1. 应用系统

包括不动产登记数据库管理系统（及数据库）、不动产登记统一接入系统、不动产登记信息系统、不动产登记信息共享查询与分析系统、平台管理系统等。

2. 相关技术标准

技术标准是保障不动产登记信息互通共享和信息平台的规范化运行的基础。在原有土地、房屋、林业、草原、海域等分散登记的技术标准基础上，按照统一的不动产登记数据模型进行重构，定义不动产登记数据实体要素分类与编码、数据结构、命名规则等，形成不动产登记数据库标准。面向存量数据整合建库与数据汇交、各级登记机构日常登记信息实时互通、信息共享服务等，制订相关标准规范，形成不动产登记信息化标准体系。

3. 运行环境

包括计算、存储、网络等硬件和基础软件，应采用云服务模式集成，可以自建，也可以采用政府统一的云环境或购买社会资源。

4. 安全系统

安全系统建设包括物理安全、网络安全、数据安全、应用安全、安全制度等内容，保障不动产登记信息管理基础平台的安全平稳运行和信息的安全管理、应用服务。采用符合安全标准的加密技术对关键数据项进行加密处理，确保在数据管理、传输、应用服务全环节过程中敏感信息不泄露。

（二）自然资源确权登记信息系统组成

自然资源确权登记信息系统由国家级、省级、市县级组成，每一级由覆盖本级的自然资源确权登记数据，以及自然资源登记信息系统、数据分析系统及数据共享服务系统组成（图 10-1-2）。

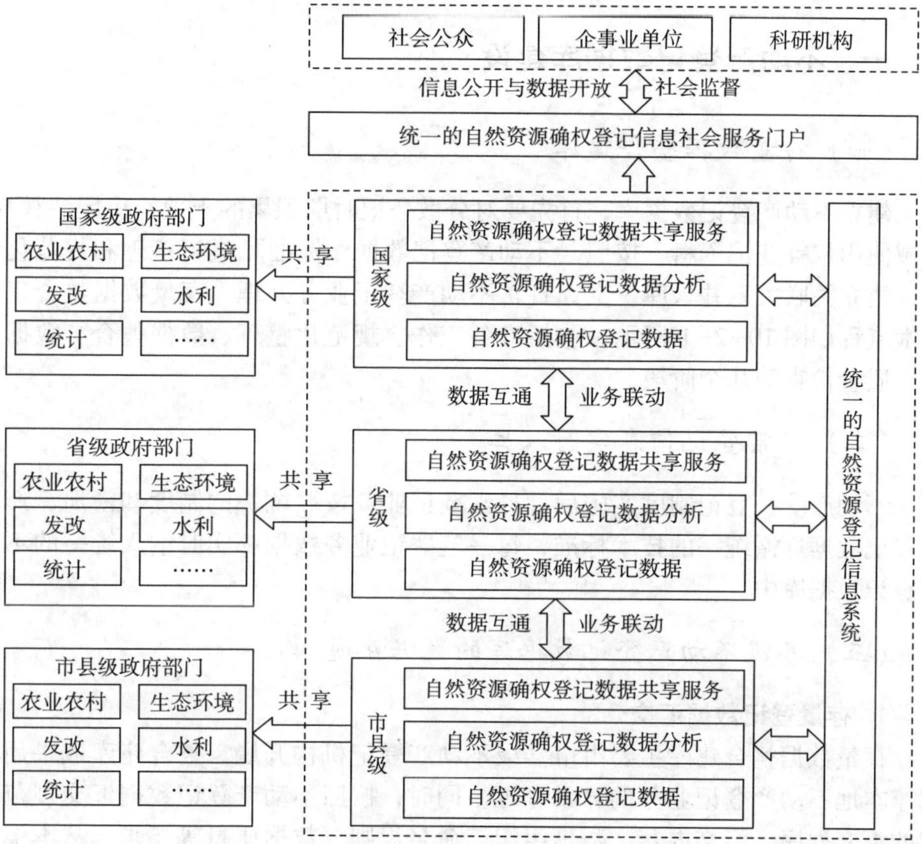

图 10-1-2 自然资源确权登记信息系统构成

纵向上，建立全国统一的自然资源登记信息系统，为国家、省、市县的自然资源确权登记业务提供信息化服务，与各级自然资源主管部门按照属地管辖开展本地自然资源调查确权登记工作紧密融合和衔接，并提供相关数据生成、下载、上传服务，实现各级自然资源确权登记业务的联动和确权登记数据的实时互通；建立全国统一的自然资源信息社会化服务门户，纳入全国统一的自然资源服务门户，为社会公众、企事业单位、科研机构提供信息公开、数据开放服务，为社会监督自然资源保护和开发利用提供便捷的渠道。

横向上，各级自然资源主管部门管理本辖区内各级自然资源确权登记结果数据，开展数据分析，服务于本级自然资源管理工作，并向本级农业农村、生态环境、发改、水利、统计等部门提供自然资源确权登记数据共享服务。

第二节　数据库建设

一、不动产登记数据库建设

（一）存量数据整合建库

建立不动产登记数据库，首先要对分散登记时期积累的土地、房屋、林权、海域使用权等登记资料，按照《不动产登记数据库标准》进行清理和规范化整理，建立关联关系并入库，支撑日常不动产登记业务办理。存量数据整合建库技术流程如图 10-2-1 所示，包括准备工作、规范化整理、数据整合、数据入库、质量检查等几个阶段。

（二）日常登记信息实时入库

不动产统一登记制度实施后，日常登记业务按照统一的制度和簿册，产生的登记数据遵循统一的技术标准，每一笔登记业务数据都实时纳入统一的不动产登记数据库中。

（三）各级不动产登记数据库的数据互通

1. 存量登记数据汇交

存量数据整合建库主要由市县级不动产登记机构开展，整合建库成果用于支撑本地不动产登记业务的日常办理。同时，按照不动产登记数据汇交规范规定的汇交程序、汇交内容、数据组织、命名规则、数据质量等要求，从本地不动产登记数据库中导出，经过质量检查，向省级和国家级信息平台汇交。

2. 增量登记数据实时接入

市县级不动产登记机构在日常办理登记业务时，在完成登簿的同时，实时上传省级和国家级信息平台，省级统一部署运行登记系统的，由省级实时上传国家级信息平台。

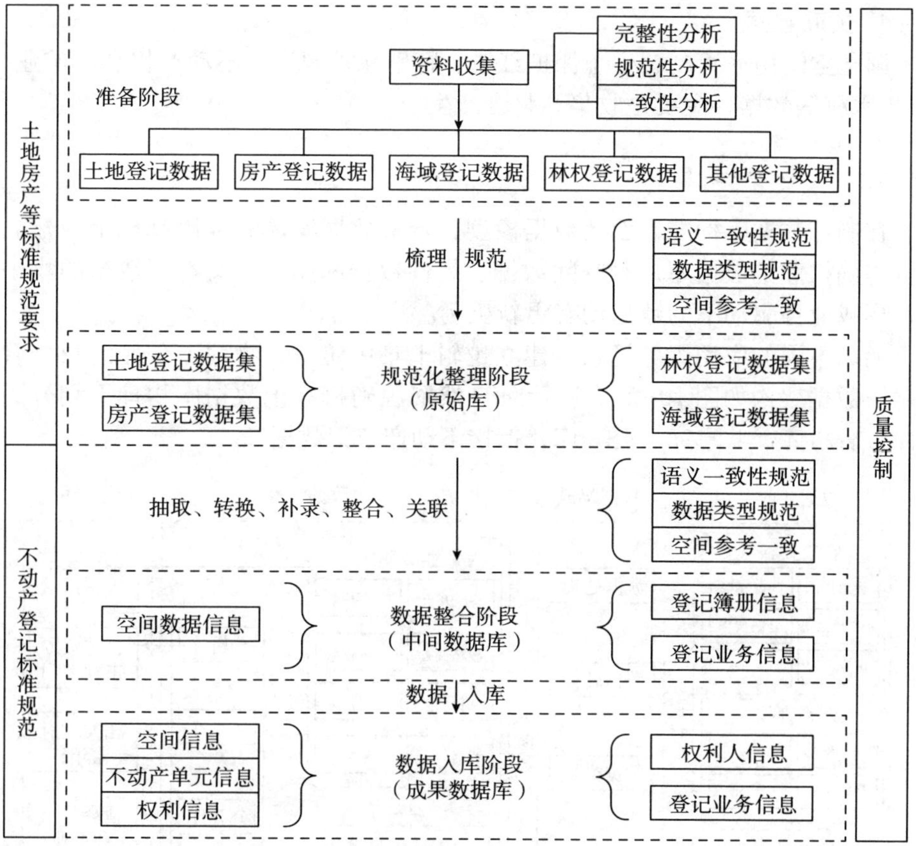

图 10-2-1　不动产登记存量数据整合建库技术流程

二、自然资源确权登记数据库建设

（一）数据内容及来源

1. 基础数据

主要是在确权登记开展之前收集的基础资料，包括统一分发的正射遥感影像数据、各类资源调查成果数据、相关审批资料等。

2. 地籍调查数据

自然资源登记单元自然属性数据（类型、范围、面积、数量）、权籍调查表、相关附图等数据，在权籍调查环节产生。

3. 登记数据

包括所有权人、代表行使主体、权利行使方式、行使内容、代理行使内容、登记时间、登记人、审核人、相关说明（附记）等数据，在登簿环节产生。

4. 关联数据

国土空间用途管制、生态保护红线、特殊保护规定、不动产权利、矿业权、取/排水权等数据，主要是收集和整合产生。

（二）数据建库及管理

在制订数据库标准，设计数据模型，定义数据实体和编码基础上，建立自然资源确权登记数据库，对空间数据、属性数据和图片、文本等数据的集中管理，形成业务驱动下的数据动态更新机制。

面向不同的应用服务场景，建立逻辑上集中统一、物理上分库的数据管理策略。数据架构如图 10-2-2 所示，自然资源确权登记数据库物理上划分为业务库、分析库、共享库、公开库，衔接不动产登记数据库。

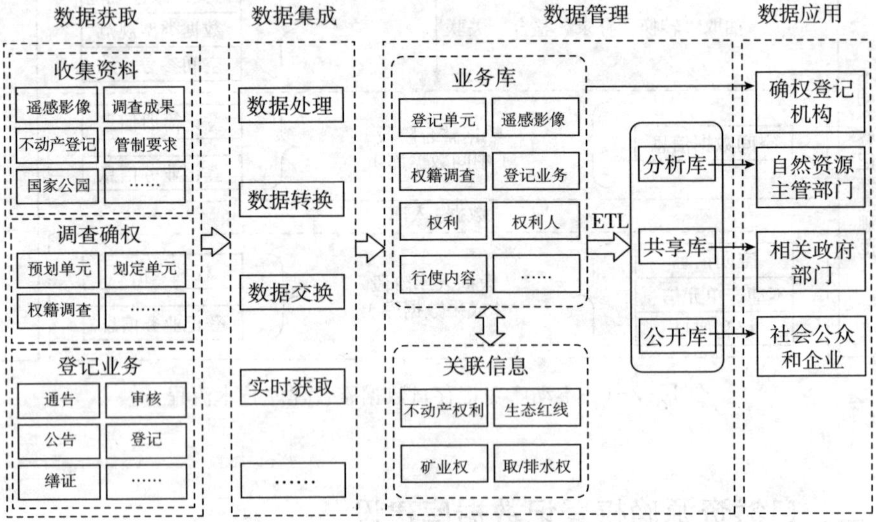

图 10-2-2　自然资源确权登记数据架构

第三节　应用系统

一、信息平台相关应用系统

（一）系统架构

信息平台以不动产登记数据库为基础，以信息化基础设施为支撑，面向不同的应用场景，建立相关应用系统。系统架构如图 10-3-1 所示。

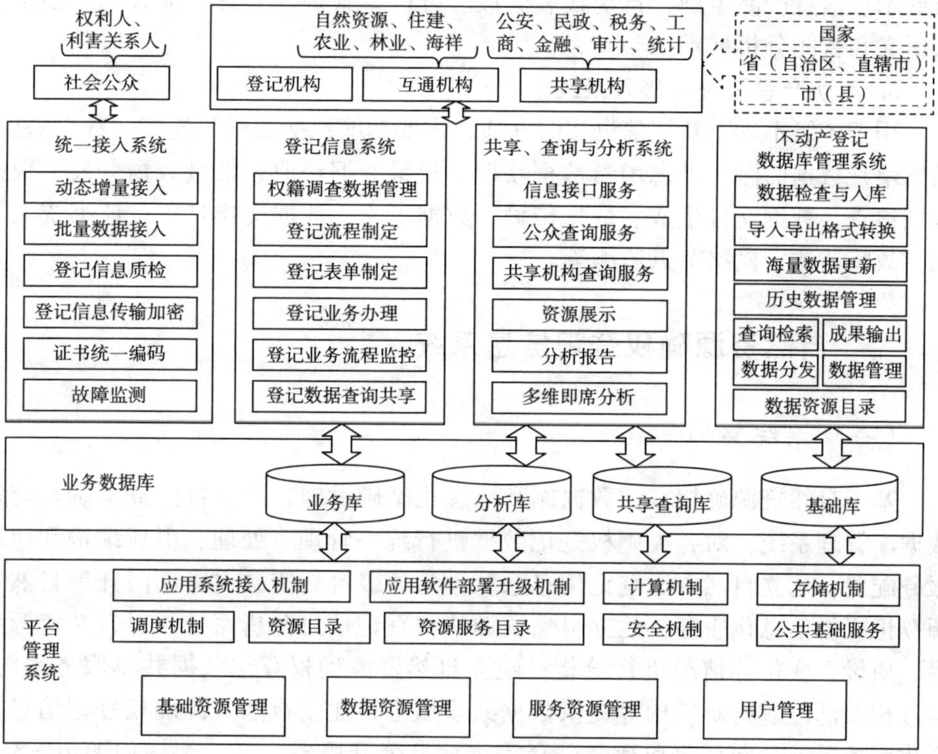

图 10-3-1　信息平台应用系统架构

（二）系统功能

1. 不动产登记信息系统

为登记机构办理登记业务提供技术支撑，主要功能包括权籍调查数据管理、不动产登记、不动产登记查询、不动产登记簿管理、不动产登记管理、工作流管理、表单定制管理、系统维护管理等。

2. 不动产登记信息共享服务系统

面向相关部门提供信息服务，主要功能包括资源服务目录、系统查询、依申请查询、接口查询、部门与用户管理、角色管理、日志管理、运行统计分析等。

3. 不动产登记信息社会化查询服务系统

面向权利人、利害关系人提供依法查询服务，主要功能包括用户注册、证书查验、数据查询、日志管理、运行监控、数据摆渡等。

4. 不动产登记信息分析系统

面向宏观分析提供不动产登记数据综合分析与挖掘服务，主要功能包括分析展示、信息产品定制、自动报表生成、分析库管理、分析指标管理、多维分析语义和智能分析展示。

5. 不动产登记统一接入系统

用于各级不动产登记信息实时互通，主要功能包括数据源连接、数据映射、动态增量数据监测、动态增量数据获取、批量数据获取、批量数据分发、数据规则检查、数据文件生成、数据传输、数据入库、数据交换日志、证书统一编码、故障监测、网络节点监测等。

二、自然资源确权登记信息系统

（一）系统架构

基于自然资源确权登记数据库和信息化基础设施，建立自然资源确权登记数据库管理系统，对各类确权登记数据进行统一管理、处理、更新维护和应用服务配置；建立自然资源登记信息系统，为各级自然资源主管部门开展自然资源登记提供信息化服务；建立自然资源确权登记信息分析系统，对自然资源数量、质量、变化等情况进行分析；建立自然资源确权登记数据共享服务系统，向各相关部门、科研机构等提供数据共享服务；建立自然资源确权登记信息社会化服务系统，向企业和社会公众提供信息公开服务。系统架构如图 10-3-2 所示。

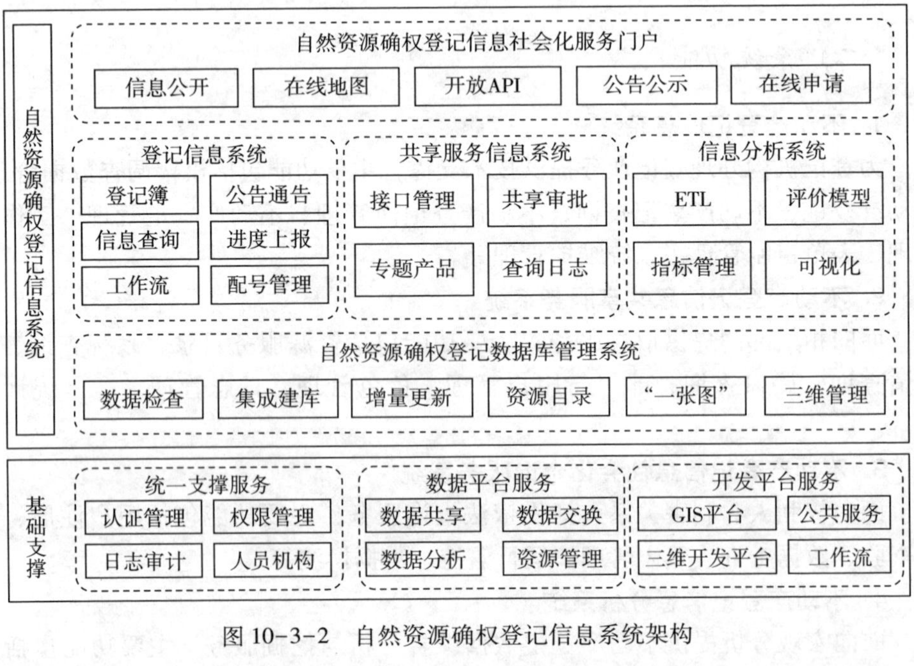

图 10-3-2　自然资源确权登记信息系统架构

（二）系统功能

1. 自然资源登记信息系统

建立自然资源确权登记信息系统，为各级登记机构的登记业务办理全流程网上运行提供技术支撑。主要功能包括业务办理、业务查询、登记簿管理、证书管理、流程管理、组织架构管理等。

2. 自然资源确权登记信息分析系统

建立自然资源确权登记信息分析系统，提供自然资源的数量、质量、分布、变化情况等分析，服务于自然资源监管和决策。主要包括多维即席分析、信息产品定制、综合分析查询、指标提取与评价、模型预测等。

3. 自然资源确权登记数据共享服务系统

建立自然资源确权登记数据共享服务系统，与水利、林草、生态环境、财税等相关部门信息实现互通共享，服务自然资源资产的有效监管和保护。主要功能包括信息推送与服务订制、服务接口管理、查询日志和统计等。

4. 自然资源确权登记数据社会化服务系统

建立自然资源确权登记数据社会化服务系统，向全社会公开全民所有自然资源分布、管制要求等信息，接受社会监督；面向科研机构、高校等，提供自然资源确权登记数据开放服务，满足资源生态环境领域科学研究对自然资源数据的共享需求。主要功能包括用户注册与登录、通告对接与集成、通告发布、公告接收、公告发布、信息公开、地图服务、数据下载等。

第四节　互联网+不动产登记

一、总体构成

“互联网+不动产登记”是信息平台在互联网端的服务延伸，主要包括网上“一窗办事”平台、与不动产登记系统对接、信息共享集成。总体构成如图 10-4-1 所示。

（一）网上“一窗办事”平台

面向社会公众，以互联网为载体，通过 PC 端、手机 APP 等多种形式，提供不动产登记业务在线申请的统一入口。网上“一窗办事”平台按照一体化平台的相关标准要求，实现与统一身份认证系统、统一电子印章系统、统一电子证照共享服务系统对接，依托一体化平台公共支撑能力，实现用户线上申请统一注册、统一身份认证和人像比对，实现符合登记要求的电子证照及文件跨地

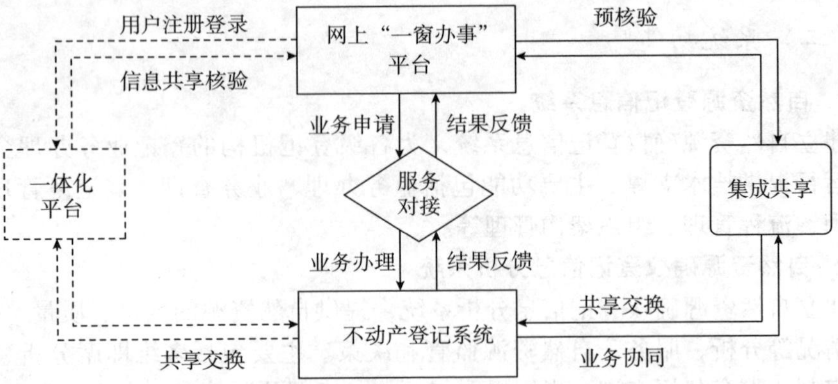

图 10-4-1　“互联网+不动产登记”总体构成

区、跨部门共享，促进材料免提交。衔接不动产登记系统，实时为企业和群众等在互联网上提供网上申请、反馈受理意见、办理进度和结果查询、不动产登记电子证照共享应用等全过程服务。

（二）对接不动产登记系统

通过不动产登记系统与网上“一窗办事”平台的服务对接，实现网上申请与登记业务办理的实时交互。不动产登记系统负责网上申请业务受理、审核、登簿、电子证照生成、电子归档并及时反馈业务办理进度和结果。为银行类金融机构、房地产开发企业、房屋经纪机构、登记代理机构等提供线上集中申请办理通道。对接各类不动产审批管理和交易监管、协同部门业务系统，实现登记与审批、交易、缴税、司法等业务的协同联动。不动产登记系统应支持数据交换和可扩展接口服务，实现相关部门共享信息的嵌入式集成应用，支撑相关部门电子证照或共享文件下载、留存，支持不动产登记电子证照制证、管理、应用。

（三）信息共享集成

依托一体化平台和自然资源业务网，通过电子政务外网和专线网络，按照“属地优先、省级推动、国家支持”原则，分类推进不动产登记所需的部门信息共享，实现在申请、受理、审核等业务办理环节自动获取、实时调用共享信息。

二、服务层级设定

立足于各地已有不动产登记信息化基础，“互联网+不动产登记”覆盖全国，以网上“一窗办事”平台为服务门户。网上“一窗办事”平台由国家、省、市县三级关联组成，各层级之间通过服务对接实现业务联动（图 10-4-2）。通过各级联动，为企业和群众提供多渠道、多形式的不动产登记便捷化网上服务。

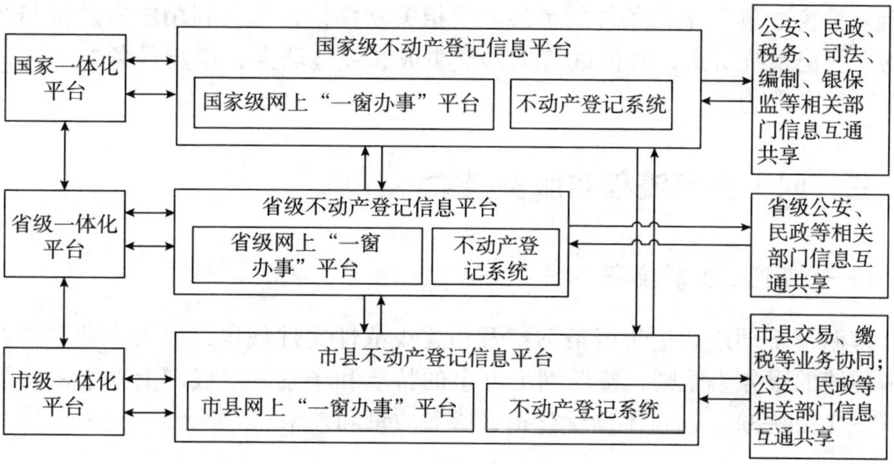

图 10-4-2 网上“一窗办事”平台服务层级及各层级业务联动情况

（一）市县层面

市县级可根据实际需要建设不动产登记网上“一窗办事”平台，实现市县业务网上申请，与审批、交易、税务等业务协同联办，更新办理进度并反馈结果，做到不动产登记全流程、全环节在线一窗办事。在此基础上，与一体化平台对接，实现部门间信息共享，支撑相关材料免提交、网上预约、网上支付、网上查询、不动产登记电子证照下载等，方便企业和群众办事。跨域共享信息可申请省级、国家层面提供的信息共享服务。

（二）省级层面

省级可建设全省统一的不动产登记网上“一窗办事”平台，实现本省域不动产登记业务网上申请。向上对接全国不动产登记“一窗办事”平台，向下对接所辖市县网上“一窗办事”平台或不动产登记系统，推送通过省级“总对总”方式获取的审批、交易、完税结果、司法判决等信息。横向与一体化平台对接，与同级相关部门进行信息共享，实现与省级相关审批管理、交易监管、税务、法院等部门协同。跨省域共享信息可申请国家层面提供的信息共享服务。

（三）国家层面

国家层面建立全国不动产登记网上“一窗办事”平台受理门户，实现国务院批准用海用岛项目和重点国有林区登记业务的网上申请受理。同时，纵向与省级或市县网上“一窗办事”平台对接，为企业和群众提供全国各地不动产登记业务申请办理的导航服务；横向与一体化平台对接，实现统一用户注册、身份认证和相关部门信息共享、核验。根据地方实际情况，为暂不具备开发建设网上“一窗办事”平台条件的市县配发相关软件，各地应利用配发软件与当地不动产登记系统对接，并推进信息共享集成和业务联办，逐步具备网上“一窗办事”服务能力。

三、网上办事流程和服务模式

（一）网上办事流程

遵循《不动产登记暂行条例》及相关规范性文件规定，以为企业和群众提供最便捷的服务为原则，按照网上办事的特点和场景，形成网上办事的主要流程（图10-4-3），通过不断优化提升服务质量和效率。

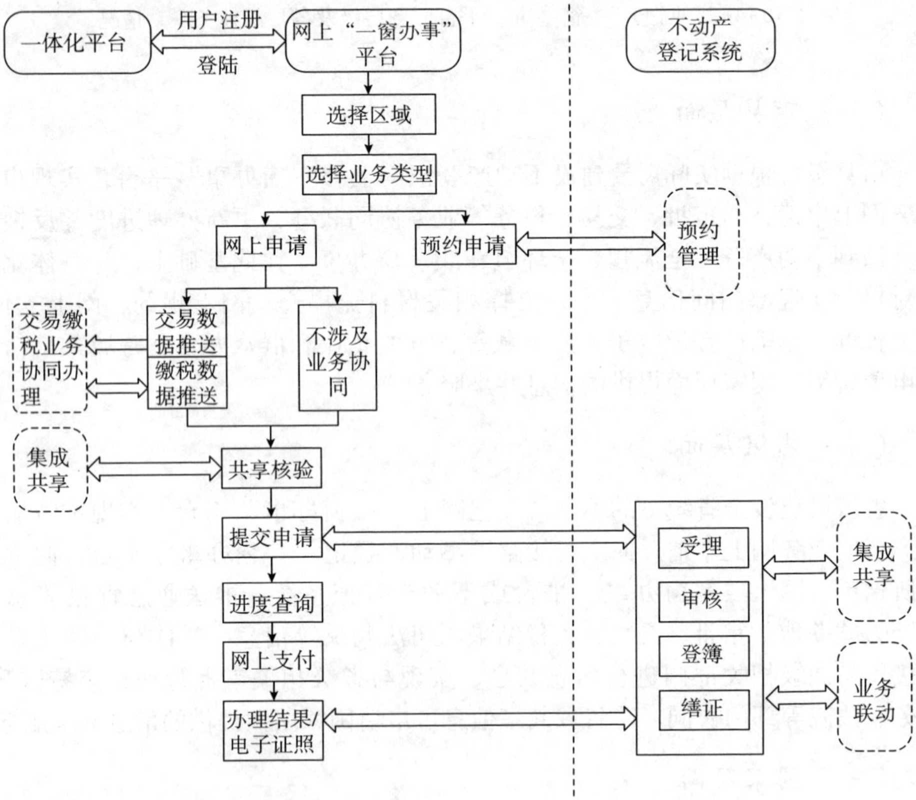

图10-4-3　不动产登记网上办事流程

1. 与企业和群众互动业务

主要包括办事指南、用户注册、网上预约、网上申请、材料提交、身份和相关材料核验、办理进度信息查询、网上支付、电子证照获取。

2. 后台业务审核

主要包括受理、审核、登簿、缮证，向网上“一窗办事”平台推送办理进度信息，便于查询。

（二）服务模式

根据本地实际，选择不同的不动产登记业务网上办理应用模式（图 10-4-4）。

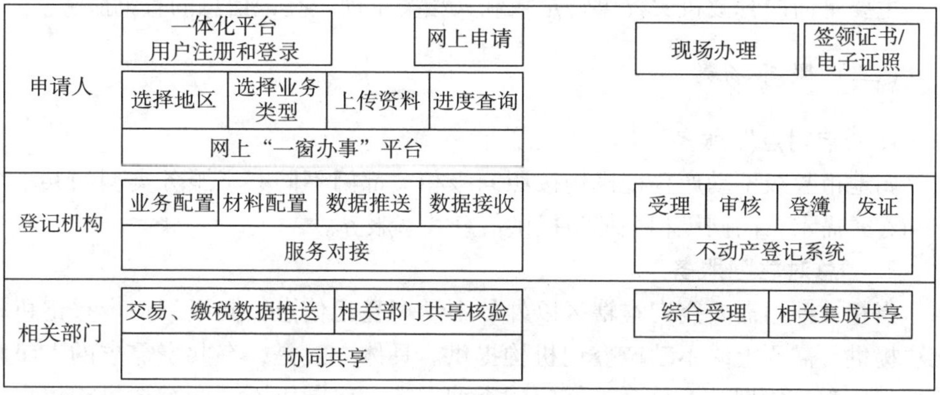

图 10-4-4　网上“一窗办事”平台服务模式

1. 支撑“最多跑一次”

申请人网上提交申请和材料，通过信息共享集成，经内部审核，申请人需持纸质材料到窗口现场核验，一次办结，现场领证，最多跑一次。

2. 支撑“一次都不跑”

申请人经过实名认证后按照规范化的业务流程，在线提交申请，通过信息共享集成实现资料免提交，填写格式化的询问笔录并进行真实性承诺，在线进行电子签名，经过审核，完成登记业务，下载电子证照或者邮寄纸质证书。

第五节　不动产登记信息共享服务

一、部门间信息共享服务

（一）总体需求

1. 统计汇总类信息服务

主要是向财政、税务、金融、审计、统计等部门，提供不动产登记主体、客体或权利相关的指标的汇总统计信息服务，为相关部门制定政策，开展工作提供辅助支持。

2. 不动产登记信息核验类服务

主要是向金融、审计、税务、工商、民政、法院等部门提供不动产登记主体、客体或权利相关信息的合法性、有效性或权利状态等验证服务。

3. 不动产登记信息查询类服务

主要是面向党政机关提供特定权利人相关不动产登记信息的查询服务。

（二）服务场景

1. “点对点”服务

属地市县级不动产登记机构按照同级相关部门不同共享服务类型的共享内容和方式需求，向同级相关部门提供信息共享服务。

2. “总对总”服务

当相关部门需要查询本辖区以外的不动产登记信息，同级不动产登记机构无法提供，需要上级不动产登记机构提供。具体方式是，有共享需求的上级相关部门作为总代理，汇总下级部门的查询需求，向同级不动产登记机构提出查询请求，收到结果后反馈给需求部门。具体技术实现由不动产登记机构与相关部门共同制订技术规范，确保部门间系统的顺畅对接。

（1）省级“总对总”。市县级相关部门需要查询本省域范围内的不动产登记信息时，将查询需求汇总至省级部门，省级部门作为总代理向省级不动产登记机构提出查询请求，省级不动产登记机构将查询结果推送至省级相关部门，并由其反馈市县级部门。

（2）全国“总对总”。省级和市县级相关部门需要查询全国范围内的不动产登记信息时，将查询需求汇总至国家级部门，国家级部门作为总代理向自然资源部提出查询请求，自然资源部将查询结果推送至国家级相关部门，并由其反馈省级和市县级部门。

（三）共享服务对接方式

1. 接入全国一体化在线政务服务平台

充分利用全国政务服务“一张网”优势，接入全国一体化在线政务服务平台，为同样接入全国一体化政务服务平台的部门和地方提供不动产登记信息的“跨地区、跨部门、跨层级”共享服务。

2. 部门间专线连接

对于有特殊需求的党政部门且不能通过外网提供信息共享服务的，通过建立部门间网络专线连接，实现不动产登记信息的共享服务。

二、不动产登记电子证照服务体系

（一）体系架构

不动产登记电子证照服务体系基于区块链技术设计（图 10-5-1），由不动产登记电子证照制证系统、全国不动产登记电子证照目录系统、不动产登记信息门户和不动产登记信息移动客户端构成，自下而上分为资源层、存储层、数据层、平台层、应用层、用户层。

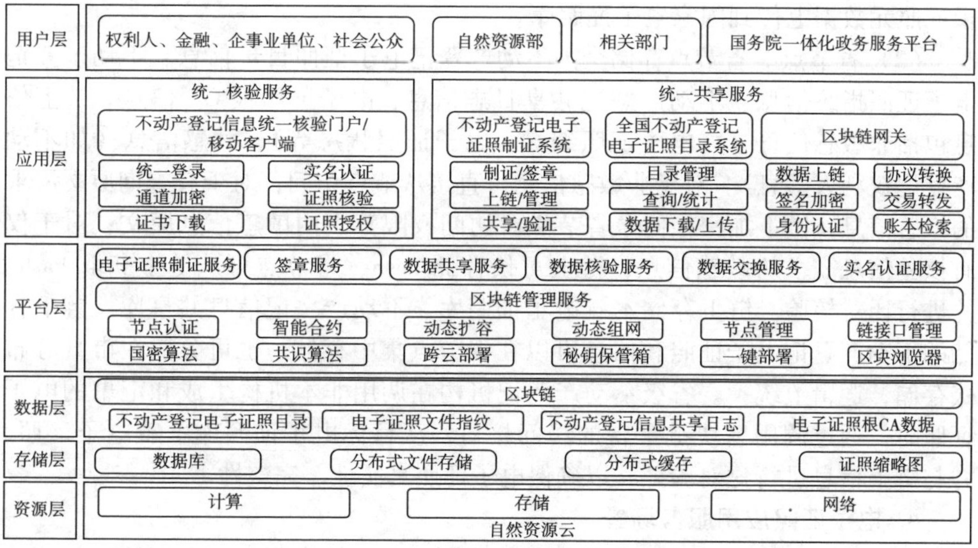

图 10-5-1　不动产登记电子证照服务体系架构

（二）服务模式

1. 基本流程

采用区块链技术，将不动产登记机构办理的不动产登记结果信息及电子证照哈希上链，实现链上链下相结合的不动产登记电子证照信息汇聚，对接全国一体化在线政务服务平台，在电子政务外网为相关政府部门提供跨层级、跨地区不动产登记信息共享服务，在互联网为社会公众提供不动产登记电子证照信息统一核验服务。

2. 电子证照生成

不动产登记机构通过不动产登记系统受理登记申请，完成审核、登簿、缮证，在按照常规做法颁发纸质证书、证明的同时，制作不动产电子证照（电子证照可以由登记系统完成制作，也可由本级或上级政务服务平台完成制作），将电子证照元数据、电子证照文件 Hash 值通过省级节点上链，通过区块链平台为本地区或全国提供服务，利用区块链平台跨地区核验电子证照。

3. 电子证照信息的存储管理方式

结合区块链技术的特点，电子证照及相关的信息采用链上与链下相结合、集中与分散相结合的数据存储管理策略。

（1）主节点。主节点可授权访问各节点数据，保障数据一致性、安全性。链上存储全国不动产登记电子证照目录信息、不动产登记电子证照指纹信息、不动产登记共享日志信息、电子证照根 CA 信息。链下存储不动产登记共享信息、不动产登记电子证照信息等。按照国家电子证照库的要求和标准定期将电子证照元数据上传到国家电子证照库。

（2）省节点。省节点存储全国不动产登记电子证照目录信息、不动产登记电子证照指纹信息、不动产登记共享日志信息、电子证照根 CA 信息。链上信息包括非敏感信息（如电子证照编号、电子证照状态等）、敏感信息（如不动产登记权利人信息）。对于非敏感信息可直接从节点访问；对于有查询原文需求的敏感信息，链上加密存储，省节点可访问权限范围内敏感信息原文；对于仅有核验信息需求的敏感信息，链上可仅存储 hash，省节点可从链上获取 hash，并进行比对核验。链下存储本省电子证照库、不动产登记信息共享库。链下存储的不动产登记电子证照和信息可以在省节点集中存储，也可分散在市县分布式存储，逻辑上统一。省级不动产登记机构在调用非本机构生成和汇聚的电子证照时，通过调用区块链平台的访问接口，从目标电子证照库下载电子证照，并与链上信息进行比对验证，以确保电子证照真实性、完整性。

4. 电子证照应用服务场景

（1）部门间共享。构建跨部门业务协同机制，推进不动产登记所需的相关部门的数据入链，与住建、税务、公安、社保、法院、民政、银保监、编办、卫健委、市场监管、司法等部门建立不动产登记业务协同共享机制，实现不动产登记电子证照在相关部门的共享应用。

（2）为社会公众提供证书核验服务。建立全国不动产登记信息统一核验系统，提供不动产权证信息核验服务，方便权利人用证，为群众赋能。支持为权利人、社会公众、金融及企事业单位提供全国不动产登记信息核验服务，支持权利人授权他人访问自己的电子证照码，金融及企事业等用证单位输入需要进行核验的不动产证书编号，需要进行核验的客体信息，也可以同时选择抵押、查封选项，系统根据用证单位的选择，对不动产客体信息以及抵押、查封等信息进行单项或者多项内容核验，并给出核验结果。该过程的相关信息将写入区块链中。